牛仔成衣洗水实用技术

李国锋　编著

中国纺织出版社

内 容 提 要

本书从洗水厂工艺技术角度和工厂实际操作角度,结合目前各洗水厂的现状,比较全面地介绍了牛仔成衣的各种特性,洗水厂所用原材料、设备、化工助剂,各种工艺的实际操作方法,以及操作过程中可能产生的问题以及这些问题产生的原因、预防办法、解决方案等。介绍了牛仔成衣件染的各种方式、方法,同时还介绍了目前洗水行业所使用的最新特殊处理工艺及工艺组合,及其最新的成果。最后对绿色环保、牛仔服装指标要求、牛仔成衣的保养与收藏作了简要阐述。

全书浓缩了牛仔洗水行业的实际操作和理论,可供洗水行业的工艺人员、实际操作人员、工程技术人员、相关行业的管理者、跟单员、开发人员以及染整及相关专业师生阅读参考。

图书在版编目(CIP)数据

牛仔成衣洗水实用技术 / 李国锋编著 . —北京:中国纺织出版社,2014.7(2024.7 重印)

ISBN 978 - 7 - 5180 - 0668 - 7

Ⅰ.①牛… Ⅱ.①李… Ⅲ.①牛仔服装—染整 Ⅳ.①TS190.641

中国版本图书馆 CIP 数据核字(2014)第 094314 号

策划编辑:秦丹红 张晓蕾 责任编辑:张晓蕾
责任校对:楼旭红 责任设计:何 建 责任印制:周平利

中国纺织出版社出版发行
地址:北京市朝阳区百子湾东里 A407 号楼 邮政编码:100124
销售电话:010—87155894 传真:010—87155801
http://www.c-textilep.com
中国纺织出版社天猫旗舰店
官方微博 http://weibo.com/2119887771
北京虎彩文化传播有限公司印刷 各地新华书店经销
2024 年 7 月第 6 次印刷
开本:787×1092 1/16 印张:14
字数:263 千字 定价:52.00 元

PREFACE　　　　　　　　序

　　新年伊始，气象万千，《牛仔成衣洗水实用技术》的出版犹如在纺织业严冬的萧萧之中孕育的花蕾，伴随冬雪的暮归含苞欲放，为牛仔服装的开发带来了春天的气息。该书由江门宝发纺织服饰制造有限公司洗水研发负责人、染整高级工程师李国锋先生执笔，结合二十多年印染洗水加工经验，对我国成衣染整行业加工技术的发展历程进行了梳理，对牛仔成衣的各种处理工艺及操作进行了详尽的阐述，使纺织品染整加工技术的学术范畴更加完善。内容之全面，技术之前沿，让人无不感受到作者对牛仔加工之道的深刻领悟。

　　该书不仅涉及从牛仔成衣适用的洗水、整理的基本工艺及成衣染整加工所用染化助剂的使用方法和工艺计算，还对世界最新推出的各种牛仔环保、无水、少水新技术应用并结合牛仔成衣新产品的开发进行了介绍，可以说囊括了牛仔成衣洗水加工的技术精髓。

　　该书可作为在牛仔生产及相关行业操作者及工程技术人员的操作指导书和工具书，也可作为纺织院校染整及相关专业师生的教材和参考用书。

全国无水印染技术研究开发中心主任
四川省生态纺织品染整重点实验室主任
成都纺织高等专科学校材料学院院长
郑光洪博士
2014 年 3 月

前 言 FOREWORD

　　中国的牛仔服装行业从 20 世纪 80 年代中期开始，伴随着服装工业的快速发展而不断壮大，牛仔成衣的生产和销售在服装工业中所占的比重在逐步加大，近年来发展更为迅猛。牛仔服装已打破了传统的工装概念，新原料、新技术和新工艺得到广泛的应用。在继承了原有风格的基础上，融入了众多的时尚元素，赋予了许多新的文化内涵，已向时装化、休闲化、品牌化、高端化方向发展，成为经久不衰的流行产品。

　　由于众多因素的影响，牛仔服装的洗水、染色、整理一直相对比较落后，没有统一的规范和要求，也找不到太多的参考书籍。在牛仔洗水技术方面，还是秉承了师傅授徒弟的模式，从而使牛仔洗水行业滞后于整个行业的发展，成为牛仔服装发展的瓶颈。正因为如此，牛仔洗水行业的发展潜力将是巨大的。为了给广大从事牛仔服装生产，洗水整理加工的技术人员提供一本对生产具有实用性和指导性的书籍，同时也可为高校染整专业及其他相关专业的师生提供参考。本书从简单的理论入手，结合本人二十多年的从业经验，注重实际操作。我相信本书对大家一定能起到抛砖引玉的作用。本书在编写过程中，得到了很多朋友的大力支持，在此一并表示诚挚的感谢！

　　由于本人的理论和学识水平有限，书中的不妥之处，请读者批评指正。

江门市宝发纺织服饰制造有限公司李国锋

2014 年 3 月

CONTENTS 目　录

第五章　牛仔织物压皱树脂整理及其他后整理　　85

第十一章　成衣的保养与收藏　195

第一章
绪　论

　　牛仔成衣染色洗水处于产业链最终加工阶段,只有在充分了解牛仔布的原材料、组织结构、牛仔布的染色及整理方法,同时结合牛仔成衣的发展历史,才能做好现代牛仔成衣的染色洗水以及整理加工工作。不同的牛仔布及不同牛仔成衣采取符合加工整理原则的差别化的染色洗水整理加工方法,以满足时代发展的需要。

　　牛仔布的起源较早,其发展历史可谓源远流长。

　　据有人考证,在16~17世纪的欧洲,已经出现了斜纹组织面料,称作Denim,即牛仔布,英译成丹宁。而现代的牛仔布大多正是这种斜纹面料。

　　19世纪40年代末美国西部有一个叫杰恩(Jean)的人选用粗帆布做了一条式样新奇且质地牢固的工作服,倍受人们的喜爱。

　　1873年移居美国的布鲁士商人李维·斯特劳斯(Levi Strauss)被人尊称为牛仔之父。他使用靛蓝染色的棉纱做经纱和本色棉纱做纬纱织制成斜纹布,然后用这种布做成了工作裤。后又用铜钉加固口袋,并逐步演变成低腰、直筒、紧臀的牛仔裤雏形。1893年他以"铆固服"的名称申请了专利。这样迅速被美国西部地方的矿工、牧民所接受,并称之为"蓝色之琼"。1897年正式成立了李维·斯特劳斯公司,专注生产牛仔布和牛仔成衣。目前该公司已发展为全球最大的成衣制造企业之一。

　　20世纪70年代末期,中国开启改革开放之门。首先从香港把牛仔流行风吹到了广东。20世纪80年代初,广东、上海、江苏、辽宁均相继生产牛仔布及牛仔成衣。广东率先引进用于生产靛蓝牛仔布的生产线,并引进了全套牛仔成衣生产设备。到了20世纪80年代中期,牛仔洗水技术迅猛发展,已经有石磨洗水、雪花洗等许多洗水工艺。20多年来,我国牛仔布及牛仔成衣经历了快速增长、登高回落、结构调整过程。我国现已成为全世界最大的牛仔布、牛仔成衣生产基地。目前正在进行产业开发,并不断向高端发展。

第一节　牛仔布的含义及品种分类

一、牛仔布的含义

1. 经典牛仔布

经典牛仔布即传统牛仔布是指用靛蓝染色的纯棉纱做经纱,本色(白)纱做纬纱,采用三上一下斜纹组织交织而成的高特(低支)斜纹布。

2. 广义牛仔布

广义牛仔布是以靛蓝还原染料或硫化染料染色为主(用浆染联合机、球经染色机染色),染成一种或两种以上颜色的纱线织成的牛仔布。经纱染成一种色,纬纱为任意色或白色。原材料可以有纯棉,涤/棉、棉/氨纶、棉/黏纤、棉/麻等,这样就有不同风格的牛仔织物,其最大特点是:"环染"洗水易褪色,易于进行各种洗水加工。

3. 仿牛仔布

仿牛仔布是指不采用传统的牛仔布生产工艺和技术织制成的具有牛仔风格的面料。例如,不同材质的所谓匹染牛仔布、打底牛仔布等。

4. 针织牛仔布

针织牛仔布是指采用针织织造方法和机织牛仔布染色工艺加工成的具有牛仔风格的针织面料,目前,其市场份额已越来越大。

二、牛仔布的品种分类

1. 按单位面积重量分类

按国际商业惯例常以回潮率为8%时,牛仔布每平方米含浆重量(g/m^2)或每平方码含浆重量(盎司/平方码❶)来表示牛仔布轻重规格,一般分类见表1-1。

表1-1　牛仔布按轻重分类

轻重规格分类	每平方米重量(g/m^2)	每平方码重量(盎司/平方码)
轻型牛仔布	271以下	8以下
中型牛仔布	271~441	8~13
重型牛仔布	441以上	13以上

牛仔布单位面积重量的简易测试和计算方法如下:

牛仔布单位面积重量的简易测试可用 ZB01B 型圆盘取样器裁取样品,然后称重。例如,样品面积为 $100cm^2$,重量为 $M(g)$,则:

$$W_m = 100M$$

$$W_e = 2.95M$$

式中:W_m——公制单位面积重量,g/m^2;

W_e——英制单位面积重量,盎司/平方码;

M——$100cm^2$ 样品的重量,g。

2. 按原料分类

牛仔布按原料分类如表1-2所示。

---

❶　1盎司/平方码=$33.8g/m^2$。

表 1－2 按原料分类

分类	产品主要特征
纯棉牛仔布	粗犷、朴实、舒适、耐磨
黏/棉牛仔布	色彩鲜艳、穿着舒适，具有飘逸感；属于中、轻型牛仔布
麻/棉或麻/涤牛仔布	比纯棉牛仔布更加粗犷、舒适、坚挺、耐磨，但手感较粗硬
涤/黏/棉（T/R/C）牛仔布	条干均匀、色彩鲜艳、耐磨透气，且能减少用棉比例
氨纶弹力牛仔布	产品弹性伸长可达 20％～40％，适宜制作女式外裤、健美裤等
PBT、PET、舒弹丝等弹力化纤牛仔布	弹性不如氨纶弹力牛仔布，但成本较低，染色性、色牢度、强度优于氨纶弹力牛仔布
丝、绢丝、蚕丝牛仔布	透气、吸湿、光泽柔和，具有丝绸感
新型纤维牛仔布	具有舒适的手感和特殊的外观风格，环保性、功能性强，如采用竹纤维、大豆蛋白纤维、天丝、莫代尔、维勒夫特（VILOFT）纤维、牛奶纤维、香蕉纤维、珍珠纤维以及功能性纤维织成的牛仔布

3. 按纺纱工艺分类

牛仔布按纺纱工艺分类如表 1－3 所示。

表 1－3 按纺纱工艺分类

分类	纺纱工艺	产品主要特征
环锭纱牛仔布	环锭纺	手感柔软，强力好，属于轻型牛仔布
转杯纱牛仔布	转杯纱	手感较硬，条干均匀，较易吸色
环锭纱、转杯纱交织牛仔布	一般经纱（或纬纱）用环锭纺，纬纱（或经纱）用转杯纺	兼有两者优缺点
精梳牛仔布	环锭纺精梳工艺	条干均匀、棉结杂质少、强力高、布面光泽好，多用于生产高档轻型牛仔布
强捻纱牛仔布	用环锭强捻纱作纬纱	类似于弹力牛仔布，产品纬向缩率高，应选择适合的织机织造
股线牛仔布	用双股线作经纱或纬纱	条干均匀，布面挺括、滑爽，强力高，常用于制作高档轻型牛仔面料，黏/棉牛仔面料
竹节纱牛仔布	竹节纺纱工艺	布面具有突出的竹节效果，可采用经向竹节或纬向竹节，也可以采用经纬向竹节
紧密纺牛仔布	用紧密纺纱工艺	条干均匀，毛羽少，布面纹路清晰、光洁细腻，一般为轻型高档牛仔布
超低特（高支）纺纱牛仔布	传统集成超低特纺纱工艺	纺成超细超低特（高支）纤维，织物紧密，质感强，面料光泽柔和，属于高档超轻薄面料

4. 按染色方法或工艺分类

牛仔布按染色方法或工艺分类如表 1－4 所示。

表 1 - 4　按染色方法或工艺分类

分类	染色方法或工艺	产品特点
靛蓝牛仔布	经纱用靛蓝染色	属牛仔布主色调
黑色牛仔布	经纱用硫化黑染色	属牛仔布常用色调,注意染色时需经防脆处理,以免织物脆化,现通常用液体硫化染料染色
杂色牛仔布	经纱用还原染料、硫化染料、直接染料染色,也可匹染或套染,还可以用阳离子接枝染涂料	可加工成各种彩色牛仔服饰
套色牛仔布	利用两种或多种还原染料套染	布面经洗水后可呈现不同色泽或有洗旧感
花条牛仔布	经纱按一定的比例,染成不同的色泽	常与经向异特纱结合,产品具有条花立体感
黑蓝或蓝黑牛仔布	经纱用靛蓝染色再套染硫化染料	使牛仔颜色在黑与蓝之间变换不同深浅

5. 按特殊整理工艺分类

牛仔布按特殊整理工艺分类如表 1 - 5 所示。

表 1 - 5　按特殊整理工艺分类

分类	牛仔整理工艺	产品特征
磨毛牛仔布	磨毛机磨毛	织物柔软,手感细腻,有毛绒感
磨花牛仔布	磨花机磨花	织物具有自然朦胧的花型
轧光牛仔布	轧光整理	布面光亮,光泽感强
轧花牛仔布	轧花整理	织物具有较自然的立体感花型
印花牛仔布	印花整理	在牛仔布原颜色基础上获得新的花纹图案
液氨整理牛仔布	液氨整理	织物具有抗皱、抗缩、柔软、免烫的良好效果
树脂整理牛仔布	整理后牛仔布经树脂整理	具有特殊功能,如免烫、拒水、拒油等功能,以及增加光泽度
涂层牛仔布	将整理后牛仔布表面再经涂层整理	洗水后可出现不同色泽,具有立体感
丝光牛仔布	采用丝光机对牛仔布进行丝光	纹路清晰,手感柔软,光泽好,颜色鲜艳
激光烧花牛仔布	用激光机的激光束烧出立体图案	有层次和立体感花纹
烂花牛仔布	利用不同材料对酸的适应性不同,对牛仔布进行烂花整理(如在涤/棉牛仔布中烂掉部分棉)	立体感强,有镂空效果

6. 按织物组织分类

牛仔布按织物组织结构分类如表 1 - 6 所示。

表 1 - 6　按织物组织分类

分类	织物组织	产品特征
斜纹牛仔布	有 $\frac{3}{1}$, $\frac{2}{2}$, $\frac{2}{1}$ 三种,一般为右斜纹,少数采用破斜纹	$\frac{3}{1}$ 为牛仔布主体织物组织,布身挺括,织物正面主要由经纱形成,斜纹纹路明显
平纹牛仔布	$\frac{1}{1}$	布面较平整,常用于轻型牛仔布

分类	织物组织	产品特征
直贡牛仔布	$\dfrac{5}{3},\dfrac{5}{2}$	织物正面由经纱形成
其他	如绉组织、不规则凹凸组织等	产品立体感较强
针织牛仔布	采用靛蓝、硫化染料染色的纱线为原料,用针织工艺织造而成的牛仔布	纹路细腻清晰,手感柔软舒适,高弹透气,风格多变

7. 按用途分类

牛仔布按用途分类如表 1-7 所示。

表 1-7 按用途分类

用途	主要产品
成衣类	儿童成衣,针织成衣,工作服,牛仔裤,牛仔夹克衫,牛仔风衣,牛仔背心,牛仔大衣,牛仔弹力运动服,牛仔衬衫,牛仔 T 恤,牛仔裙等
服饰类	箱包,牛仔包,牛仔鞋,牛仔束腰带,牛仔帽等
家纺类	沙发套,靠垫,椅垫,窗帘,台布等
产业用	汽车内饰,室内挂件等

第二节 牛仔布的染色特点

一、靛蓝染料及其染色特性与原理

1. 古代靛蓝染色工艺原理

"青,取之于蓝",凡可制取靛蓝的植物皆可称为"蓝"。一般被人们所熟知的是菘蓝和蓼蓝,除这两种植物外,还有许多含有靛质的植物。

上述植物的茎叶中均含有可以合成靛蓝的吲哚酚(吲羟、吲哚醇)。它在植物组织细胞中以糖苷的形式存在。它们通过草木灰、石灰的还原作用来获得染色能力,上染织物后再在空气中、水中氧化成靛蓝。

1897 年德国 BASF 生产的合成靛蓝问世,它以生产简便、原料充足、纯度高、易储运、使用方便等优点后来居上,迅速普及,从而使得具有几千年历史的植物靛蓝染料黯然失色。20 世纪 30 年代之后,天然靛蓝染料便销声匿迹,退出了历史舞台。进入 20 世纪 80 年代后,随着社会现代化程度的日益提高,环境保护和劳动保护意识逐渐普及。人们开始意识到了化学工业药剂有害健康、污染环境的弊病,如合成靛蓝中使用的苯胺和邻苯二甲酸酐能导致人体急性或慢性中毒,对呼吸道和中枢神经及肝脏均有一定程度的损害。而植物染料却以其无毒、无害、污染少的特性,以及"天然丽质去雕饰"的自然美,重获现代社会部分人的青睐。研究植物染料的加工和应用工艺,对于继承传统文化,满足人们回归大自然的心理需求,以及节能降耗,保护自然环境,维持生态平衡等方面无疑都是具有重要意义的。

2. 靛蓝染料的染色特性和机理

靛蓝染料染色时需先把不溶性的干靛还原成可溶性的靛白体,才能渗入织物被纤维吸附,然后将织物透风氧化再复变为靛蓝,机理为:靛蓝→靛白隐色酸→靛白隐色酸盐→靛蓝。

二、还原染料染色工艺原理

靛蓝染料的染色特性取决于靛蓝料的还原性能、还原速率、染色速率、亲和力、染色温度、酸碱度、氧化性、可皂煮性等。影响因素很多,其中,pH 对反射率和色牢度有很大的影响。实验证明,当染浴的 pH 为 10.5~11.5 时,上染率为最高。另外,靛蓝染料受铁离子含量、染色水质以及元明粉用量影响也比较大。

1. 铁离子含量

靛蓝染料中的铁离子含量直接影响牛仔布的色泽鲜艳程度。铁离子含量越高,牛仔布的色泽越红、越暗,铁离子含量越低,则牛仔布越蓝、越艳。

2. 染色水质

染色水质也会影响染色结果,硬水中钙、镁离子会使隐色体生成钙、镁不溶盐,必要时应使用软水或碳酸钠等软水剂。

3. 元明粉的用量

隐色体在水中解离成负离子,加入适量元明粉,可降低染料与纤维间的斥力,从而促进染料上染。

为了使牛仔成衣经各种洗水和再整理后达到各项牢度指标的要求,靛蓝染料在棉织物上染色坚牢度应符合下表的要求如表 1-8 所示。

表 1-8　靛蓝染料在棉织物上的染色坚牢度

染色深度(%)	日晒(氙灯)	皂洗		熨烫	摩擦(干)	刷洗	氯漂(有效氯 2g/L)
		褪色	沾色				
2	3-4	—	—	4	3-4	1	2

在牛仔布的生产过程,用得较多的另一种染料为硫化染料,其中以硫化黑为主。硫化染料是由芳胺与多硫化钠在水溶液中硫化得到。在染色时多用硫化钠溶液使之还原而被纤维素纤维所吸附。这种在碱和还原剂的作用下被还原成水溶性隐色体被纤维吸附后,在酸和氧化剂的作用下水解,经氧化而固着在纤维上,类似于还原染料的染色过程。

$$Na_2S + H_2O \rightarrow NaHS + NaOH$$

$$2NaHS + 3H_2O \rightarrow Na_2S_2O_3 + 8H + 8e$$

因此在染槽中必须加入足够的硫化碱,以保证染料的充分还原。如果染槽中硫化碱的含量太少,染料还原就不完全,造成染色不均,浮色过多,既浪费染料,又影响纱的染色质量。一般染浴中硫化碱的余量不应少于 4g/L;但染液中硫化碱的含量过高,会使纱线色光发红,纱线易发生脆损,所以进行防脆处理是非常重要的一环。产生脆损的原因是:染料游离的硫变成硫酸,在硫化染料所染织物在储存的过程中会产生纤维强度降解的脆布现象。防脆处理是指染色后用尿素或磷酸钠、醋酸钠等碱剂处理,前者能抑制染液中游离硫变成硫酸,后者是中和剂,可中和所产生的硫酸,从而起到抑制纤维脆损的作用。近年来,都会要求用防脆硫化黑或防脆液体硫化黑(一种硫化黑与氯乙酸及甲醛反应的产物,能抑制分子中的硫氧化成硫酸,起到防脆作用)进行牛仔布染色。

三、牛仔布的经纱染色与上浆

牛仔布的染色上浆工艺有两种方法:即经轴染色上浆联合生产线和球经多条绳状染色生产线。以上两种整经方式虽在生产的半成品外形上有很大不同,但两者的原理和基本要求是相同的。其目的是为了达到纱片及绳束的张力、排列和卷绕都比较均匀,改善和提高半成品的质量。在实践中,绳状优于片状。为了制造的方便(降低摩擦力,减少断头、毛纱等)经纱染色都需要上浆。常用的浆料有:淀粉浆、变性淀粉浆料,聚丙烯酸类浆料,聚乙烯醇(PVA)类浆料。其中,聚丙烯酸类与 PVA 类浆料、淀粉浆的性能比较如下:

断裂强度:PVA 浆料>聚丙烯酸浆料>淀粉

断裂伸长率:聚丙烯酸类浆料>PVA 浆料>淀粉

黏着力:聚丙烯酸类浆料>PVA 浆料>淀粉

柔软性:聚丙烯酸类浆料>PVA 浆料>淀粉

现在为了节约成本,利用各种浆料的优点,做到优势互补,同时方便操作,研制出了三合一或四合一牛仔专用浆料。了解这些浆料性能及构成,对牛仔成衣的退浆洗水工艺的制订是非常有帮助的。

第三节 牛仔布的整理

一般来说牛仔布经纺纱整理、染色、织造后,还须经过后整理,整理应达到如下要求:

①清除布面毛羽、细微杂质和棉结,使布面光洁平整,色泽更艳亮。

②消除织物潜在的收缩内应力,使成品经、纬向缩水率达到规定要求。

③消除织物潜在的纬纱歪斜内应力,使产品提前获得稳定的外形。

④使产品达到一定的重量和改善织物手感。

⑤改善产品的缝纫性能,满足成衣后加工的需求。

⑥达到牛仔布成衣后续加工对面料的要求。

⑦满足市场流行时尚所需要的其他要求。

一、牛仔布整理的基本工艺流程

坯布→整纬→(拉斜)→预烘→预缩→成品检验和包装

在牛仔洗水的过程中,碰到最多的问题是牛仔布的纬斜和缩率不稳定,这就要求布厂充分做好整斜(拉斜)及预缩到位,并将相关条款明确在合同中,以达到符合国家规定的纬斜和缩率指标。

二、牛仔布的丝光整理

牛仔布通过丝光整理可以获得良好的洗后布面平整性及纹路清晰度和光泽,良好的手感和柔软度、悬垂性,从而突出牛仔布固有的设计风格。经过多年的发展,丝光牛仔已成为了牛仔布市场的主流产品。在高档牛仔产品中,丝光已成为必不可少的后整理工序。牛仔布丝光整理与白坯印染加工的丝光整理相比,有其独特性,特别要注意牛仔布丝光整理中的褪色和沾色控制。

1. 基本丝光原理

坯布→烧毛→退浆→丝光→预缩→成品检验和包装

一般来说,在常温下,织物在施加张力的条件下以浓烧碱溶液(18%～25%)处理棉织物,然后洗除织物上的碱液,从而改善棉织物的性能,这一过程称为丝光。经丝光后,棉纤维的吸附能力和化学反应活泼性提高,织物的光泽、强度和尺寸稳定性也得到改善,这些性能的变化与纤维素聚集态结构的变化密切相关。

纤维素纤维在浓碱作用后,纤维直径增大变圆,纵向天然扭曲率改变,横截面由腰子形变为椭圆形,甚至圆形,胞腔缩小,若施加适当张力,纤维圆度增大,表面原有皱纹消失,表面平滑度、光学性能得到改善(对光线的反射由漫反射转变为较多的定向反射),增加了反射光的强度,织物显示出丝一般的光泽。可以说,织物内纤维形态的变化是产生光泽的主要原因,张力是增进光泽的主要因素。

2. 影响丝光效果的因素

要做好丝光处理,就必须充分将牛仔布上的浆料去除。织物经退浆后,一般要求退浆率在80%以上,或织物上的残浆量小于1%。退浆方法分为连续退浆法及冷轧堆退浆法。影响退浆的主要因素有时间、温度和洗水工艺。

3. 牛仔布丝光的特点

丝光多作用于印染加工中的白坯织物,而牛仔布丝光是色织物的丝光,由于牛仔布多为靛蓝、硫化等染料染色,色牢度不高,因此,丝光过程中掉色和褪色较为严重。

牛仔布经纱的染色多为不透芯的,即“环染”。经纱中心的棉纤维在染色过程中没有上染,纬纱多为本色纱线,因此牛仔布丝光后的效果较普通色织物的丝光效果更好,特别是相对于未丝光的牛仔布而言,光泽、纹路、色泽、柔韧性、悬垂性等有了很大的提高。

由于牛仔成衣都要经过洗水等后加工,丝光后的牛仔布做成成衣后的洗水加工过程中可免去退浆过程且掉色较少,废水产生量的减少能提高洗水加工的效率,有利于节能环保。

三、牛仔布的液氨整理

1. 液氨整理的原理

液氨整理在国外正如火如荼地进行着,我国也在逐步引进、消化和吸收,并有自己独特的产品。其原理如下:

液氨的相对分子质量与水接近,液氨(NH_3)为17,水(H_2O)为18,但两者性质截然不同。液氨是液态氨,与氨水不同,也不是氨的水溶液。液氨的黏度和表面张力比水低。因此,液氨能很容易地渗入到棉纤维中,使棉纤维结晶度发生变化。同时又不损伤纤维,并能快速且容易地渗出。

棉纤维在液氨处理中,液氨可瞬时渗入纤维内部,使棉纤维从芯部开始膨胀,截面由扁平胀成圆形,腔径变小,表面光滑,同时由于纤维结晶结构的变化,内应力消除,不再扭曲,提升了拉伸强力和撕破强力,即使反复洗涤仍可保持良好的手感。而水就不同,虽然也能渗入纤维使其膨胀,但干燥后纤维会缩水并形成折皱。

目前,大多使用进口的连续液氨整理设备,如拉发(Lafer)液氨处理设备,如图1-1所示,在密封状态下连续生产。进布前去除织物中的水分,经过烘筒烘干,并将织物吹风冷却,然后进入箱体内液氨轧液槽浸渍液氨,保证轧液液面恒定,使液氨均匀渗透并瞬时吸收液氨。棉纤维在短时间内充分膨胀,在此过程中控制其收缩张力,使织物经向张力保持恒定。织物进入反应室后,氨与棉纤维充分反应,同时织物上的氨可以蒸发出来。织物进入蒸箱时加热烘筒,可以进一步去除其上的氨,再对氨进行回收。为了防止氨气外逸,进出布处都要有严格的密封措施,凡是有氨的工作区域始终保持负压状态,使氨气不外泄,确保工作人员的安全。

图1-1　拉发(Lafer)液氨处理系统工艺流程图

2. 液氨整理和液碱整理的区别

液氨整理最初是从取代纱线液碱丝光开始,曾称液氨丝光,但由于两者效果完全不同,后来改称为液氨整理,两者主要区别如下:

(1)液氨可以瞬时渗入棉纤维内部,膨胀效果均匀,又极易清除,而液碱丝光时浓碱不易渗透,易造成表面丝光,且去碱困难,同时产生大量的废碱液。经液氨整理的织物能改善其挠性和手感。

（2）液氨整理非但不损伤纤维，而且可以改善其耐磨和撕破强力，而液碱丝光对棉纤维有损伤。

（3）液氨处理后上染率和光泽不如液碱丝光，但匀染性好，光泽柔和。液碱丝光，上染率高，但匀染性差，光泽强。

（4）液氨整理的织物经多次洗涤，尺寸、颜色变化很小。

正因为液氨整理和液碱丝光处理效果的差异，其特性可以互补，从而改善牛仔织物的最终服用性能。经过丝光整理和液氨整理后的牛仔织物的强力有了一定的提高，再做潮交联工艺，就较易控制。由于纱线较细的原因，如果先做潮交联整理，强力损失比较多，再经设备加工，比较容易出现质量问题。所以潮交联工艺应在最后进行，而且液碱丝光和液氨整理的效果也可以由于交联作用而更好地保存下来。

四、牛仔布的其他特殊整理

牛仔布经久畅销，关键在于将牛仔的生产技术与时尚流行元素紧密结合，不断地推陈出新。其中牛仔布整理和加工方法不断变化，创新是牛仔产业快速发展的重要推动因素。目前市场上流行的高档牛仔布不再只是传统整理后的牛仔布，而是采用各类特殊整理的加工方法，这类牛仔布欲成为市场的新宠。其整理手法大胆地引入了印染加工整理的方式，并结合牛仔布的特性，持续不断生产出时尚流行的产品，目前常用的特殊整理方法如表 1-9 所示。

表 1-9　牛仔布的一些特殊整理方法

整理方法	工艺流程	生产设备	特点特色
磨毛整理	（烧毛）→退浆→（丝光）→磨毛→防缩	磨毛机（其他生产设备与正常丝光所需设备相同）	织物柔软度提高，磨毛棉手感细腻
轧光整理	烧毛→退浆→（丝光）→防缩→轧光	轧光机（其他生产设备与正常丝光所需设备相同）	布面表面光泽感强
泡沫整理	烧毛→退浆→（丝光）→泡沫整理→防缩	泡沫整理机（其他生产设备与正常丝光所需设备相同）	可根据需要赋予织物绚丽的颜色、较好的柔和度或更多的功能
印花	烧毛→退浆→（丝光）→印花→防缩	印花机、烘焙设备（其他生产设备与正常丝光所需设备相同）	根据需要可拥有花纹图案或在牛仔布颜色的基础上获得新的颜色
加软定形	烧毛→退浆→（丝光）→加软定形整理→防缩	定形机（其他生产设备与正常丝光所需设备相同）	织物手感柔软，幅宽和纬向缩水率稳定
树脂整理	烧毛→退浆→（丝光）→树脂整理→防缩	印花机、烘焙设备（其他生产设备与正常丝光所需设备相同）	免烫、定形或具有特殊的洗水效果
套染和套色	前处理→染色→整理	染色机等	牛仔布与休闲面料的完美结合
涂层整理	烧毛→退浆→丝光→涂层→轧光→定形拉幅	各式涂层机	改变了织物外观性能，增加了织物功能，皮膜感强，可掩盖一些表面疵点等

第二章
牛仔成衣的各种洗水工艺

当代人们对衣着要求越来越倾向于透气、柔软、触感佳、穿着舒适、色泽个性化、绿色环保等理念。为迎合购买者心理,成衣制造业将新裁制的成衣再经过一道洗水工序,用以改善新裁制成衣原有的僵硬、透气不良、触感不佳、色泽单调等缺点,这种改善在牛仔成衣上的使用更为普遍。

所谓洗水,是将成衣置于洗水机中,在水中利用介质及化学助剂,经过物理作用及化学作用,使衣物布料达到褪色、消毛、起花、柔软、怀旧等加工目的。

随着我国改革开放进程不断推进以及人民生活水平的不断提高,牛仔成衣已经不再是保暖耐磨的工装,而是被赋予了很多文化内涵。通过各种洗水手段,达到各种效果,从而使其时装化、休闲化,一改过去单一靛蓝的特点,使其颜色和风格更加多样化,受到越来越多人的喜爱。这些效果到底是如何做出来的呢?下面详细介绍各种洗水方法。

第一节　普洗

一、普洗的目的

普洗是所有洗水方法中最简单的一种,众所周知,牛仔布在加工过程中通常要施以一些浆料,在缝制和搬运过程中,易沾到灰尘、油污等,同时在织物织造过程中存在内应力。普洗的目的就是为了去除脏污,消除内应力,从而使尺寸稳定,色光纯正。同时通过加入硅油软油,达到改善手感的目的。

二、普洗的分类

按照洗水的时间长短,洗水厂习惯地将其分为轻普洗、中普洗、重普洗。有的是按洗水时间的长短来确定的,例如,5min以内为轻普洗,5～15min为中普洗,15～30min为重普洗;也有按照"骨位"效果来区分的,骨位轻的为轻普洗,骨位重的为重普洗。但这些没有明确的规定,对工艺本身的制订也没有太多的影响。

第二节　酶洗、酶磨

一、浆料概述

在酶洗、酶磨之前,通常要进行退浆处理。在牛仔染色工艺中有一道上浆的工艺:整经→

煮纱→染色→洗水→储纱架→上浆→烘干。

1. 浆料的作用原理

浆料分子结构须具有与纤维相同或相似的功能团,对纤维应有良好的黏附性,其溶液在干燥后能形成具有一定机械强度和延伸性能的薄膜。

2. 浆料的种类

浆料主要有淀粉类、羧甲基纤维素类(CMC)、聚乙烯醇类(PVA)、聚丙烯酸类,聚丙烯酸酯类,有的含少量浮化蜡。

3. 牛仔成衣上浆料的识别方法

在进行退浆前,需要先了解织物上所含浆料的成分。通常牛仔布上浆的种类有:淀粉浆(有时掺有木薯粉浆)、PVA 浆、聚丙烯酸及聚丙烯酸酯类浆料,少量使用 CMC。

(1)淀粉浆(有的含少量木薯浆)。

①抖动织物时,会产生很多的粉状物。

②在布面上滴加 1～2 滴碘液,如显蓝色,则表明含有淀粉浆。

(2)PVA 浆。

①手感较硬,抖动时,粉状物很少。

②在布面上滴加 1～2 滴碘液,呈紫红色或红棕色,则表明含有 PVA 浆,如呈黄色,则含有其他浆料。

(3)聚丙烯酸类浆料。

①手感稍硬,抖动时,粉状物很少,用硬物(如指甲)刮擦表面,会有很明显的白痕。

②取一块布片放入烧杯中,然后加入小粒金属钠,取其液滴在润湿后的石蕊试纸后,呈微紫色则为聚丙烯酸类浆料。

4. 浆料去除不净可能引起的问题

(1)底色不稳定。

(2)口袋、缝纫线、绣花线沾色。

(3)喷马骝不匀或喷不上去。

(4)浸树脂后影响色光或产生晕状斑。

(5)加色后可能产生形状和颜色不同的斑状物。

5. 退浆工艺操作

(1)对退浆要求不高,即使布面上含有部分浆料也不会影响后道工序加工的产品,可采用 50～60℃热水洗涤 10min 左右进行退浆。

(2)含 70%以上的淀粉浆的产品则可采用退浆酶 2～4g/L,35～50℃,30min 进行退浆(如果底色许可,可将退浆酶的温度提高到 60℃,有利于浆料的去除)。

(3)布面上全为 PVA 浆料或聚丙烯酸类浆料或是以上两种浆料含量超过 30%时,则采用纯碱 1～2g/L,枧油 1～2g/L,防染剂 1～2g/L,60℃,10～20min 进行退浆。

(4)对布面上全为淀粉浆,要求浆料退净的产品来说,可采用枧油、防染剂,50～60℃,10～20min 进行退浆。

寻找和研发出二合一或三合一能退净浆的产品,将是退浆工作未来的发展方向。

6. 退浆注意事项

(1)在考虑退浆工艺时,应仔细分析工艺的全过程,即退浆后还须进行哪些工序,要考虑到退浆效果可能产生的影响。

(2)需分析客户的需求,应检验来样的牢度,对易掉色、沾色的产品应先加入防染剂,均匀分散后才能加入成衣进行退浆。

(3)应考虑工艺洗涤的程度(轻、中、重)、骨位效果和保色性等,采用退浆酶退浆时,退浆时间应在 20min 以上。如果洗涤效果要轻且需保色,则运转 10min。采用浸泡的方式退浆时,需延长退浆时间 50~60min,每 5min 点动一次机器即可。

(4)对中度洗涤效果,需重喷或全扫马骝后再浸泡或喷树脂的产品及需要漂洗的产品,可以采用重退浆工艺,可适当增加退浆温度或时间,加大纯碱、枧油和渗透剂用量。

(5)一般情况下,退浆水位为 750L,过少,会使退浆不净,易出现折痕和沾污的现象;而水位过高,造成产品漂浮,影响退浆力度,增加成本。

二、纤维素酶、酶洗和酶磨的相关概念

1. 纤维素酶的概念

牛仔成衣在进行退浆后,就可以用纤维素酶进行酶洗和酶磨了,那么纤维素酶究竟是什么呢?

纤维素酶是能对纤维素进行降解,生成葡萄糖的酶的总称,用活力单位来表示其强弱(各原酶生产厂家定义有所不同,通常用于同一生产厂家,同一品种的不同生产时段作比较)。它是一种生物催化剂,具有专一性,可以在一定的 pH 和温度下,对纤维产生降解作用。由于牛仔布染色属于"环染",应使布面较温和地褪色。其作用机理为:酶催化反应,首先形成酶—底物的络合物,然后络合物转化为产物并释放出酶,酶催化反应可用下式表示,催化原理如图 2-1 所示。

$$E + S \rightleftharpoons [ES] \rightleftharpoons E + P$$
酶　　底物　　中间络合物　　酶　　产物

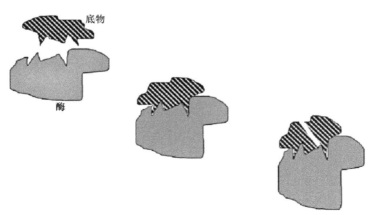

图 2-1　纤维素酶催化原理图

2. 酶洗和酶磨的区别

酶洗和酶磨的区分并没有明确的界线,也没有明确的标准,而是各企业或公司自己规定的。通常广义的酶洗是指用纤维素酶或纤维素酶的水溶液在较短时间内对成衣进行处理,达到较轻的除毛、起花和骨位效果。而采用较长时间、较多酶用量对成衣进行处理,从而达到较重的除毛、起花、骨位效果的称作酶磨。而狭义的酶洗、酶磨的区分在于:用酶的水溶液进行处理的方法称作酶洗,用纤维素酶进行处理的方法称作酶磨。纤维素酶与其水溶液还是有区别的就化学结构来说,酶的水溶液中原酶的分子链比较短,填充物与布面的摩擦力不大,主要用于除毛(又称消毛)。而纤维素酶中的原酶分子链长一些,填充物与布面摩擦力大,在洗水机中,通过纤维素酶、布面、机械壁之间的相互摩擦,使牛仔达到起花的效果。当既要除毛,也要起花时,这两者可以综合使用。用量要根据除毛及起花的程度进行生产前试验和打板。因为酶具有专一性,就决定了纤维素酶也具有专一性,而牛仔的种类在不断地发展,由单一的纯棉牛仔发展到涤/棉牛仔、棉/氨纶弹力牛仔、棉/黏牛仔、棉/氨纶/黏胶纤维牛仔、棉/氨纶/玉米纤维牛仔、棉/黏胶/珍珠纤维等多组分牛仔。这就要对各种牛仔进行物理、化学特性的分析。以涤/棉牛仔为例:酶的水溶液对棉部分有除毛作用,但由于洗水机中机械力的作用(摩擦力),时间一长,涤纶会起毛,这种织物为了达到除毛的效果,采用的办法是"快刀斩乱麻",就是采用大剂量、短时间作用,从而达到既除毛起花,又防止涤纶起毛的效果。

三、起花原理、纤维素酶的分类及其灭活

1. 纤维素酶的起花原理

纤维素酶的起花原理可以用下面的过程来表示:

纤维素酶→与牛仔表面的纤维素纤维结合→表面的纤维产生水解→水解产物脱离织物表面→织物上的绒毛和染料借助摩擦和揉搓作用随之脱落→达到褪色起花效果。其机理如图2-2所示。

由于酶分子很大,很难渗透到织物内部,因此水解仅在织物的表面进行,所以与酶磨相比,酶洗更温和。

经过酶洗的牛仔布对比度较强,手感柔软,织物损伤小,设备磨损程度小,对人体和自然环境不构成危害,因此也被称为"生物浮石"。纤维素酶在服装洗涤中的应用已经得到了认可,使用纤维素酶可以减少浮石的用量,纤维素酶只对纤维素起作用,它不会降解浆料。在纤维素酶与纤维素反应时,会造成纤维表面的损伤,从而达到洗水的效果,而手感比较柔软。

由于纤维素酶可以去除纤维素表面的绒毛,从而产生蚀光的效果,使牛仔呈现庄重、典雅的感觉。

2. 牛仔洗水纤维素酶的分类

(1)按使用 pH 分。根据使用的 pH 不同,纤维素酶可分为酸性纤维素酶和中性纤维素酶两种。

①酸性纤维素酶。反应 pH 范围在 3～6 之间,以 4～5.5 为最佳。对牛仔服的剥色明显,作用时间短,价格较低,但在酶洗过程中去除的靛蓝染料会再次吸附到牛仔布表面,产生返沾色现象。

②中性纤维素酶。在中性条件下较稳定,其最佳反应 pH 在 5.5～7 之间。可以避免或减

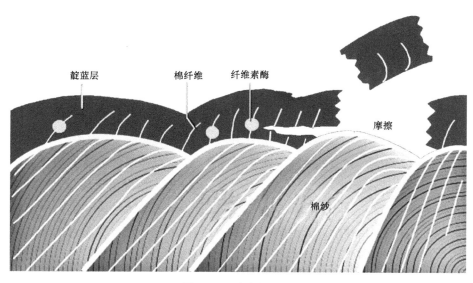

靛蓝层　　棉纤维　　纤维素酶

摩擦

棉纱

图 2-2　酶磨机理图

少返沾色的出现,但效果稍差,作用时间长,而且价格贵。

(2)按使用温度分。按使用温度分,有冷水纤维素酶(宽温纤维素酶)和热水纤维素酶之分(主要取决于做原酶所用的菌种)。

①冷水纤维素酶。一般冷水纤维素酶的使用温度范围为 20～45℃。

②热水纤维素酶。一般使用温度范围为 45～55℃,最佳使用温度为 50～55℃(如果不在此温度范围,温度较低则纤维素酶的效能较低,如果要达到同样的效果,纤维素酶用量相对要增加)。

牛仔酶洗时剥落的靛蓝染料排放在水溶液中,对服装有返沾污泛蓝的趋势,该返沾倾向一定程度取决于水浴 pH 和水浴温度。

现在市场上的纤维素酶种类很多,但生产纤维素酶、原酶的生产单位并不多,主要来自丹麦诺维信公司以及美国的杰能科公司,因各个工厂所在的地理位置不同,所用水质的 pH、硬度情况、金属元素含量情况不同,所做洗水品种的结构也有很大的不同,因此可采用购买原酶,再根据自己的特点,自配缓冲体系,自由选择填充剂,复配出适合自己产品特点的纤维素酶。

关于复配的几个要点:第一,原酶的选择分细花、粗花,低温及中温;第二,对强力、撕拉力的损失应控制＜10％,这与选择的缓冲体系控制 pH 范围有很大的关系。通常所采用的缓冲体系由三聚磷酸钠($Na_5P_3O_{10}$)、磷酸二氢钠(NaH_2PO_4)、柠檬酸组成,也可以用柠檬酸、柠檬酸钠组成;第三,为防止沾污和返沾污,需要选择合适的防染剂,并配制足够的量,例如诺维信的 ECO;第四,选择合适的填充剂,如硅藻土、元明粉等,当然自配可以减少储存周期,从减少成本的角度考虑,可以适当的减少填充剂的配制量。

3. 纤维素酶的灭活

生物酶具有活性,只要条件合适,在一定的温度和时间范围内,这种活性就会存在,对织物的强力和撕拉力就会有影响,所以牛仔成衣在酶洗、酶磨后必须灭活。其工艺为:直接加温至80℃,保湿10~20min,或者加纯碱1~3g/L。当然,当织物的强力和撕拉力很好,后道工序可能需高温烘干(90℃以上)或要浸树脂焗炉(高温130~150℃)时,也可通过下道工序灭活。酶洗后过水洗净,立即进行后道工序,使纤维素酶失活,这样对强力和撕拉力也不会有较大的影响。

四、纤维素酶及其对染料色光的影响因素

1. 影响纤维素酶作用的因素

(1)pH。每种酶均有其最适宜生存的pH环境,只有在此环境下,它才能充分表现出最高的催化剂活性,牛仔酶洗时剥落的靛蓝染料排放在水溶液中,对服装有返沾污泛蓝的趋势,该返沾污倾向一定程度取决于水浴的pH。一般而言,pH较低时,起花较快,剥色较强,但同时,纤维的强力下降较多,织物的泛蓝现象较为严重。pH偏向中性时,虽然起花较慢,但织物沾色现象较轻,对强力损伤也较小。尤其值得注意的是,当pH超过一定的范围后,会造成纤维素酶的失活。对使用中性纤维素酶而言,当pH为6.0~6.5时,酶活性较高,起花和沾色达到一定程度平衡。

(2)温度。每种纤维素酶都有一个最佳的温度范围,在此温度范围内酶的活性较高,起花较快。温度太低,酶过于稳定,不能充分发挥催化作用;温度太高,酶将部分甚至全部失去活力。另外,温度越高,则沾污越严重,但不管是冷水纤维素酶还是热水纤维素酶,只要不超过其最佳的活性温度,其活性和起花效果都会随着温度的升高而增加,但当温度超过一定范围时,酶会发生不可逆转的失活。

(3)时间。酶洗时间和温度是相辅相成的,要视最终的洗水效果而定。时间太长,会使织物磨损过度,强力下降过大。且大部分的纤维素酶在酶洗过程中能保持活力的时间较短,一般在1h以内,当效果超过1h后,往往需要放水,重新加入新的纤维素酶。但对于类似诺维信6400S而言,由于其活性是一个逐渐释放的过程,所以一般酶洗时间可达90~120min。

(4)防染剂。牛仔酶洗时脱落的靛蓝染料排放在水溶液中,对服装产生沾污和泛蓝现象,该返沾污倾向一定程度取决于水浴pH,洗水浴为中性时返沾污现象最轻,当偏酸性时返沾污现象趋于严重。另外水浴温度越高,则沾污越严重,但是可以通过使用防染剂来降低这种沾污现象。

在综合考虑以上四个因素的前提下,选择合理的用量成为第一要务,如何做到用量、效果(起花、强度损失)、成本之间选择一个最佳平衡点,这是一个洗水工作者所要充分考虑的问题,力求做到真正的精益化生产。纤维素酶用量与牛仔布强力的关系如图2-3所示。

在考虑品种、起花的程度、骨位效果、运转时间、对强力及撕拉力影响的前提下,一般纤维素酶用量在1~4g/L。

2. 纤维素酶对染料色光的影响

众所周知,各种染料对纤维的上染机理,化学特性都是有区别的。在不同的酸碱条件下,其染料的色光变化也是不同的,以棉织物为例,纤维素酶对各种染料色光的影响如表2-1所示。

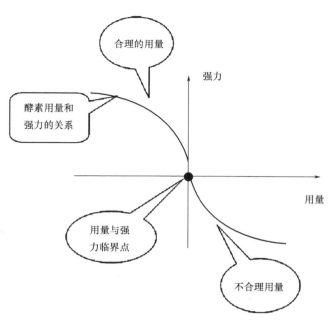

图 2-3　纤维素酶用量和强力关系图

表 2-1　纤维素酶对各种染料色光的影响

	直接染料	硫化染料	活性染料	涂料（碧纹）	靛蓝染料
色光变化	大	大	小	一般	大
起花度	好	一般	差	好	特好
骨位效果	好	一般	差	好	特好

另外，牛仔成衣的起花程度还与织物的组织结构及纱线的粗细有很大的关系，纱线越粗，组织结构越紧密的斜纹类织物就越容易起花和产生骨位效果。这些都要通过实际的做板流程，在实践中不断探索总结，从而寻找出适合各自品牌特点的酶洗、酶磨风格。

五、酶洗工艺及其条件的选定

1. 酶洗工艺

酶洗，即生物抛光，是纺织品后整理中的先进工艺，它不但能使织物获得高质量的产品效果，还具有很好的消除环境污染、保持生态平衡的效果。由于生物抛光符合"绿色纺织品"的社会发展要求，符合可持续发展的理念，是当下纺织印染洗水行业重要的发展方向之一。生物抛光的工艺及处方条件如下：

工艺：生物处理→终止反应→洗水→烘干

处方条件：酶用量 0.5%～2.0%（owf），浴比 1：（10～15），时间 30～90min，温度 45～55℃，pH＝4.5～5.5。

织物在生物抛光处理前,最好进行一次热洗或退浆,以洗去织物上可能存在的起阻滞作用的药剂或浆料。处理时间通过预先监测织物的失重量来控制,织物失重3%～5%(正常状况)较为适宜。系统的pH可用醋酸—醋酸钠缓冲剂调节到规定范围。处理结束时,加入浓度为2g/L的无水碳酸钠溶液调节pH至9.5～10.5,使酶失活以终止反应。

2. 酶洗工艺条件的选择

对酶洗效果的测定,除测定减量率的方法外,还可通过测定织物的强力来间接反映酶洗的程度。酶洗工艺条件的选择包括酶的用量、洗涤温度和时间及洗涤pH。对于商品酶,一般已标明其适应的温度和pH。如诺维信苏宏抛光酶L的温度为50～55℃,pH为4.5～5.5。

(1)浓度的确定。酶用量对产品的最终品质有关系。一般情况下,酶用量大,纤维的降解就大,且效果比较明显,用量太大会影响织物的服用性能。以诺维信L酸性酶为例,在不同的酶用量条件下,酶对织物强力的影响如图2-4所示。

可见,随着浓度的增加,织物的强力不断下降,当酶浓度达到8g/L时,强力下降大约30%。从产品洗涤后的效果和服用性能的角度考虑,强力下降应控制在10%～20%范围内,因此确定酶浓度为1～4g/L。

(2)洗涤时间的确定。在纤维素酶诺维信L用量一定的情况下,洗涤时间与织物强力的关系如图2-5所示。

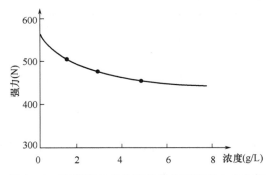

图2-4 诺维信L酸性酶浓度与织物强力的关系

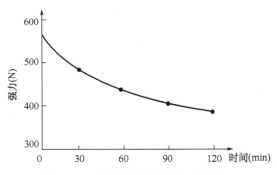

图2-5 洗涤时间与织物强力的关系

可见随着洗涤时间的增加,织物强力下降不断增大,要控制其在10%～20%,洗涤时间应选择在30～60min。

在其他工艺条件一致情况下,酶浓度的增加和洗涤时间的延长能提高酶对纤维素的水解程度。但增加酶浓度会提高生产成本,同时由于酶制品本身的色泽,会增加浅色织物的洗水难度、保色程度。另外,延长洗涤时间会影响产量。因此,对于具体产品要考虑综合因素,合理调整好酶浓度和洗涤时间。如对条绒产品,工艺条件如下:

纤维素酶3g/L,时间45min,pH=5.5,温度40～50℃,浴比1:20。

酶洗后,织物上带有大量的酶,如不除净,会对织物带来潜在的损伤。采用80℃以上的高温洗水,能使酶失去活性。也可采用洗水时加入2g/L纯碱的方法,这样既能使酸性酶失去活性,同时也能提高洗水效率。

六、不同种类的纤维素酶在牛仔洗水中的应用

1. 生物漆酶在牛仔洗水中的应用

漆酶原酶是从漆树中提取的生物酶,经复配填充而成。其化学成分是将对苯二酚(氢醌)氧化成对苯醌的一种产物,也称为对苯二酚氧化酶。其作用为使牛仔布脱色由漆酶构成的生物检测器的检测手段:漆酶电极和漆酶酶标。一般在喷砂处理前或次氯酸钠漂白前进行处理。影响脱色效果的因素有:

(1)条件因素影响。pH=4.0~6.0(最佳 pH=4.5~5.0),温度 60~70℃,溶解氧须保持自由空间至少 50%(成衣所占洗水机容积不得超过 50%),水质硬度低于 200mg/L。

(2)用量因素影响。初始磨损程度越高,漆酶脱色效果越好。浴比 1:(5~10)(成衣的厚薄不同浴比不同)。

最佳用量:1%~2%(owf)(由酶、催化剂、底物之间相互作用所决定的)。

(3)漆酶开发因素。在最佳用量下用漆酶处理两次,可获得较好的褪色效果,漆酶工艺在最佳用量下处理一次可达到中等脱色效果。类似的,将处理时间延长 15min 以上,也不能增加漆酶效果,在褪色反应在开始的 15~20min 内就完成了褪色效果的 80%~90%(两次酶效果好,中途不要放水,但大生产一般只安排一次漆酶工艺)。

(4)冲洗。至少用热水冲洗 1 次(最好加入洗涤剂,因降解产物泛黄)。

(5)兼容性。不能和不兼容的产品一起使用(例如漂白产品,阳离子表面活性剂)。

推荐的操作工艺:

浴比	1:(4~20)[最佳浴比 1:(5~10)]
处理时间	15~20min
pH	4.0~5.5
温度	60~70℃
后洗	冲洗(最好用热水)

经漆酶处理后的织物,表层去蓝效果比较强烈,有蚀光作用,使处理织物有怀旧、复古的效果,使成衣看上去更加庄重、典雅、高档。

2. 纤维素酶与漆酶混合处理对牛仔成衣的影响

通常,漆酶与纤维素酶混合起来对牛仔进行处理,从而达到一个综合效果。

(1)对牛仔成衣的颜色、颜色变化以及白度的影响。大量的实践表明,经纤维素酶和漆酶混合处理后的牛仔布亮度值(L^*)要高于仅仅用纤维素酶处理的牛仔布。另外,混合处理的牛仔布的亮度值(L^*)要低于只用漆酶处理的样本,这说明经漆酶处理的亮度最高,其次是纤维素酶与漆酶混合产生的效果,牛仔布亮度随着混合酶中漆酶的增加而增加,这可以看作是牛仔布复着色减少的结果,而纤维素酶的增加会减弱亮度,这样符合单独使用漆酶时得到的结果,因为漆酶破坏了蓝色的还原染料。

相对于仅用纤维素酶处理的牛仔布,混合酶处理的牛仔布更绿,随着纤维素酶的增加,绿色程度下降;随着漆酶的增加,绿色程度又上升,这是由于漆酶对织物会产生黄色的效果。换句话说,混合酶中漆酶的增加减少了复着色,然而纤维素酶的增加反而使复着色增加。混合酶

中纤维素酶和漆酶的变化都会使牛仔颜色产生显著变化,这种变化会产生时尚效果。

总体来说,相对于酸性纤维素酶和漆酶混合处理的牛仔布,中性纤维素酶和漆酶混合物处理的牛仔布复着色更低。混合酶处理的牛仔布复着色低于纤维素酶处理的牛仔布,而高于漆酶处理的牛仔布。混合酶中漆酶增加,牛仔反面的 L^* 值增加,而且高于纤维素酶处理的牛仔布的 L^* 值,这是因为漆酶在处理过程中去除了牛仔反面的靛蓝染料。

混合酶中漆酶增加会导致白色口袋的白度和亮度增加,即减少复着色,这是因为漆酶会分解靛蓝还原染料,而纤维素酶的增加会导致白度和亮度下降,这是因为漆酶会提取织物表面更多的还原染料;混合酶处理的牛仔口袋白度高于纤维素酶处理的牛仔白度而低于漆酶处理的牛仔白度,这是因为这两种酶产生作用的机制不同:漆酶分解靛蓝还原染料,而纤维素酶会分解织物上可降解靛蓝还原染料的纤维素,从而使染料在白色口袋部位积存。对于白色口袋,混合酶中漆酶增加,意味着会减少复着色。相反,纤维素酶增加,复着色加重。一般情况下,经混合酶处理的牛仔白色口袋比漆酶处理的绿,比纤维素酶处理的红。

(2)拉伸强度。经实验可知,退浆牛仔的拉伸强度高而伸长率低,中性纤维素酶处理的牛仔布拉伸强度最低,漆酶的反应与纤维素酶类似,也会造成拉伸强度下降,但下降程度小一些。用漆酶处理后的牛仔布拉伸强度比退浆牛仔布明显下降,当使用混合酶时,拉伸强度会下降,但比仅用漆酶的情况要略微高一点,无论如何,仍旧高于单独使用中性纤维素酶的情况。这可以解释为掺杂了纤维素酶的漆酶影响变低。漆酶拉伸强度变低的影响可以归为酸性介质(pH=4.5,温度为65℃)以及纤维素纤维的氧化,如表2-2所示。

表2-2　拉伸强度和牛仔伸长率

牛仔布类型	伸长率(%)	拉伸强度(Pa)
退浆牛仔布	59.88±2	1364±10
6%中性纤维素酶处理的牛仔布	62.37±2	1046±9
3%漆酶处理的牛仔布	71.84±2	1236±10
9%纤维素酶和2%漆酶处理的牛仔布	70.52±2	1267±12

(3)折皱回复角。牛仔样品的折皱回复角如表2-3所示。结果表明,退浆样品有着最高的折皱回复角,换句话说,退浆样品最抗皱。纤维素酶或漆酶降低了织物的折皱回复角,纤维素酶与混合酶对折皱回复角的影响差别不大。单独使用漆酶的时候,折皱回复角高于其他酶处理方式,但低于退浆样品,因为漆酶会降解靛蓝还原染料而不影响纤维素。总之,酶处理后牛仔布的抗皱能力降低,是因为漆酶产生的酸性环境以及纤维素酶对纤维素的水解。

表2-3　不同样品的折皱回复角

样本类型	折皱回复角(°)
退浆样品	167±4
6%中性纤维素酶处理的样品	148±3
6%酸性纤维素酶处理的样品	151±4

样本类型	折皱回复角(°)
3%漆酶处理的样品	160±5
9%酸性纤维素酶和3%漆酶处理的样品	149±5
9%中性纤维素酶和2%漆酶处理的样品	151±4

（4）耐磨性。耐磨性试验前后的牛仔样品重量如表2-4所示，不同牛仔样本的重量变化并不明显，即1万次磨损并没有对样品产生显著的影响，可以解释为样本的耐磨性强。退浆样本的重量损失最大，因为退浆样品表面含有大量的非耐磨性纤维，易被移除。中性纤维素酶处理的样品重量损失最小，因为中性纤维素酶减少了织物表面的其他纤维而使其对耐磨性影响减小。还可以观察到，即使在很高的浓度下，漆酶对样品耐磨性的影响依旧很小，因为漆酶的反应机理不会对纤维素造成影响。

表2-4 磨损试验前后样本的重量损失百分比

样本类型	磨损前重量(g)	磨损后重量(g)	重量损失(%)
退浆样品	0.4978	0.4881	1.95
6%中性纤维素酶处理的样品	0.4977	0.4968	0.18
6%酸性纤维素酶处理的样品	0.4951	0.4923	0.57
12%漆酶处理的样品	0.5305	0.5239	1.24
6%酸性纤维素酶和9%漆酶处理的样品	0.5359	0.5257	1.90
9%中性纤维素酶和2%漆酶处理的样品	0.4945	0.4888	1.15

（5）扫描电镜观察结果。牛仔样品表面的显微图片如图2-6所示，图2-6(a)～图2-6(c)显示退浆样品的表面覆盖了一层易被酸性或中性纤维素酶移除的锚定纤维（事先锁定的目标纤维）。漆酶处理后的图片显示漆酶不能移除锚定纤维而仅仅造成了颜色变化。基于样品的不

(a) 退浆样品

(b) 经中性纤维素酶处理的样品

(c) 经酸性纤维素酶处理的样品

(d) 经漆酶处理的样品

(e) 经漆酶和中性纤维素酶的混合物处理的样品

(f) 经漆酶和酸性纤维素酶的混合物处理的样品

图2-6 不同样本的扫描电镜图

同纤维表面,我们可以看出,漆酶处理后样品与退浆样品的表面类似,不过前者的纤维纠缠较多。由图2-6(e)、图2-6(f)可以看出,在漆酶和纤维素酶处理后的样品中,低浓度的纤维素酶会在表面产生更多的锚定纤维。

从图2-7(a)可以观察到,退浆样品的表面纤维没有被改变,意味着织物及其纤维在退浆过程中没有被改变。从图2-7(b)和图2-7(c)中也可以看到,纤维素酶处理后的样品外层纤维被破坏了,有些甚至被移除了,但内部纤维没有被改变。也就是说,纤维素酶仅仅对外层纤维产生影响而不改变内部纤维,意味着纤维素酶在酶洗中不能水解内部纤维而参与纱线重建过程。

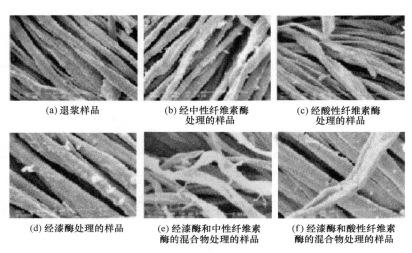

(a) 退浆样品   (b) 经中性纤维素酶   (c) 经酸性纤维素酶
                        处理的样品   处理的样品

(d) 经漆酶处理的样品   (e) 经漆酶和中性纤维素   (f) 经漆酶和酸性纤维素
                        酶的混合物处理的样品   酶的混合物处理的样品

图2-7 不同样品的扫描电镜图片

从图2-7(d)可以看出,漆酶没有改变织物的表面纤维,而且其表面与退浆样品的表面[图2-7(a)]类似。漆酶和纤维素酶的混合物处理后的表面纤维[图2-7(e)和图2-7(f)]比用纤维素酶处理后的损伤小,因为混合漆酶时纤维素酶的活性会下降。总体来讲,漆酶与纤维素酶混合使用减少表面纤维的损伤,而单独使用漆酶对纤维没有显著影响,甚至不会使表面纤维素纤维产生任何变化。

(6)洗涤过程中的重量损失率。经漆酶处理的牛仔样品重量损失小于经纤维素酶处理的样品,因为纤维素酶可以去除纤维素纤维表面的纤维和毛球,从而导致处理样品中重量损失过多。漆酶对纤维素纤维的表面影响不大。混合酶处理样本时,纤维素酶增加重量损失加大,漆酶增加重量损失也加大。然而,漆酶对样品的减重幅度较低。混合酶处理后样品的重量损失率小于纤维素酶处理后样品的重量损失率,大于漆酶处理后样品的重量损失率。

(7)结论。牛仔布反面和白色口袋部位的复着色是石洗过程中可能发生的重要问题,而且是纤维素酶洗水的一大缺陷。在洗水过程中增大中性纤维素酶或酸性纤维素酶的浓度可以增加衣物亮度,相比之下,增加漆酶用量在增强衣物亮度的同时,还能有效防止反面复着色。因此混合酶处理衣物时,增加漆酶用量可以提高亮度并且减少牛仔背面和白色口袋的复着色。此外,当漆酶用量超过9%时,口袋颜色更白。亮度(L^*)增强效果顺序如下:

漆酶＞纤维素酶和漆酶的混合物＞纤维素酶

可减少牛仔背面和白色口袋的复着色顺序如下：

漆酶＞纤维素酶和漆酶的混合物＞纤维素酶

经中性纤维素酶处理的样品拉伸强度小于退浆样品和经漆酶处理的样品，经漆酶处理的样品拉伸强度也小于退浆样品，但大于纤维素酶处理的样品。

扫描电镜图显示，经纤维素酶处理的样品纤维损伤严重，而漆酶对此不会产生明显影响。换句话说，仅仅表层纤维受到了损伤，而纤维内部不受影响。综合上述组合因素，我们可以根据不同的效果需求，采用漆酶和纤维素酶的不同组合配比进行生物酶处理，从而达到不同效果和风格要求。

七、常用酶洗工艺实例

1. 纯棉牛仔成衣生物酶洗工艺

牛仔成衣酶洗典型的工艺加工条件：纤维素酶 1%～1.5%(owf)；pH＝4.5～5.5(酸性酶)，pH＝6～8(中性酶)；处理时间 45～120min；温度 50～60℃；浴比 1：(10～15)；浮石用量(根据返旧整理程度而定)0～0.5kg/kg 衣物。

若用纤维素酶进行石磨洗水，大大减少了浮石的用量(可不加浮石或只用原浮石用量25%左右或者加少量的人造浮石)。

(1)牛仔成衣整理工艺流程。

淀粉酶退浆→洗水→酶洗→失活(加热至80℃以上或在 pH＝10～11 条件下洗 10min)→洗水→柔软整理→烘干→整烫→包装(成品)

(2)酶洗设备。工业用卧式滚筒洗衣机。

(3)酶洗工艺。

①纯棉靛蓝牛仔成衣。

诺维信或杰能科中性酶 6400S(粒状)	0.5%～1%(owf)
pH	6～6.5(商品中已有缓冲剂)
浴比	1：10
温度	35～45℃
时间	60min

②纯棉靛蓝牛仔成衣。

Denimax Ultra BT(诺维信弱碱性酶)	1.5%～2.5%(owf)
pH	7～7.5(商品中已有缓冲剂)
浴比	1：(4～10)
温度	55～65℃
时间	45～90min

③纯棉靛蓝牛仔成衣(平方米克重为 418.7g/m²)。

Denimax Acid SBX(诺维信弱酸性酶颗粒)	1%～2.5%(owf)
pH	4.5

浴比	1∶10
温度	45~55℃
时间	45~90min

（4）生产注意事项。

①纤维素酶的用量。不同纤维素酶的活力是不同的，因此其用量也要视其活力和最终的酶磨效果来确定，用量太少达不到酶磨作用，用量太大则会过度磨损而使强力下降过大并增加成本。一般用量掌握在 1%~3%（owf）。

②浴比。浴比是个关键的因素。浴比太小，织物带液太少，加之摩擦不充分，影响酶洗效果；浴比太大，则酶浓度太低，且织物漂浮在液面，相互接触不紧密，摩擦也不充分，酶洗效果差。浴比应控制在 1∶（6~12）为宜。

③工作液 pH。每种酶均有其最适宜生存的 pH 环境，只有在此 pH 范围内才能充分表现出最高的催化活性。酸性纤维素酶的最佳工作液 pH 在 4.5~5.5 之间，而中性纤维素酶最佳工作 pH 在 6~7 之间。

④酶洗温度。温度太低，酶过于稳定，不能充分发挥催化作用；温度太高，酶将部分甚至全部失去活力而丧失催化作用。一般温度控制在 45~55℃。

⑤酶洗时间。酶洗时间视最终效果而定。时间太短，作用不充分，起不到应有的效果；时间太长，则会使织物磨损过度，强力下降过大而影响服用效果，且在用酸性酶处理时会导致更为严重的沾色。一般酸性酶洗时间掌握在 45~90min，中性酶洗时间掌握在 60~120min。

⑥酶洗设备。一般在摩擦作用较强的工业洗衣机和喷射溢流染色机中进行酶洗，其他设备则由于摩擦作用差而达不到所要求的酶洗效果。牛仔成衣多选用工业洗衣机，布匹绳状加工则可采用喷射溢流染色机。

尽管用纤维素酶对牛仔成衣进行仿旧整理具有许多优点，但在酶洗过程中也易出现一些不容忽视的问题。

（1）染料的再沾色。纤维素酶洗过程中从织物表面去除的靛蓝染料，有重新沾染服装背面、内袋以及服装白地的强烈趋势。靛蓝沾色程度主要与工作液的 pH、纤维素酶的种类相关。因为常用的酸性纤维素酶与棉纤维的反应活性相对中性纤维素酶较高，在短时间内（大约45min）即可得到有效的化学性腐蚀；而中性纤维素酶处理则一般要求 45~120min。考虑到酸性纤维素酶的成本相对较低，且处理效率高，多数厂家更倾向用酸性纤维素酶处理，然而再沾色的控制要引起足够重视，要加入尽量多的防染剂。但对色光和防沾要求高的产品最好使用中性纤维素酶。

究其靛蓝再沾色的原因，应从靛蓝染料的染色性能谈起。靛蓝是一种还原染料，它不溶于水，也不溶于酸和碱，并对棉无亲和性。在应用前，必须用烧碱和保险粉或其他还原性化学品，将染料还原成其碱溶性的隐色体形式。

常规的牛仔布靛蓝经纱染色用烧碱作碱剂，染浴 pH 为 12~13。此时，靛蓝隐色体主要以二钠盐的形式存在于染液中，棉纤维上的羟基发生电离，带负电荷的染料与离子化的棉纤维之间产生斥力。染料与棉纤维的亲和力较小，容易扩散至纱线内部，染透性好，环染度较差。用缓冲液将染浴 pH 控制在 10.5～11.5 时，靛蓝主要以单苯酚盐的形式存在，棉纤维上的羟基几乎不电离。染料与棉纤维之间的电离斥力减至最小，亲和力最高，染料不容易扩散进入纱线内部，环染的程度很高。高度环染不但可以减少染料的用量，而且可缩短后期酶洗时间，节约酶的用量。经试验证明，同样的染色深度用低碱度工艺处理，染液深度只需常规碱度染色工艺的 1/2，而且在整理中很容易磨去表层纤维的染料露出白芯，可大大提高后期仿旧整理的效率。目前，已有较低碱度染色工艺的生产应用了。

一般认为，由于在酸性条件下，纤维素酶水解棉纤维产生了还原性的端基，该还原性基团将靛蓝染料还原为可溶性的隐色体，使得染料重新吸附到牛仔布的反面或正面的白色纬纱上。该推断具有一定的理论依据。东华大学曾对此做实验进行验证：用 HAc—NaAc 缓冲液调节靛蓝染料 pH 为 5，并加入适量葡萄糖作为还原剂，在 50℃加热 20min 后过滤，发现滤液为黄色，即有靛蓝染料的隐色体存在。但仅仅由此还不足以证明靛蓝的返沾色主要是由于纤维的还原性端基的作用。

加拿大学者曾就此进行了较为深入的研究。实验证明，在酶洗时，织物表面还原性基团的形成对靛蓝返沾色的影响并不重要。在牛仔布酶洗过程中真正影响靛蓝沾色程度的不是处理液的 pH，而是纤维素酶蛋白的性质，包括酶蛋白与棉底物的结合能力、靛蓝染料与酶蛋白的外部离子残基的亲和性。针对这一结论，为了有效降低沾色程度，建议应用蛋白酶以去除织物上的结合酶蛋白，从而减少靛蓝染料的吸附点。不过，在使用蛋白酶时应注意添加时间，加入过早，会削弱酶洗效果，造成酶的浪费。另外，也可在酶洗过程中添加适量的非离子表面活性剂，利用胶束对染料的增溶作用，可有效降低靛蓝染料的返沾色程度。

（2）织物表面的条花。牛仔布酶洗的目的是为了获得不均匀的"白粒"效果，而非不规则的条痕。但是在实际酶洗过程中（特别是处理厚重织物时），如处理不当，很容易出现不规则的条花。究其原因，可能有以下几个方面：

①退浆不当。牛仔布服装多数较厚重，且目前浆料多为组合浆料，即淀粉、PVA、丙烯酸（酯）、乳化蜡等，比较难以去除。若退浆不当，因缺乏柔韧性而易形成硬皱纹，在后续工艺中再经受过度磨蚀就会形成条痕。因此，应提高退浆处理的效率，适当添加渗透剂，调节浴比，适当提高工作液浓度或延长退浆时间，或使用组合退浆剂，使织物在退浆时有效软化。

②酶洗浴比。浴比太小织物不能与工作液充分接触，部分织物暴露在处理液外部，与设备直接摩擦，从而产生条痕。应采用较大的浴比（一般为 1∶10 或 1∶20），以减少机械磨蚀。但同时也要注意浴比不可过大，织物易漂浮不定，同时酶洗效率下降，成本提高。

③酶洗容量。超出设备的最佳装载容量酶洗时，一次性处理织物过多，超出了设备的最大负荷。织物在设备中随处理液转动困难，织物与处理液的接触不充分，局部酶浓度过高，会加速在折皱处的剥蚀作用，产生条痕，所以酶洗时不可盲目加大处理量。对待确定机器的最佳服装负荷，结合服装厚度，必须通过逐步增加负荷的实验，并监控在服装上的效果来加以标准化。

④转鼓式洗涤机的转速。转速太慢会使织物与设备产生直接摩擦，产生较宽的条痕。而转速太快又会减少服装的"下跌高度"，因此降低机械磨蚀作用。所以适度控制转鼓的转速也

是很重要的(600磅工业洗衣机,一般为43~48r/min)。

(3)重现性差。应用纤维素酶进行牛仔服装仿旧整理时,希望每次处理都能得到相同的剥蚀效果。但由于纤维素酶是一种生物催化剂,其生物活性受到多方面因素的影响。必须保证每次酶洗时工作液的pH、温度、生物酶浓度、酶洗时间、搅拌速度甚至升降温速率均相同,才有可能缩小各批织物之间酶剥蚀的差异。

通常,加入酶浓度越低,重现性越好,特别是当使用一些高浓缩的酶进行仿旧整理时,应注意以下几点:

①应用缓冲剂以稳定pH。酸性纤维素酶用HAc—NaAc缓冲液调节pH至4.5~5.5,中性纤维素酶可用HAc—NaAc缓冲液调节pH至6.5~7.0。

②监控温度应保持在最适温度范围内。温度过高,会使酶失活;过低,则不能充分发挥酶的活力,造成浪费,使加工成本提高。一般温度控制在45~55℃。在此温度范围内,酸性纤维素酶要比中性纤维素酶对温度的稳定性高。

③选用在储存期间稳定的酶。纤维素酶是工业应用中最稳定的两类酶之一,粉状和粒状酶只有当它们干燥时才是稳定的,一旦它们沾有湿度,它们可能比液态酶还不稳定,故用后应密闭盛酶容器,并在25~26℃阴凉处保存,以保持其稳定性。同样,每批织物酶洗之前,都应标定酶的活力,以确保处理效果相同。

④使用易于精确配料的酶,如造粒酶等。

2. 人造棉牛仔织物生物酶洗工艺

人造棉以其手感柔软、色光艳丽、吸湿透气而受到消费者的普遍欢迎。尤其近年来酶磨技术的应用,使人造棉更加蓬松、富有弹性。人造棉受到牛仔布成衣潮流的影响,其纺织品设计也趋向仿旧效果并配以朦胧色彩,因此人造棉成了牛仔衬衫、牛仔夹克衫的时装用料。另外,经酶整理后的织物能获得不同于柔软剂整理的特殊柔软手感,而且经家庭中反复洗涤后其柔软特性不改变,因此酶洗织物也成为较好的内衣面料。在这种需求形势下,如果对产量较大、价格较低的人造棉织物进行酶洗整理,将会具有广阔的市场前景。

(1)实验用纤维素酶。本示例试验用酶为诺维信酸性纤维素酶3600L,它的最佳活化温度为50℃,最佳活化pH为5,可采用HAc—NaAc缓冲溶液。如果酶洗温度、pH不在要求范围内,酶的作用会大大降低。如果酶洗温度高出10℃,活力下降60%;低于30℃以下,会使酶活力下降70%。

(2)酶洗工艺操作。先用HAc—NaAc缓冲溶液调节pH为5,然后投放入牛仔人造棉织物,水溶液加热至50℃,再投入纤维素酶,采用合理的加热时间。注意务必严格控制活化温度和pH。酶洗结束后,可以升温或加碱液,使纤维素酶失活,然后用水彻底清洗,防止酶继续起作用,影响织物强力。

(3)影响织物酶整理效果的因素。

①退浆对整理效果的影响。由于纤维素酶催化作用的专一性强,为了在酶洗时充分发挥其作用,退浆至关重要。退浆的主要目的是去除织物在浆染或纺织过程中上的浆剂、油污等杂质,同时可使纤维膨化,使纤维素酶能在短时间内较好地发挥作用。人造棉一般采用弱碱工艺

退浆,避免在退浆中纤维强力受到损伤,而且耗料少,费时较短。

推荐退浆工艺:纯碱 0.5g/L,防染枧油 1.5g/L,渗透剂 1g/L,温度 60℃,时间 30min。

②酶用量对整理效果的影响。具体影响见表 2—5。

表 2—5　酶用量对整理效果的影响

酶用量(%,owf)	时间(min)	失重(%)	降强(%)	外观效果(柔软、蓬松感)
3.5	60	3.5	1.8	较差
5.0	60	5.0	2.5	较好

注　浴比 1:20,pH 为 5,温度 50℃。

表 2—5 结果表明,在其他条件不变的情况下,在一定范围内,酶用量越大,纤维素水解反应越快,织物减重越多,强力下降越大。在处理中厚织物、未漂洗织物、结构紧密织物和较疏松织物(易再起毛)时需适当加大用量。综合考虑整理效果和成本等因素,合理的酶用量为 2%～4%(owf)。

③处理时间对整理效果的影响。具体影响见表 2—6。

表 2—6　处理时间对整理效果的影响

处理时间(min)	失重(%)	降强(%)	外观效果(柔软、蓬松感)
40	2.2	2.0	差
60	5.0	2.5	较好
80	5.5	5	好

注　酶用量 5%(owf),浴比 1:20,pH 为 5,温度 50℃。

表 2—6 结果表明,其他条件不变时,处理时间较长,减量较大,失重较多,强力下降也就大。但处理时间太短,表面不光洁,手感差;处理时间太长,虽手感好,但强力下降大。酶洗最初 20min 效果甚微,这是因为酶与纤维素作用有一个引发培养阶段,因此少于 20min 是没有意义的。但处理时间也不能过长,综合织物强力、工作效率、能耗等诸多生产因素,处理时间一般不宜超过 90min。一般考虑到酶整理效果和生产成本等因素,处理时间为 45～60min 即可。

④浴比对整理效果的影响。具体影响见表 2—7。

表 2—7　浴比对整理效果的影响

浴比	失重(%)	降强(%)	外观效果(柔软、蓬松感)
1:15	5.4	4.0	好
1:30	5.0	2.5	较好
1:50	1.0	1.0	差

注　酶用量 45%(owf),pH 为 5,温度 50℃。

表 2—7 结果表明,在其他条件不变时,浴比太大,相当于酶的浓度降低,织物减量相应减少,绒毛去除不净,布面不光洁,手感较差;相反,浴比太小,相当于酶整理浓度提高,织物减量较多,强力下降较多。

当然实际生产中,采用不同设备处理所需浴比也各不相同,选择浴比时应既要考虑整理效果,又不致使酶耗量增多。

(4)酶整理后产品的品质。牛仔人造棉仿真丝效果处理一般有两种方式:一是柔软剂砂洗法,二是纤维素酶酶洗法。前者特点是整理后手感柔软、丰厚,有一定的悬垂性和弹性。而后者由于酶对纤维素纤维有一定的剥蚀作用,绒毛的去除使织物滑爽、悬垂。由于无定形区增加,会产生不同于柔软剂处理的特殊柔软手感。如果再用柔软剂处理,柔软剂分子能够进入纤维内部,扩大了的空穴和毛细管,增强了纤维、纱线之间的润滑,具有超级柔软效果,织物纹路清晰,表面光洁,能有效地克服起毛球。纤维素酶改变了纤维的细微结构,使无定形区增加,表现在织物弹性好、洗水性、保水性强,为染色创造良好条件。因此,用纤维素酶处理后的牛仔人造棉产品外观接近真丝,且服用效果优于一般真丝产品,故提高了产品档次。

3. 高化纤含量牛仔成衣酶洗工艺

近年来服装洗水界,由于受成本竞争的压力,高化纤含量牛仔成衣洗水越来越多,如何做好这种产品的品质是个业界难题。因为化纤刚性较大,不易柔软,主要靠增加柔软剂用量来达到柔软效果,结果就会直接导致如下问题:

成本过高,因洗水工艺条件原因,化学纤维(聚酯纤维为主)只是简单吸附柔软剂,没有经高温使之与纤维反应性结合,大部分柔软剂都在成衣加软后在脱水时去掉了,而且柔软度也不能保持长久。

成衣在压烫后手感变差,服装结板变硬,这是因为在熨斗和压机的高温条件下,化纤部分简单附着的柔软剂未充分固着前又被"挤"了出来,化学纤维之间没有蓬松空间或者说分子间隙小,从而被压实、压死,同时也不排除高温导致化纤玻璃化板结的可能。

手感过于油腻,由于棉的部分吸附了过多的柔软剂,而且为了通过提升滑度来达到形式上手感好的错觉,使用了过多表面成膜的平滑柔软剂,并且为了减少成衣压烫后"板、硬"问题,加入了过量的蓬松剂,再加上压烫后化学纤维上部分柔软剂被"挤"出来,致使大量柔软剂涌到服装表面,致使服装手感过于滑腻,手感极不舒服,觉得很不自然。

库存后服装变板且黄变严重,在存放过程中柔软剂中过多的硅油等柔软剂慢慢交联形成硅橡胶,导致服装亲水性下降,直接影响穿着舒服度,尤其是过多的常规阳离子柔软剂导致牛仔成衣泛黄严重。

针对以上问题,洗水工作者通过大量实验、大量筛选,优选出合适的产品,制订出了合理的工艺,进行推广,通过持续不断地实践,产品和工艺都已相当成熟。

手感整理的产品主要有四种:

①纤维素酶。由于生物酶的催化专一性,对化纤(聚酯纤维)几乎没有什么作用。但是由于这些涤/棉牛仔中,含有棉的成分仍比较多,我们必须对棉成分进行消毛、蚀光等处理。但是消毛时间过长,化纤部分由于机械及相互之间的摩擦作用,会使其变毛。因此要使用大量的纤维素酶,短时间来消除棉部分的绒毛并使其软化。通常的做法是采用 Cellusoft L 6%,温度 50℃,pH 为 5,时间为 30min。

②化纤保湿软油 MT。化纤保湿软油 MT 具有特殊的结构,使其可与化学纤维形成一定

反应性结合,充分填充化学纤维间隙,达到蓬松柔软的效果。同时本身具有亲水基团,可使服装达到合理的回潮率并提高服装穿着的舒适度。本身可以起到架桥改性剂的作用,使其柔软剂充分结合于化学纤维表面从而提升柔软的效果,降低柔软剂的成本。

③季铵盐亲水柔软系列高浓产品。此柔软剂是基于最新技术的第四代嵌段硅油,可赋予面料极佳的柔软手感和亲水舒适性。

④平滑手感硅油。柔软手感硅油与蓬松手感硅油的组合体可实现不同的手感和观感风格。

推荐工艺及助剂用量基于以下条件:600磅❶机,每机洗120条左右裤子,服装面料含涤纶(超细旦,长丝或短纤)、锦纶、天丝等化学纤维,含量在10%～35%,裤重在500g/条左右,以下方法对中厚和薄型面料酶洗效果明显,对厚型化纤含量高的紧密结构的服装效果稍差一些(该面料在过软时可加入少许非离子渗透剂予以改善)。

(1)预处理。方法有两种,可选其一:

①退浆时加入化纤保湿剂MT,用量1.5～2kg,正常退浆。

参考退浆工艺:枧油(推荐使用防染枧油,用量500g/机),软油适量,化纤保湿软油MT 1000g/机,温度60～70℃,时间15～20min。

如果面料的色牢度差,但要求服装高保色,为了尽量减少掉色,则建议保湿软油MT在酶洗时加入,并在之前用聚氨酯固色剂1000g/机(视布本身牢度和成品牢度要求决定其用量),温度40～45℃,时间15～20min,进行固色处理。

②酶洗时加入化纤保湿软油MT(当服装要求高保色时),用量1～1.5kg/机,正常酶洗。

参考纤维素酶去毛洗工艺:诺维信高浓保色纤维素酶水溶液8000L适量,加入化纤保湿软油MT 1～1.5kg/机,调节pH为6～6.5,温度50～55℃,时间15～20min。

在牛仔酶磨和纤维素酶双酵工艺中,化纤保湿软油MT的用量依旧不变,同时MT兼有一定的防染效果。

(2)加软。加软的风格有如下三种:

①平滑光亮风格型。

参考配方:季铵盐嵌段蓬松型亲水硅油1kg/机,滑弹光亮硅油3kg/机,化纤保湿软油2～2.5kg/机,调节pH至6左右,温度40～45℃,时间10～15min。此法在烘干后充分打冷风,并放置12h以上,手感达到最佳。

②综合较软风格型。与平滑光亮风格相比,综合较软风格型手感较厚实蓬松且略柔软,但布面亮度、对比度、布面清晰度及滑度不如平滑光亮风格。

参考配方:综合手感硅油2～2.5kg/机,化纤保湿软油2.5kg/机,调节pH为6左右,温度40～45℃,时间10～15min。

③超柔软风格(适应于要求高柔软手感工艺)。

参考配方:超柔软整理硅油2～2.5kg/机,化纤保湿软油MT 2.5kg/机,调节pH为6左

---

❶　1磅＝0.4536kg。

右,温度 40～45℃,时间 10～15min。

该系列工艺流程配方综合举例:

(1)酶洗工艺〔600 磅机,中厚面料棉(65%)/涤纶长丝(35%),牛仔靛蓝长裤,各种码 140 条/机〕。工艺流程和配方:

手擦→马骝→还原洗→清洗→退浆(防染枧油 800g、防染粉 800g、化纤保湿软油 1500g,40℃,15min)→过水→中性纤维素酶水溶液去毛洗(诺维信型号为 8000L 的中性纤维素酶水溶液 500g,调节 pH=6.5,50℃,30min)→灭活→过水→过软(化纤保湿软油 2500g,季铵盐嵌段硅油 1200g,40℃,15min)→脱水→烘干→冷风→整烫→包装

(2)普洗工艺〔600 磅机,面料棉(75%)/涤纶(15%)/天丝(10%),各码混洗,120 件/机〕。工艺流程及配方:

退浆(防染枧油 800g、防染剂 800g、软油 500g、化纤保湿软油 1500g,50℃,20min)→过水→过软(化纤保湿软油 2000g,光亮平滑剂 2400g,季铵型嵌段硅油 600g,40℃,15min)→脱水→烘干→冷风→整烫→包装

(3)面料底色低牢度酶洗工艺〔600 磅机,中厚面料棉(74%)/超细旦纤维(26%),牛仔裤靛蓝各种尺码,120 件/机〕。工艺流程及配方:

退浆(此处退浆实为先固色,用聚氨酯固色剂和克牢王固色剂各 500g,调节 pH=6～6.5,50℃,20min)→过水→纤维素酶水溶液去毛洗(诺维信型号为 8000L 的中性纤维素酶水溶液 500g、化纤保湿软油 MT 1000g,调节 pH 为 6,50℃,30min)→灭活→过水→加软(化纤保湿软油 2000g,季铵盐嵌段硅油 1000g,40℃,10min)→脱水→烘干→冷风→整烫→包装

综上所述,涤/棉系列牛仔产品,在进行洗水加工时,我们要充分分析组分含量,风格要求,制订合理的洗水工艺。在酶洗、酶磨时,最好采用中性纤维素酶及其水溶液,这样既能保色光,又能减少棉强力的损失,而且要采用大剂量,短时间处理,防止化纤成分因摩擦时间过长而起毛。在加软时要充分掌握客户对手感的要求,保证其加软组分中,既有加软涤纶的软剂又有加软棉的软剂。要充分利用棉纤维的吸湿性和长丝化纤的导湿性的特点,在加软时添加一些亲水性的硅油。同时涤纶织物往往刚性比较大,洗水容量不可过大。脱水烘干时不可过分挤压,防止皱条的产生。真正做到两种或多种纤维的优势互补,实现牛仔产品的多样性。

4. Lyocell 纤维牛仔成衣洗水整理

Lyocell 纤维中文名为天丝,绿色环保的 Lyocell 纤维具有棉的舒适性,聚酯纤维的强度,黏胶纤维的悬垂性和蚕丝般手感。所采用的原料为针树叶通过精制而成的浆粕,溶解在对人体完全无害的氧化胺溶剂中,去除其中的不纯物质,使溶液挤压纺丝后,纤维素沉淀成纤维。它属于再生纤维素纤维的一种。

用于牛仔布系列是 Lyocell 纤维的重要应用之一。主要有 156～340g/m²(4.62～10.0 盎司/平方码)重量的纯纺 Lyocell、Lyocell/棉、Lyocell/黏胶纤维、Lyocell/涤纶、Lyocell/氨纶、Lyocell/麻的混纺或交织牛仔布。Lyocell 纤维与棉、黏胶纤维、麻混纺的牛仔布风格尤为突出,制成的服装具有手感柔软、强力高、耐磨、耐洗、耐烘干和冬暖夏凉的功能,其产品深受美

国、日本、欧洲等地区的消费者的欢迎。

但是 Lyocell 织物在湿加工过程中存在与其他纤维素纤维不同的特点,即 Lyocell 纤维的原纤化问题。

(1)产生原纤化的原因。Lyocell 纤维中的木质纤维素分子中原有的晶体未受破坏,纺丝后形成的超分子结构的结晶度很高,纤维分子的大部分链段处于有序排列中,从微观情况来看,纤维轴向的高结晶度、高定向性使无定形区侧面横向连接少且弱,容易开裂而形成"原纤"。在湿态及机械摩擦作用下,织物表面会浮出一层直径仅 $1\sim4\mu\mathrm{m}$ 的短绒毛,如霜白,呈半透明状。

(2)影响原纤化的因素。

①纱线和织物结构对原纤化的影响。纱线捻度偏高和结构紧密的织物,短纤维尾端可以较牢固地结合在织物中,在湿处理的过程中,原纤化和起球的倾向较小。

纱线毛羽多,会造成 Lyocell 纤维的原纤化,为此在生产中应减少纤维的损伤,尽可能减少纤维的损伤,尽可能保持通道光洁,减少摩擦。

②染整工艺流程对原纤化的影响。染整一般工艺流程为:

烧毛→退浆、精练→去除原纤→染色(去除原纤)→柔软和树脂整理

a. 温度、pH 对原纤化的影响。原纤化的速度随温度和 pH 的升高而增加。当 pH 升高时,原纤化程度也增加,这是由于增加了纤维的溶胀并且有更多的水进入了纤维,促使纤维中的微原纤进一步分离。对于某些机械作用小的设备,在较高的 pH 和温度下,使之在一定时间内达到所要求的初级原纤化。而具有较强机械作用的设备,则在低的温度和低腐蚀化学条件下就可获得相同的效果。

b. 工艺流程对原纤化的影响。染色前处理与原纤化:烧毛是消除原纤化的基础。为防止纤维的损伤,必须采取高速烧毛工艺。

Lyocell 纤维织物在前处理过程中几乎不存在不纯物,可将退浆与精练同时进行。Lyocell 纤维织物在织造时使用的浆料大多为 CMC 类或淀粉类浆料。

如果 Lyocell 纤维织物的前处理技术(烧毛、退浆、精练)不良时,染色效果也变差。当采用染色前去除原纤化现象时,就必须充分完善前处理工艺。如果前处理技术不良,浆料会残留在织物组织中。当使用活性染料染 Lyocell 纤维织物时,染料会与植物中残留的浆料(淀粉类、CMC 类浆料)起反应,致使 Lyocell 纤维的表面色浓度降低或造成浆斑。

必须强调的是要将预处理的工作做好,保证一次去除原纤化充分,一次去原纤化充分完全是酶处理及二次去原纤化的基础。

c. 染色设备对原纤化的影响。Lyocell 纤维织物染色方法较多,采用平幅染色设备(卷染机、冷轧机、轧染等)一般不易产生原纤化,适用于一般光洁织物。

绳状染色设备(气流染色机、溢流染色机染布匹、卷叶机、洗水机染成衣)易产生原纤化,对桃皮绒类织物较适用。但是在绳状加工时,织物在通过设备时如果不能很好地开幅并转换方向,可能会产生局部原纤化。因此,选择合适的设备非常重要。

国外普遍推荐气流染色机,它能使织物经受较充分的摩擦,不断交换接触面。添加平滑剂

后,可防止折痕的产生,还可连续进行织物初级原纤化、酶处理、染色等。如配用后整理烘干、抛松机可减少后加工原纤化倾向,使产品柔软丰满。

d. 染料选择对原纤化的影响。Lyocell 纤维织物的染色可使用直接染料、活性染料、不溶性偶氮染料(纳夫妥)等,活性染料使用得最多。若选用能与纤维分子链形成交联的双活性基或三活性基染料,可以减少或防止染色中原纤化的影响。相反,如果要产生桃皮绒风格的产品,则应选用单活性基染料。

e. 树脂整理对原纤化的影响。通常树脂整理后的 Lyocell 纤维织物可耐机械洗水。用含树脂和酸催化剂的处理液浸轧织物,再焙烘使树脂和纤维素分子发生交联,最后洗涤并烘干织物。

树脂整理虽能较好地控制 Lyocell 纤维织物的原纤化,但存在处理后织物脆化、手感变硬和吸水性下降等问题。考陶尔(Courtaulds)公司最新研发出一种化学试剂 Axis,可用于处理 Lyocell 纱线和织物。Axis 是一种交联剂,通过与纤维素分子发生反应达到控制原纤化的目的。Axis 可在纱线或织物染色前的精练阶段使用。经 Axis 处理的 Lyocell 纤维织物染料上染率增加,耐机械洗水,且织物手感不受影响。相对于树脂而言,Axis 是一种使用方便且性能优良的交联剂。

总之,Lyocell 纤维的原纤化问题是染整加工的关键。为了避免原纤化或者利用原纤化生产桃皮绒类织物,必须使用合适的染整工艺、设备、染料和纤维品种。染整工艺、配方要依据织物原料种类(Lyocell 纤维纯纺、混纺、交织)、织物组织结构(密度、平方米克重)、织物类别(机织物、针织物、桃皮绒类织物等)正确选定。

(3)Lyocell 牛仔成衣的洗水。对于 Lyocell 牛仔成衣来说一般有普洗和酶洗。酶洗的主要目的是进一步充分去除原纤化。酸性纤维素酶当 pH 为 4.5~5.0,温度为 55~60℃,时间为 60~90min 时,对 Lyocell 纤维织物最有效;pH 为 7 或以上,温度为 80℃时,酶钝化(失活)甚至停止反应。一般以织物重量损失 5% 左右为宜。

酶处理之后,需要进行酶的失活处理。有提高温度至 70℃以上的高温处理法,以及加入碳酸钠等碱剂提高 pH 的弱碱性法。

当然,我们也可利用原纤化的原理来产生次级原纤化(进一步的湿加工)。此时,织物的上表面为织物的交织点,因此,原纤化就在此部位发生。次级原纤化会产生两种效果。第一,在织物表面会产生一层细小的绒毛。这些绒毛赋予织物特殊的表面视觉效果,即砂洗或桃皮绒的效果。第二,由于原纤化把表面纤维线密度减小了很多,即使含相同的染料量,其色泽看上去要浅得多。这种光学效果赋予织物表面砂洗或灰暗的效果。

(4)Lyocell 牛仔服装大货洗水注意事项。

①首先要对 Lyocell 牛仔的原材料构成作充分的分析,对客户要求的保色程度及布面原纤化程度作充分的了解。酶制剂的选择是很关键的因素,Lyocell 纤维去原纤化专用酶制剂 Cellsoft Plus-L。

②注意酶制剂类型对织物强力的损失,一般来说,Lyocell 纤维本身的强力很高,纤维素酶处理一般不会造成其纯纺织物强力较大的损失,但对于薄型织物,酶制剂选择不当,易造成服

装的衣领、袖口等缝纫处发生过度损伤。对于 Lyocell/棉，Lyocell/苎麻，Lyocell/亚麻等混纺织物进行处理时，普通纤维素酶对其强力损失比较大，应改用富化内切酶 Cellsoft Uitra-L，这种强力损伤会显著降低。

③靛蓝"环染"牛仔织物牢度比较差，褪色比较严重，对白线、白色口袋等沾污比较严重，应该采用高性能防染剂处理，并尽量采用中性酶制剂。适当增加浴比或酶处理的温度低于酶最适作用温度，当然，酶制剂的用量也要适当增加。

④对表面绒毛很多的织物，则可采用分步用量法进行酶处理，即进行二次去原纤化加工，每次的酶用量为总酶用量的一半，时间也为总时间的一半。

⑤设计合适的酶洗酶磨时间，时间短，不能充分去除原纤；时间过长，易引起纤维过度水解而使织物强力降低。同时，充分地考虑机械转速，即机械作用力强弱。机械作用越强，所需的处理时间越短，尤其对于 Lyocell/麻的牛仔织物，作用时间过长，反而易起毛，因此我们要综合材质、酶的用量、pH、机器转速等确定时间，此类牛仔一般处理时间在 30～60min 范围内。

5. 其他材质成衣的酶洗工艺

(1)纯棉纱洗水裤。

①工艺流程。

净洗→酶洗→灭活→洗水→脱水→烘干→树脂整理

②工艺条件。设备为工业洗水机。

酶(酸性纤维素酶)用量　　　　　2％～3％(owf)

浴比　　　　　　　　　　　　1：(6～10)

温度　　　　　　　　　　　　50～55℃

pH　　　　　　　　　　　　4.5～5.5

时间　　　　　　　　　　　　45～60min

(2)靛蓝牛仔布。

①工艺流程。

淀粉酶退浆→洗水→酶洗→灭活→洗水→烘干

②工艺条件。设备为工业洗衣机。

酶(中性纤维素酶)用量　　　　　3％～5％(owf)

浴比　　　　　　　　　　　　1：(10～15)

温度　　　　　　　　　　　　40～50℃

pH　　　　　　　　　　　　5.5～7

时间　　　　　　　　　　　　45～90min

(3)苎麻平布。

①工艺流程。

碱退浆→洗水→酶洗→灭活→洗水→烘干

②工艺条件。设备为工业洗衣机。

酶（酸性纤维素酶）用量	3%～4%(owf)
浴比	1：(10～20)
温度	50～55℃
pH	4.5～5.5
时间	45～60min

第三节　牛仔成衣的酶石洗、酶石磨

一、浮石的作用

石洗即在水中加入磨石或胶球，根据客户的不同要求可采用黄石、白石、人造浮石及各种胶球等进行摩擦洗涤，洗涤后成衣（织物）在手感上得到较大改善，起一定的花度和绒毛、颜色变浅，呈现灰暗的效果，衣物及成衣骨位有明显的磨损现象，整体给人以陈旧感。所用浮石又称轻石或浮岩，它是火山喷出岩，多孔、轻质的玻璃质酸性流纹岩，浮石表面粗糙，质量轻，能够浮于水面，故称作浮石，见图2-8。

图2-8　人造浮石（左）与天然浮石（右）

浮石多产于土耳其、印尼以及我国新疆等地，其规格通常分为$D_{直径}$＝1～2cm，$D_{直径}$＝2～4cm，$D_{直径}$＝3～5cm，深颜色，起花重的通常用黄石，浅中颜色通常用白浮石。石洗石磨自然能产生磨洗和陈旧感效果，但是所用浮石在开采、运输、搬运、倒入、石磨的过程中，会产生大量的粉尘，对环境和人体都会产生危害，对洗水机器设备内壁产生较大的磨损，缩短了机器使用寿命。尤其是石磨后产生石头灰，混合着很多的化学品和各种染料，形成污泥，给污水处理造成了很多麻烦，增加了大量的处理成本，对环境产生了一定的破坏，故逐步将被新的工艺，新的材料所淘汰。

二、牛仔成衣酶石洗(酶石磨)

在酶洗、酶磨中加入浮石,利用浮石和纤维素酶的双重作用,一方面加强衣物的褪色效果,另一方面也可增强衣物的磨损性和起花度,以突出其陈旧感。加入浮石后对手感、磨损程度、褪色、骨位效果都要较酶洗、酶磨夸张。如在其中加入纤维素酶的水溶液,去毛比石磨好,布面干净。考虑到石磨与酶磨的组合因素,因此酶石磨所用浮石一般比单石磨要少,减少了部分对环境及成本的负担。石洗由石头对成衣的撞击作用,使裤身毛糙处、打枣处、口袋处容易产生破洞和磨烂,那么酶石磨由于有浮石和纤维素酶的双重作用,除了有石磨产生的破洞和磨烂外,也会降低织物的强力和撕拉力。整体来说,成品的疵品率比较高,这就要求我们在设计时做好充分的实验并进行分析,分配合理的用量、浴比、温度和时间,提高产品质量,保证成衣的风格。

三、浮石在牛仔成衣洗涤中的应用

传统的洗水工序中物理作用的介质均采用天然浮石,利用天然浮石的低相对密度、高表面粗糙度、低撞击力度等特性,使被洗水的衣物布料产生褪色、起花、柔软、怀旧等效果。

天然浮石是一种天然多孔性矿物,形成于自然条件下,其形状、相对密度无法均一,且强度低,用于洗水加工中,会产生大量洗水泥浆,且有加工时间长及品质管理上无法有效控制等问题,一直困扰着成衣洗水行业。

为降低洗水成本和环境污染及环保处理费用,提高成衣业洗水工序的品质管理,同时提高生产效率,降低工人劳动强度,洗水科技工作者发现了一种用人工合成的方式制造出的一种具高耐磨性,形状、相对密度可控,品质均一的人造浮石,以取代天然浮石。

1. 物理性能分析与概述

天然浮石又称轻石或浮岩,是一种多孔、轻质的玻璃质酸性火山喷出岩,其成分相当于流纹岩,也可称作火山岩,因孔隙多、质量轻、容重小,能浮于水面。它是由熔融的岩浆随火山喷发冷凝而成,表面粗糙,经机械力打碎后可形成不同规格。同时,由于岩浆成分的不同,产生的品种及物理特性也有差异,如白石和黄石。天然浮石的特点是质量轻、耐酸碱、耐腐蚀,无放射性等,但在用于服装洗水中产生的污泥是困扰牛仔成衣洗水行业的一大难题。

人造浮石是人为加工生产而成。原料包括:无机材料、烧碱、硼砂、碳酸钙粉、碳粉和云母,所述的无机材料选自矿物或黏土。将原料以一定比例混合均匀制成组合物坯料,成型处理后在1000~1300℃温度下烧结。人造浮石具有质轻、耐磨性好、形状及相对密度均一的特点,使得它具有很好的应用前景。

2. 常用浮石种类及物理指标(表2-8)

表2-8　常用浮石种类及物理指标

浮石种类	浮石规格	莫氏硬度	密度(g/cm³)	吸水率(%)	孔隙率(%)	沉浮情况	备注
土耳其白石	1~2cm	4级	0.85	55	76.4	97.5%/34%	烘干/泡透水
土耳其白石	2~4cm	4级	0.85	55	76.4	96.8%/32%	烘干/泡透水
印尼黄石	3~5cm	4.5级	0.91	48	65.2	94%/25%	烘干/泡透水

浮石种类	浮石规格	莫氏硬度	密度(g/cm³)	吸水率(%)	孔隙率(%)	沉浮情况	备注
人造浮石	5～8g/颗(1～2cm)	6级	1.15	18	46	28%	烘干、泡透一样
人造浮石	9～12g/颗(2～4cm)	6级	1.21	18	49	31%	烘干、泡透一样
人造浮石	9～15g/颗(3～5cm)	5.5级	0.7	23	82	100%	烘干、泡透一样

注　1. 物理指标中规格为生产厂家制订,其余所有数据均取平均值。

　　2. 孔隙率、吸水率、莫氏硬度为生产厂家参考资料。

　　3. 白石、黄石、9～15g/颗人造浮石的密度数据为生产厂家提供的参考资料,5～8g/颗和9～12g/颗人造浮石密度为测试数据。

　　4. 沉浮情况为测试数据,测试方法为100颗完全烘干后的浮石放入水中,检查浮起的情况,再用100颗浮石浸泡24h后检查沉浮情况,如此测算而得。

　　5. 从数据得出结论,干燥的浮石沉浮情况首先与密度相关,小于水密度的浮石全部能浮起来,浮起的浮石在洗水过程中对织物的缓冲时间更长,对织物损伤更小;密度结合孔隙率则决定对浸泡水后的浮石沉浮情况,孔隙率越大、密度越小,浸水后浮起率越高。

　　6. 由莫氏硬度可知,5～8g/颗(1～2cm)和9～12g/颗(2～4cm)的人造浮石硬度较天然浮石大1.5～2级,同时密度平均较大,在使用时对织物的冲击力更大,由此限制了它的使用,应用工艺目前还在不断地探索中。以下所说的人造浮石均为针对9～15g/颗(3～5cm)所表述。

3. 天然浮石与人造浮石的比较

与天然浮石相比,人造浮石有如下优点:

(1)硬度分布均匀。传统天然浮石取用于天然材质,内外成分不均匀,空隙结构分布不一,造成整体上硬度分布不均匀的情形,因此在使用时整体的磨损也不均匀;人造浮石材质内外成分、空隙结构分布、硬度分布均匀,在使用时整体磨耗情况也就比较均匀。

(2)使用周期长。传统天然浮石内部孔隙结构为松散的开放结构,导致了使用中耐磨耗的性能较差;人造浮石整体是一种致密构造,使用时的耐磨耗性能比较好,使用周期是天然浮石的8～10倍。

(3)各批次产品在使用时差异小。天然浮石生成于自然条件下的环境变化过程,其性能会由于生产环境的变化而不同,在使用时就会发生批次上的差异;人造浮石以人工合成方式制备,材料的内外组成均匀,一般不会发生使用批次上的差异(不同的生产厂家,差异性则比较大)。

与天然浮石相比,人造浮石存在的缺点在于:

(1)硬度过大。从资料中得出,9～15g/颗的人造浮石莫氏硬度比天然浮石高1～1.5级,硬度过大,会对牛仔织物产生较大的磨损。但因9～15g/颗的浮石能全部浮起来,因此可以利用提高水位,利用浮力来缓冲人造石对织物造成的损伤。

(2)直径大小不一。因在烧结的过程中,会引起膨胀度的不同,其直径大小尚无法做到完全一致。由此产生的问题是每次生产前都必须进行预磨,首先是磨平人造浮石本身的棱角,其次是磨小其半径,使得与牛仔织物接触时硬度与力度适当。

4. 直接成本分析(采集广东新塘一工厂部分实验数据,见表 2 − 9)

表 2 − 9　广东新塘一工厂部分实验数据的直接成本分析表

制单号(自编号)	洗水色(自编号)	制单条数	节约单价(元/条)	节约总金额(元)	节约率(%)
110171/72/73/76	EIC	19084	0.51	9732.84	64.1
110158/55/53/61/62/63	EKC	25891	3.70	95796.7	58.8
110188/89	EAC	5963	3.63	21645.69	57.7
110178/79	D75	5269	3.62	19073.78	57.6
110125	GKC	1461	1.81	2644.41	44.7
110467	276A	8021	0.19	123.9957	54.9

直接成本,即洗水工艺中仅计算浮石的生产成本。根据洗水工艺中石磨时间的不同,成本数据略有不同,但总体规律是石磨时间越长,制单数越多,节约的成本也会越大。

通过测算的天然浮石磨损率为 52%(磨 40min 后测得的数据),人造浮石则为 10%(磨 40min 后测得的数据),人造浮石磨损周期为 8~12 次,而天然浮石仅为 2~4 次。为克服新人造浮石棱角对织物的损伤,生产前会对新石进行预磨,预磨成本计算在内。天然浮石单价约为 24 元/25kg,人造浮石单价约为 4.05 元/kg,(每包 30kg)一台机一次磨 10 包新人造石,每次磨 60min,磨损率为 13%,洗水机功率为 1.5kW,电费 0.8 元/度,人工 8 元/h,计算后预磨成本为 78 元/包(广东新塘一工厂应用实例)。

石磨时间越长,人造石节约的成本也越大。用于大货生产的订单,平均节约率可达到 50% 以上,日积月累,节约的成本数则是相当可观的。

5. 布种工艺分析(表 2 − 10)

表 2 − 10　布种工艺分析表

布种	制单号	洗水色(自定义)	面布(自定义)	袋布(自定义)	结论
牛仔	110261/64/65/66	EIC	EC8	1F141	大货生产顺利完成
牛仔	110242/44/43/61/62/63	KCC	DB5	1F422	大货生产顺利完成
牛仔	110258/59	EAC	EA6	1F142	大货生产顺利完成
牛仔	110268/69	D75	DT3	1F422	大货生产顺利完成
牛仔	110325	kCC	DT5	1F081 / 1F345	大货生产顺利完成
牛仔	110467	276	SCK	T − 200	大货生产顺利完成
牛仔	110023	351	SCB	PT263	口袋线未封好,浮石漏进口袋,磨损袋布
牛仔	101903	157	SCA	T − 200	因扎花扎住裤脚口,人造石从腰头进去,磨损织物
斜纹休闲	101669	BET	SC1308B1 − 576	黑色涤/棉机织平纹织物	布太薄,每机均有轻微的磨损 1~2 条

针对布种和工艺,从实验和大货完成的订单分析,第一,面布布种要比较厚,袋布也以纯棉机织或色织布为主,能承受人造浮石的冲击力。第二,人造浮石洗水的制单袋口全部是要封住的,如果不封,人造浮石会进入口袋,磨烂口袋。第三,洗水工艺应避免人造浮石里外同时撞击织物,这样能减少对牛仔织物的磨损。比较有效的做法是根据布种选择合适大小的人造浮石,适当调整工艺配合人造浮石的生产。第四,注意水位不能过高或过低,以 600 磅洗水机为例,一般 800L 左右即可。最后在对样板过程中多进行检查,这样就能较好地把握人造浮石的实际生产状况。

6. 污泥产生及处理对比分析

以 2010 年一洗水厂生产实际为例,统计数据显示,2010 年一洗水厂共用天然浮石 37173 包,以 13kg/包计算,合计约 483t。以下为天然浮石汇总表,见表 2-11。

表 2-11　某工厂天然浮石汇总表

浮石规格	包重(kg/包)	用量(包)	用量(kg)
1~2cm 土耳其浮石	13	4216	54808
2~3cm 印尼浮石	13	2480	32240
2~4cm 土耳其浮石	13	29608	384904
3~5cm 土耳其浮石	13	860	11180
总用量(kg)		483132	

经统计后计算,以上天然浮石约有 20% 用于特殊制单的生产,如炒高锰、炒漂,相对来说,浮石转变粉尘的量很少,粉尘可忽略不计。据了解,天然浮石的使用期限是直到全部磨完为止(从洗水机小孔中漏掉),可以认为用于此种工艺生产的浮石全部石磨转变为粉尘,除去人为损耗及悬浮物处理,浮石转变为粉尘并沉淀为污泥的量大概为浮石使用量的 60%,每年约 290t。

据估计,一般污泥的处理费用为 600 元/t,因此,每年由浮石产生的污泥处理费用就高达 17 万元,还忽略了污泥的后续处理中带给环境的压力。而低磨损率的人造浮石污泥产生量及处理费用将远远低于这个数值。

7. 附加效益分析

除了石磨工艺中直接成本节约数据的体现,从后期处理、现场操作来看,使用人造浮石产生了如下附加效益:

(1)捞机更方便。每次生产完后,相对于天然浮石,人造浮石的捞出更为轻便。因为人造浮石浸泡完全后依然能 100% 浮起来,可以省去人力损耗。可以专门为员工制作铁网用来捞人造浮石,省时省力,降低了工人的劳动强度。

(2)搬运省时省力。石磨时加的浮石包数越多,工人搬运越费时。而人造浮石的用量基本上是天然浮石的一半,在搬运时可以更加节省时间和体力。

(3)节约意识加强。对于人造浮石,它的损耗很低,但价钱相对较高。所以在生产操作时工人会有意识地注意减少浮石的人为丢弃,在减少浮石损耗的同时提高了工人的节约意识。

（4）粉尘减少。浮石磨损后变为粉尘，在后期的污泥处理产生了很大的费用，同时对环境的压力也变大。人造浮石的低磨损率可以较好地缓解这个问题。

8. 分类存储

从各种实验及大货生产的情况来看，经筛选的人造浮石可以用于氨纶（2%）/棉（98%）以及涤纶（25%）/棉（75%）的布种。高涤纶和高弹力的布种因为织物固有的特性，涤纶易起皱，氨纶易断，这类布种对洗水的要求相对更高，浮石大小的选取则是一个重要因素。人造浮石也可以做到与天然浮石相同的效果而不产生次品，应使用经筛选后半径<1cm的人造浮石。在对其他布种的石磨过程中，人造浮石都可经过不同程度的预磨（或旧石），针对不同布种的厚薄选取人造浮石大小应不同。

在做人造浮石大小与布种匹配生产的标准化流程之前，首先要做的工作是把各阶段生产过后的人造浮石进行分类，一方面减少人造浮石的损失，另一方面有利于人造浮石的综合利用，建立标准化流程，鉴于此，推荐人造浮石分类方案：

（1）筛石机筛选。好的筛石机能很好地节约人力物力，同时使分级处理更为方便，易于标准化流程的制订，便于工人操作。但筛石机分级效果是否明显是首先需要考虑的问题，其次是成本问题，包括机器本身费用和保养维修。

（2）人为筛选。订购网孔规格为1cm、1～2cm、2～3cm、3～4cm不等的铁丝网，制作不同的铁网架，人为筛选。针对已产生的旧人造浮石进行统一筛选，分类储存。做到每次石磨的旧石为一种规格，有必要时需再进行筛选。

针对每种筛选出来的人造浮石，分类放在不同区域进行储存管理，有利于标准化流程的建立，便于管理。

9. 使用过程遇到的问题及解决方案

一方面，由于各人造浮石生产厂家规格的限制以及本身的一些特性的限制，人造浮石的大小和用量很难一次性与布种匹配，需要结合工艺实践使人造浮石大小和用量与牛仔织物所要达到的效果相匹配，同时避免产生次品。另一方面，尽可能地使用规格更小的人造浮石，避免预磨产生的浪费和管理成本的增加。

四、粗花酶纤维素酶在牛仔酶石磨中的应用

无论石磨还是酶石磨因火山石中含有钙、镁、硅、锰等重金属离子。即便使用人造浮石，仍会含有类似的重金属离子，在石磨和酶石磨的过程中，易黏附在服饰表面，同时在撞击的过程中，浮石易吸附各种染料，产生含有染料的灰尘严重污染环境，处理成本相当高。另一方面，浮石在运输途中费用高，使用过程中，生产工人劳动强度大，生产效率低。再次，由于浮石大小不匀，在牛仔服饰上磨花粗细不匀，易产生破洞，造成产品质量不稳定，影响织物的强力和撕拉力，进而影响其美观和穿着性能。

为了克服上述石磨和酶石磨工艺、牛仔成衣磨花加工过程中的缺陷，洗水科技工作者已经研发出替代浮石的环保生物粗花酶制剂，形成一种新型的牛仔磨花纤维素酶。这种代替浮石的环保生物酶制剂由粗花生物纤维素酶、pH缓冲剂、防返沾剂和填充剂配制而成。配制这种环保生物粗花酶的关键是找到这种原酶和合适的添加剂。

例如,杰能科(中国)生物工程有限公司研发的型号为"纤维素酶 BT"的粗花生物纤维素酶原酶,其具有很强活力和专一性,对牛仔布(机织物)消毛快,磨花作用快,同时适用温度为 20～60℃,有明显的保底色效果,洗水后织物的表面没有明显的返蓝现象。添加磷酸酯和蛋白酶可达到最显著的磨石、磨花效果,同时起到乳化增白、织物磨花对比度清晰的效果。牛仔面料中的高档面料真丝牛仔绸,不适合于石磨后整理,否则会造成绸面局部摩擦过大,应用添加磷酸酯和蛋白酶组成的生物酶对真丝牛仔绸进行处理,能达到起花和柔软的效果,同时底色变化小。众所周知,酶在弱酸性或中性的条件下,作用效果最强,在中性条件下的保色效果最明显,为了维持 pH 的稳定性,此粗花酶中含 pH 缓冲剂,含有柠檬酸和柠檬酸钠组成的缓冲体系,使 pH 维持在合理的区间。在此种粗花酶纤维素酶中,为了充分利用原酶的有效含量,同时利用硫酸钠的促染作用,达到保底色的效果,填充剂选用了 Na_2SO_4 和硅藻土,这样就达到了牛仔起粗花的目的。

第四节 氨纶弹力牛仔及洗水操作规范

一、氨纶的概述

在国际化纤商品系统中,凡有 85% 聚氨酯链段的弹性纤维被称为 Spandex,我国将其命名为"氨纶",美国杜邦公司命名为莱卡(Lycra),以聚氨酯(PU)弹性长丝为芯丝制成的包芯包缠丝,在牛仔行业中被广泛地应用。具有很好的服用性能。现已将氨纶包芯弹力竹节纱引入牛仔织物中。包芯纱以高中特为主(中磅、重磅为主,薄型规格为辅),线密度范围一般为 29～60tex,其破坏力取决于单纱断裂伸长(7.3%～10%)。有关弹力牛仔布见图 2-9。

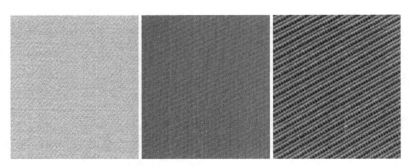

图 2-9 弹力牛仔布

二、氨纶的基本性质

1. 弹性

氨纶有很大的弹性,一般情况下可拉伸至原长的 4～7 倍,在 2 倍的拉伸下其回复率几乎是 100%,伸长 500% 时,其回弹率为 95%～99%,这是其他纤维望尘莫及的。一般来说,氨纶分子结构中,软链段部分的相对分子质量越大,纤维的弹性和回弹率越强,聚醚型氨纶比聚酯型氨纶弹性和回弹率高,化学交联性氨纶的回弹能力较物理交联型好。

2. 强度

氨纶的断裂强度,湿态为 $0.35\sim0.88cN/dtex$,干态为 $0.44\sim0.88cN/dtex$,是橡胶丝的 $3\sim5$ 倍。有效强度可达 $5.28cN/dtex$。

3. 耐热性

不同品种氨纶的耐热性差异较大,大多数纤维在 $95\sim150℃$ 时,短时间存放不会损伤。在 $150℃$ 以上时,纤维变黄、发黏、强度下降由于氨纶一般在其他纤维包覆下存在于织物中,所以可承受较高的热定型温度($180℃\sim190℃$),但时间要短($5\sim10s$)。

4. 密度

氨纶的密度为 $1.00\sim1.25g/cm^3$,不同品牌的氨纶密度有差别,这是由于成分和软硬链段的比例不同造成的。

5. 氨纶的规格

按照纺丝的粗细程度不同,分成多种规格:$2.22tex$(20 旦)以下,$2.22tex$(20 旦),$3.33tex$(30 旦),$4.44tex$(40 旦),$7.78tex$(70 旦),$11.1tex$(100 旦)以上等。

6. 包芯纱

以裸纱为芯,其他材料为外皮纺成的纱,统称 CSY(cone span yan),与棉纱颜色相近的氨纶丝被广泛用于牛仔。

7. 按弹力大小分类

(1)高弹织物。氨纶含量在 5% 以上,具有高度伸长和快速回弹性以及较好的拉伸力(弹性伸长率为 $300\%\sim500\%$,回复率为 $5\%\sim6\%$)。

(2)中弹织物。氨纶含量 $2\%\sim5\%$,也称舒适弹性织物,其弹性伸长率为 $200\%\sim300\%$,回复率小于 $2\%\sim5\%$。

(3)低弹织物。氨纶含量在 2% 以内,也称一般性弹性织物,其弹性伸长率小于 200%,回复率在 3% 以内。

8. 按弹力方向分类

按弹力方向氨纶分为三种,经弹、纬弹、双弹(又称经纬弹),市场上多为纬弹织物。

三、氨纶弹力牛仔布的工艺参数

洗水前要对氨纶弹力牛仔布的工艺参数有所了解:

(1)了解棉成分的粗细程度,厚薄(平方米克重),幅宽等基础数据。

(2)了解所需的是高弹($300\%\sim500\%$),中弹($200\%\sim300\%$),低弹(200% 以内),同时须综合考虑棉弹情况(棉花本身的弹力不同,通过加捻来增加弹力,纺纱工艺的改变来增加弹力)。

(3)了解氨纶的线密度[$2.22tex$(20 旦)以下,$2.22tex$(20 旦),$3.33tex$(30 旦),$4.44tex$(40 旦),$7.78tex$(70 旦),$11.1tex$(100 旦)],所以选定的线密度不能过低,过低在洗水时容易失弹、断裂,通常在 $4.44\sim7.78tex$($40\sim70$ 旦)。

(4)是否有丝光要求,洗前氨纶弹力牛仔布的强力、撕拉力、牢度等各种理化指标可否达到制单要求。

四、制衣阶段操作对洗水造成的影响

现代企业的竞争已经发展为整个产业链的竞争。要搞好氨纶弹力牛仔成衣的洗水,就必须了解和控制整个制衣的过程,使整个流程都充分适应氨纶弹力牛仔的性能,从而保证氨纶弹力牛仔经洗水后对成品的要求。

1. 放置

刚从染厂下架的布原则上不能马上用,通常须放置 7 天以上,以消除内应力。否则洗水后的成品尺寸不稳定。

2. 松布

高弹织物松布 48h 以上,中弹织物松布 36h 以上,低弹织物松布 24h 以上(从理论上讲,堆置越久,就越均匀),堆布高度以 150 码以内为宜。松布张力越少越好,放置前、中、后张力不均而产生同匹缩率有偏差(恒张力机器松布最为理想),如果松布时间达不到规定的要求,则氨纶弹力牛仔布的内应力没有得到充分的释放,经洗水后的尺寸则无规律可言。经纬向有时长,有时短。

3. 铺布

铺布架原则上要装省力装置(滑轮),尽量减少铺布拉力,铺布厚度应低于 10.16cm(4 英寸)。不然经洗水后的衣裤容易产生纬斜、扭腿、缩率不标准等。

4. 裁剪

对高弹织物,一刀剪的厚度应在 7.62cm(3 英寸)以内,否则挤压、牵伸张力不一致,而使下水后缩率不一致。

5. 缝制

全面画好裆位(定位)线,缝制力度均匀。不然经洗水后骨位效果不均,出现断线、跳针、扭腿等情况。

6. 做纸样、排唛

以成衣样标准洗成衣尺寸为基本原则,综合考虑缩水布尺寸,结合做的布片缩水率,如有异常应及时调节或由洗水厂重试缩水。

弹力氨纶布大货正确的纸样做法:先将布匹缩水,量准尺寸、记录、分类(分裁 A,B,C……),然后归类做纸样,做出对应标准裤,再严格按大货流程洗水、干衣,度量尺寸,修正纸样,开大货。在做纸样时,有的腰头和裤身纹路不同,应注意横纱和直纱的不同缩率,因此试洗,得出横缩和直缩数据。此外缝边和折边厚度对成衣尺寸也会有影响,这些都需要综合考虑并通过洗水的检验,来调整这些参数。

五、成衣洗水规范操作要领

1. 了解成衣工艺参数

了解氨纶含量,布的厚度,布料中可否会有涤纶或其他纤维,通过仔细的分析判断,采取可能开发工艺。原则上氨纶含量在 1% 以内牛仔成衣,不适合开发树脂、石磨工艺。

2. 影响缩率的关键因素

(1)织物本身的弹力,松布、剪裁的张力大小及方式。

（2）洗水方法（普洗、酶洗、酶石洗、酶磨漂、树脂整理、焗炉），而影响最主要的是洗水温度、烘干温度、焗炉温度。

（3）洗水温度（室温～60℃）、烘干温度（60～80℃）一定要控制前后一致，焗炉温度宁可延长时间也不可升高温度，通常为135～140℃，对弹力牛仔布，浸树脂的 pH 一般为4.5～4.8，过酸则弹力撕拉力损失较大，同时因脆损而失弹，见图2-10，不能用烫斗用力敲打，否则损伤氨纶，下水后会失弹。

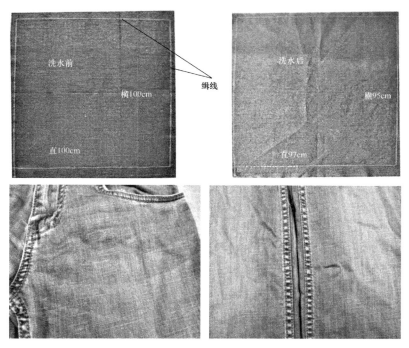

图2-10　洗水时牛仔布失弹和断筋

（4）在度量弹力牛仔布尺寸时，要在打冷风或者充分冷却后再去度量，否则尺寸则量不准。

（5）退浆程度和温度。退浆尽则尺寸稳定性会好一些，对高弹织物或高弹针织物，升温退浆有利于尺寸的稳定，温度通常为60℃。

3. 漂水的 pH

当有需要用漂水漂白的产品，特别注意调节漂水的 pH，如果 NaOH（烧碱，片碱）过少，pH 过低，会由于造成脆损作用而失弹；如果烧碱过多，pH 过高，则使聚氨酯中的酯键降解而失弹，故最佳 pH=11～12，不可超过12，同时温度不能过高，以减少有效氨纶含量的损失，控制温度<45℃，不同浓度下的漂水及烧碱的 pH 如表2-12所示。

表2-12　漂水、烧碱、漂水＋烧碱不同浓度时的 pH

漂水浓度(g/L)	5	10	15	20	30	40
漂水 pH	9.45	10.04	10.11	10.12	10.12	10.13
烧碱浓度(g/L)	1	1.5	2	3	5	6

续表

烧碱 pH	12.19	12.31	12.38	12.65	12.85	12.92
漂水＋烧碱 pH	11.75	12.11	12.20	12.42	12.48	12.51

注 1. 对个别难漂的底色可升温至 50℃,则烧碱的用量按标准增加 20%。

　　2. 对于个别客户要求漂后色光,同时漂水用量很少,在 5kg/机以内,在室温下漂白,可不加烧碱,对于上述两种情况必须经多次试验,不失弹、尺寸符合要求才能使用。

双氧水漂白时双氧水、纯碱、双氧水＋纯碱不同浓度时的 pH 见表 2-13。

表 2-13　双氧水、纯碱、双氧水＋纯碱不同浓度时的 pH(H_2O_2含量 27.5%)

双氧水浓度(g/L)	3	5	10	15
双氧水 pH	7.66	7.76	7.79	7.79
纯碱浓度(g/L)	2	3	4	5
纯碱 pH	10.92	11.1	11.1	11.2
双氧水＋纯碱 pH	10.54	10.56	10.56	10.56

注 1. 双氧水漂白最有效的 pH 为 10.5~11。

　　2. 纯碱的用量为 3~5g/L 时是最为经济和有效的。

　　3. 通常要求白度较纯,鲜艳度要求相对好的牛仔布才用双氧水漂白。

　　4. 对于弹力(氨纶)织物加了纯碱后可保弹或防止失弹。

　　5. 若选用烧碱,则用量为 0.1~0.5g/L,不允许超过 0.5g/L,一般情况下加纯碱。

　　总之,影响氨纶弹力牛仔缩率及效果的因素有很多,我们必须秉承精益求精的理念,做到质量第一、用户第一。在实践中不断地改善和改进,真正实现效益最大化。

第三章
牛仔洗水工艺手工处理技术

第一节　手擦、喷砂

一、手擦

在手工台板上的手擦是指用各种目数的砂纸在规定位置反复地摩擦，从而使布面染料褪色（擦掉），便于马骝液（高锰酸钾溶液）的渗透和反应。手擦的地方通常是前后裤腿和裤腰位、袖子及前后身等设计的部位。所用的砂纸的目数有 120 目、240 目、280 目、300 目、400 目、600目、800 目、1000 目等（目数越大，砂纸越细，一般用 400～800 目），砂纸目数的选择要根据纱的粗细、布面的品质、颜色的牢度以及手擦位要求的轻重来综合选定。机擦则是将牛仔裤套挂在充气的胶波机上，用电动的橡胶砂轮在规定位置反复地摩擦，人为机械褪色，让牛仔成衣洗水后有自然怀旧和泛白效果。这两种手擦的方法各有优缺点。手工台板擦散位感强，自然、有层次感，腰头等细微处均能擦到，但工人的劳动强度相对较大。机擦可大面积摩擦，生产效率较高，但机擦位不够精细，层次感稍差。这两种擦的方式要根据设计效果来选定，见图 3-1。

二、喷砂

用含有硼、硅、二氧化硅、铁、锰的矿物质及矿砂烧制铁砂粉（或硼砂粉），用一种特制的喷枪，对准所要喷的位置，利用喷枪喷出砂粒的打击力，把所喷位置的表层染料去掉，喷砂和手擦效果接近，但对布纹的纹理效果有区别。喷砂后布纹模糊沉底，显得细腻，而手擦后布纹清晰凸显。随着环保进程的推进，生态环保成为了当今主题。很多欧美市场的品牌产品已禁止使用喷砂工艺，究其原因，喷铁砂对工人和环境造成了一定的污染，而喷砂后的牛仔成衣，后续往往需用含有酸碱的成分助剂进行加工，而产生一些对人体造成一定损害重金属盐，因此喷砂工艺被逐步淘汰，将使用激光工艺等来替代。手擦和喷砂效果如图 3-2 所示。

第二节　猫须、立体猫须

用砂纸在牛仔布上擦出一些猫须的形态，模仿牛仔成衣在人体身上的自然褶皱效果。洗后则与未擦部位对比出掉色效果。猫须分手工猫须（随意性强）和模板猫须，模板猫须即是将一块橡胶板钉在木板上，在橡胶上雕制成一定的猫须形状，然后把木板套入牛仔成衣规定的位

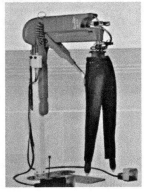

图 3-1　手擦用台(上左),砂纸(上右)及机擦(下)

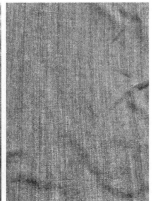

图 3-2　手擦(左)和喷砂(右)效果

置,再用砂纸对准模板上的猫须图案进行手擦。此种猫须比较标准、规范和统一。

　　用不同的模板可以擦出不同形态的猫须。当然,用高锰酸钾溶液也可喷出类似猫须效果,在成衣上压出猫须的形状,再在猫须的形状上进行手擦,然后再进行下道工序的加工。猫须模板见图 3-3。

　　将衣物浸在树脂整理液中,一定时间后,在特定部位,用夹子夹出需要的形式、起伏度,或用手工抓取,蒸汽烫斗熨烫牢,这里分随意抓取或模板抓取,模板抓取则有固定的形状和粗细,然后再高温烘焙(焗炉),使树脂交联定型,从而制出永久的立体褶皱效果。随着技术的发展,人们更追求自然舒适,更加注重具有运动感,突显艺术的因素,于是就有了人体猫须机,只要将成衣套到人体猫须机上,就可以根据人体各种运动姿态,来调节猫须形状。在人体机上喷调制好的树脂液,经隧道式焗炉,就可形成人体型自然 3D 立体猫须。见图 3-4、图 3-5。

图 3-3　猫须模板

图 3-4　人体猫须机

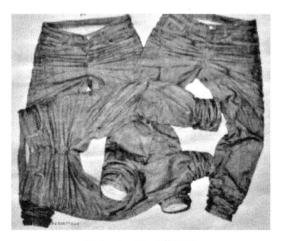

图 3-5　3D 立体猫须

第三节 磨边、磨烂、勾纱

牛仔成衣在洗水前，一般会人为地将裤脚、裤头等一些特定的部位用锐器刮烂、刮毛，从而制成洗后怀旧的效果。

(1)磨边。通常用旋转的砂轮来磨裤边、袖口、腰头边、袋口边等设计要求的磨边部位，有轻、中、重之分。

(2)磨烂、打洞。用电动旋转的打砂头，对设计规定的部位进行磨烂处理或者打成一个个的穿孔洞。

(3)勾纱。用打砂头将牛仔成衣的经纱磨掉，而保留纬纱(也有磨掉经纱同时也磨掉部分纬纱)。清理表面靛蓝色经纱，使纬纱一根根清晰可见。

(4)勾彩色纱。将牛仔成衣的反面粘贴缝制一块彩色的绒布或者牛仔布反面本身为彩色，然后将牛仔成衣的正面部分或者全部磨烂，从而将彩色布片或彩色绒毛显现出来，增强视觉效果。

磨边、磨烂效果见图3-6。

图3-6 磨边、磨烂效果

第四节 打枪、手针

(1)手针。用线将牛仔的某些部位缝起，凸起的部位由于洗水过程中受的摩擦较多，从而掉色较严重，洗水效果也较明显，而凹进或隐藏的部位在洗水的过程中受的摩擦较少，从而掉色较轻，洗水效果也就不明显。同没做手针的其他部位形成深中浅三种洗水效果，同时，洗水的方式不同，显示的最终效果也就不同，见图3-7。

(2)打枪。在牛仔成衣指定位置用带有尼龙子弹的胶枪的枪针打起来，使其在洗水过程中受到摩擦力，因化学作用力不同，从而在枪针位出现不同的层次效果和卷曲效果。选用不同粗

图 3-7 手针效果

细、不同长短的枪针子弹可产生不同的效果。例如,薄的紧密织物就不能用粗的枪针,否则针洞不能去除。这样就要根据织物线密度的高低、组织结构的紧密程度、打枪的设计效果来综合考量所用枪针种类,打枪效果见图 3-8。

图 3-8 打枪效果

第五节 捆花、扎花、扎网袋

扎染是洗水过程中将衣物以绳子或尼龙扎花条等全部或局部扎起来后洗水,由于扎与不扎的部位受到的机械摩擦力、润湿、渗透、化学反应的不同,洗后呈现出随意的深浅色对比,有浮云般或深浅相隔的条纹效果(类似扎染风格)。捆花、扎花效果见图 3-9。

将成衣在洗前塞入特别的尼龙、涤纶网袋中,然后将网袋口封好,放入洗水机中进行退浆、磨洗等工艺。然后松开口袋,进行清洗加软等,也可以在松开口袋,拿出裤子,加入洗水机中进行漂、染等工艺,从而使牛仔成衣上呈现出云纹状的自然、随意、五彩斑斓的效果。扎网袋见图 3-10。

图 3 - 9　扎花、捆花效果

图 3 - 10　扎网袋

第六节　马骝

众所周知,牛仔布一般由靛蓝染料染色,或由靛蓝套染硫化料,在牛仔服装上喷一些强氧化剂,一般是高锰酸钾溶液(高锰酸钾和磷酸的混合液),经与靛蓝或硫化料起反应,然后用去锰剂还原,从而让牛仔服装呈现自然的怀旧和泛白效果,喷马骝的位置可以多种多样,可以砂位马骝、前后马骝、局部马骝、洗水前马骝、洗水后马骝。解除马骝后,可以套染多种染料,从而呈现多种立体效果、多种颜色的牛仔。当需要呈现全身泛白或局部白粒明显时,也可以将牛仔服装套在能转动的胶波上,用沾有高锰酸钾溶液的毛巾、毛绒布、弹性棉布、纱网布在牛仔成衣上进行拖扫,为了凸显骨位蓝白相间的"豆角"效果,也可用沾有高锰酸钾液的排刷、毛刷等在骨位上拖扫。经去锰剂解马后会呈现出多重效果,见图 3-11。

图 3-11 骨位解马前与解马后效果图

根据所刷扫的轻重不同,所需要的立体效果不同,高锰酸钾原液与水的比例可以配制成 1:1,1:2,1:3,1:4,1:5,1:6,1:7,……,1:12,不同的浓度配比,可以喷扫出各种轻重的力度效果。

一、马骝液的配制(高锰酸钾溶液)

高锰酸钾具有很强的氧化性,尤其是在酸性条件下,氧化性能更强,故就是利用高锰酸钾的这一特性来配制马骝液。高锰酸钾溶解度表如表 3-1 所示。

表 3-1 高锰酸钾溶解度表

温度(℃)	在 100g 水中饱和溶解度(g/100g)
0	2.83
10	4.31
20	6.34
30	9.03
40	12.60
50	16.98
60	22.10

马骝液配制的好坏,对牛仔马骝的质量是至关重要的,马骝液的配制有如下注意事项:

1. 高锰酸钾的用量

高锰酸钾在室温下的溶解度是比较低的,随着温度的升高,高锰酸钾的溶解度随之增加,因此在化高锰酸钾时,应在搅拌的状态下逐步加入,慢慢升温到 90℃左右,不断搅拌,直到高锰酸钾完全溶解为止。高锰酸钾的溶解过程为放热反应,因此在搅拌下升温时不能过快和过高(超过 90℃),否则将导致放热而沸腾,使高锰酸钾溶液飞溅。目前大部分洗水企业采用水∶高锰酸钾∶磷酸=10∶1∶1 的比例,由于配制的高锰酸钾溶液只要在室温下达到饱和状态即可,过多的高锰酸钾在室温时会析出来,造成大量的浪费,因此 25℃ 左右的室温下,水∶高锰酸钾∶磷酸=10∶0.7∶0.7 即可。因为南方和北方的室温差别较大,三者间的比例要根据实际情况灵活掌握。

2. 配制高锰酸钾溶液中磷酸的用量

磷酸为三价酸,性能相对较稳定,不会因为温度的变化而产生太大的变化。同时,会产生电离平衡,酸度相对稳定,故选择磷酸作为配制高锰酸钾溶液的酸度调节剂。大量的实践证明,当高锰酸钾溶液的 pH=1.3 左右时,其效果和性能是最稳定的,因此有必要调节传统配方水∶高锰酸钾∶磷酸=10∶1∶1 为水∶高锰酸钾∶磷酸=10∶0.7∶0.7,这样可以达到最佳效果和节约大量的高锰酸钾和磷酸(不同的环境温度其配比要有区别)。值得注意的是:马骝液中不同的磷酸含量对靛蓝或者硫化料的反应程度不一样,从而会影响到解除马骝后马骝位的色光偏向(白度效果不同),因此在实际生产过程中,我们要根据马骝位对色光的要求来调节磷酸的用量。通常,减少磷酸的用量,马骝位会白一些,但磷酸过少,会导致解除马骝较困难,甚至产生难以去除的马骝斑。磷酸过多,马骝位置通常会偏黄,同时会导致马骝位的强力和撕拉力损失过多。因此要根据客人和设计的要求,具体地调节磷酸在高锰酸钾溶液中的比例,从而达到满意的效果。

3. 配制及使用高锰酸钾溶液时的注意事项

热的高锰酸钾溶液严禁用来喷马骝,其理由是:高锰酸钾在酸性条件下溶解是放热反应,随着过程的推进,时间推移,温度是逐步降低的。用热高锰酸钾溶液喷马骝,其效果很不稳定,同一批牛仔服装很难做到前后效果、颜色一致。一般地,新配制的高锰酸钾溶液需要放置48h后才能用于大货生产。由于工业级高锰酸钾内含一定量的杂质,有的杂质不溶于水,温度降低后,高锰酸钾本身也存在解析现象。在实际应用中,先将高锰酸钾溶液过滤,防止因杂质或高锰酸钾颗粒沾污成衣,而产生星状斑点。有利于提高与稳定产品的质量。随着实践经验的积累,有很多企业已经采用机械自动设备,并设定标准的控制流程来配制高锰酸钾溶液,这些取得了非常满意的效果。另外,接触高锰酸钾过多或时间过久,对人体有一定的伤害,尤其是呼吸道及肝、肺等,于是人们正在研究高锰酸钾的环保替代品,在不久的时间内就会有所突破(现已经有一些替代品,只是其性能还在完善之中)。

二、喷扫高锰酸钾溶液时注意事项

(1)首先分析样板的力度,根据轻重选定不同浓度的高锰酸钾溶液。

(2)选定浓度后,决定喷的枪数和扫的次数,要突显立体感和层次感。

(3)要注意不要喷得太呆板,要喷出散位,这样才会有层次感。

(4)检查喷枪,不能堵塞喷枪口或者接头处漏水,一旦不小心滴到成衣上,会出现白色斑状物,很难修补好。

（5）扫刷马骝时，要拧干毛巾或其他附着物，防止扫出来的马骝轻重不一，或呈现一块块斑状物。

（6）在胶波上喷扫马骝时，喷扫完一条裤子后，要将残留在胶波上的马骝水抹掉，防止沾污下一条裤子。

（7）喷扫完马骝后，一定要放置 2h 以上，待高锰酸钾溶液和靛蓝或硫化染料反应完全后，即所喷位置变为黄色或者黄棕色后，才能用去锰剂将马骝均匀地去除，从而保持色光、色泽、明亮度的一致性。

第七节　炒雪花

传统意义上的炒雪花，从字面上去了解就是成衣上有雪花般的效果。其做法是将一定浓度的氧化剂，如高锰酸钾水溶液，将浮石基本浸透，然后滤干水，摊平，晾至基本干度，在不加水的情况下，与衣物在洗水机中或专用炒花机中一起转动。由石头、成衣转动打磨出不均匀和不同程度的破坏性的效果，转到一定时间，停机，抖落石头及石头灰，晾干成衣，用去锰剂（焦亚硫酸钠、草酸）解掉马骝成分，洗干净，加一定的硅软油，脱水烘干后，在衣物上产生雪花或者云花效果。如果在靛蓝牛仔衣物上就会产生白色的雪花般的效果。

一、炒雪花的步骤及注意事项

1. 分析布种

判断组织结构及所用布种上染料品种。通常，组织稀疏、薄型易磨烂的织物不适宜于炒雪花。当布面上所染染料为普通直接染料、普通活性染料、碧纹染料时，不适合炒雪花。因为它们与高锰酸钾起反应时，反应会不完全，导致很难解白（很难破坏染料的发色体），而失去雪花效果，当然，当客人需要这种不需解白的效果时，也可以用于炒雪花。而靛蓝、硫化染料等适合于炒雪花。

2. 浮石大小的选定

天然浮石相对密度较轻，并存在大量孔隙，这样便于高锰酸钾溶液的渗透。首先要将杂的浮石选出淘汰，浮石的大小不同对成衣的接触面积不同，打击的力度也不同。大的浮石打出来的雪花面积大，小的浮石打出来的雪花面积小，这要根据设计的风格效果来协调决定。

3. 浸泡浮石要点

（1）选定浸泡高锰酸钾的浓度。浓度越大，化学反应越强烈（破坏性就越大），炒出来的雪花与布面本身的色光对比度越大，反之情况则相反。

（2）选定浸泡的时间。一般以浸泡至浮石里层被浸透（大约为 2h），如果浸泡不透，机器运转一段时间后浮石越来越小，效果会越来越轻。不利于控制炒雪花效果和批量的重现性。

（3）浮石的干湿程度。浮石浸透后，应沥干水分，以没有高锰酸钾溶液滴出为准，再平摊到干净的水泥地上风干。干湿度可用手摸来判断，即风干至基本不粘手就可以了。

（4）预炒。将风干后的炒花浮石，倒入炒花机中，浮石量的多少取决于机器的大小以及炒花的成衣件数综合确定，以炒花浮石能基本盖住衣物为准。把炒花浮石倒入炒花机中后，再放入适量废织物(纯棉布),开动机器运转 3～5min,将浮石上的高锰酸钾炒均匀,磨掉浮石上的过尖棱角。停机后拿出废织物,这样就能保证炒成衣过程中克服炒花斑或挂烂成衣的可能性。

(5)正式炒花。将需要炒的服装称重,加入炒花机中,来回点动数次,开动机器正式炒花。炒花时间长短,要根据要求的炒花密度来决定。炒花时间越长,雪花密度越大,炒花时间越短,雪花密度越少。

(6)清理出机。机器运转完后,停机,打开机门,用干燥布片抹干机门四周的马骝液,拿出炒花裤子,抖落成衣上的浮石及浮石灰,点动机器,防止成衣没有拿干净,清理成衣口袋夹缝处的炒花石,放到规定的地点晾干。

(7)解马骝。将晾干的成衣放入洗水机中,用去锰剂解除炒雪花的高锰酸钾。必须注意,炒花后的服装晾干程度要基本一致,规定统一时间,确保高锰酸钾反应一致和完全,从而确保解马骝后的白度和色光一致,否则有的偏白,有的偏黄或偏其他色光。

(8)炒花的连续运作。当一机炒完后,要清理炒花机中浮石灰,并补充被磨损的炒花石,确保每机的炒花石的量一致,并要继续进行预炒,再重复后面的工序。这样才能保证整个制单的重现性。炒花效果见图 3-12。

图 3-12 炒雪花效果

二、炒雪花的衍生产品

为了迎合人们前卫的衣着品位,目前,洗水工作者已创新开发并衍生了多个炒雪花产品,现简介如下:

1."魔术粉"炒花

浮石炒花流程长,操作烦琐,难于控制和掌握,不适合炒针织物及大部分休闲产品。因此开发了"魔术粉",所谓魔术粉就是将晶状的高锰酸钾磨成粉状,然后按照一定比例加入一定防潮性填充剂,搅拌均匀,就制成了"魔术粉"。其操作的过程为:将炒花机或洗水机的网孔用胶带纸或其他耐腐材料封住。用魔术粉添加相对干燥的元明粉,魔术粉和元明粉的比例要根据深浅度综合确定。如果所添加元明粉多,则炒花就较浅。魔术粉和元明粉总用量,则由炒花的密度来决定,用量越多,密度越大。用量越少,则密度越稀。将搅拌好的混合粉倒入炒花机中,开动机器转匀1~2min,打开机门放入一定的含湿量的成衣,成衣的数量以裤子能在机中完全打开为准。设定时间,开动机器,运转完成后,取出成衣,抖落魔术粉。晾干成衣,一般需要4h左右。将服装放入洗水工艺中,用去锰剂去除高锰酸钾即可。

用魔术粉炒雪花注意事项:

(1)控制织物的干湿度(含潮率)很关键,一般控制含潮率在65%左右比较适合。太干,炒花粉不能粘住被炒牛仔成衣,达不到炒花的目的;太湿,炒花粉粘住牛仔成衣太牢且不均匀,则炒花效果就会不均匀,并呈深浅斑状块。

(2)普通活性染料及普通直接染料所染的棉类织物不适合于此工艺(如果要求布面有其他颜色效果也可以用此工艺),因高锰酸钾对此类染料发色中间体反应程度(破坏程度)不一样,炒花效果不白。

2. 胶球、棉球、塑料泡沫、蚂蚁布炒花

为了适应个性化的需求,开发了新型炒花品种。如图3-13所示的胶球、棉球、塑料泡沫、蚂蚁布(带有绒的碎布)都会不同程度地吸附高锰酸钾溶液,因此可以单一或者组合起来使用,可以炒出各种花纹、各种图案,各种深浅、各种层次感的效果。

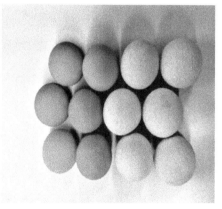

图3-13　胶球和棉球

3. 炒漂水

众所周知,高锰酸钾具有氧化还原性,而次氯酸钠也具有氧化还原性。正是因这种性质,在上述炒花过程中,将高锰酸钾换成漂水,同样也能达成炒花效果。所不同的是:第一,由于两者的氧化还原性能的强弱不同,炒出来的雪花色光也就不同,漂水炒出来要更萎暗。第二,漂水的渗透能力比高锰酸钾好,所以漂水在布上更容易扩散,其层次感更强,但均匀度会差一些。第三,由于漂水中含有氯离子,如果去除不净,容易对织物造成氯损,因此必须除氯,另外,对织物的强力、撕拉力也有较大的影响,对强力和撕拉力要求较高的织物,不适宜炒漂水。第四,为了结合两者的特点,也有将两者按各种不同的比例混合起来一起炒,则可炒出多样效果和多样风格来。

4. 淋高锰酸钾溶液,淋漂水

在洗水机正门上方,安装一根钻有很多微孔的管道,并且在洗水机的正上方装有盛放高锰酸钾溶液或漂水的容器,将容器与管道相连,将要淋的织物放入洗水机中,开动机器,预设正反转及淋洗的时间,打开阀门,高锰酸钾溶液或漂水就可通过微孔淋到洗水机的内胆和成衣上,这样在成衣上就可淋出各种无规则的图案和效果来。淋高锰酸钾溶液、淋漂水时有如下注意事项:

(1)淋管必须耐腐蚀,最好为聚氯乙烯(PVC)管或不锈钢管,否则容易腐蚀,不耐用。

(2)孔径和孔距的大小决定淋花的大小及均匀度,因此多预备几根不同孔径和孔距的管道(孔径一般为1～3mm,孔距为1～2cm),这样可根据打板要求来换管道,从而达到板样的要求。

(3)容器中要不断添加(手动或自动)高锰酸钾溶液或漂水液,从而保持恒定的压力,保持从管中流出液体速度一致,从而保证缸与缸的一致性及本缸的大体均匀性。

(4)淋洗的时间设定是一个关键因素,太短则淋洗不到位,均匀性差;时间太长,溶液太多,则服装就会全部湿透,达不到预期的图案效果。

(5)若使用高锰酸钾溶液淋洗,则高锰酸钾溶液在加入容器之前一定要过滤,防止高锰酸钾晶体或杂质堵塞管孔,或流入布面而产生斑点。

(6)淋完后,机器需运转1～2min,排出多余的溶液,打机门时,应迅速用干布抹干机门边上的液滴,防止滴入服装而产生不规则圆点斑。

(7)淋完漂水后,应立马还原解除,防止强力和撕拉力的损失加重。

(8)淋完一张制单,应对现场场地、器具、机器进行中和清理,防止沾污和损伤其他制单或造成疵品。淋漂机如图3-14所示。

图3-14　淋漂机

第八节　涂色和抹色

为了给牛仔成衣添加新的元素,设计师们从涂料印花等艺术中得到启发,在洗后或烘干的牛仔成衣上根据设计的位置粘上或抹上涂料或染料等,染料或涂料的颜色要根据成衣的可能穿着环境,做到穿着的成衣与环境的协调统一。

值得一提的是,要充分考虑所点、所抹染料或涂料的牢度和环保型,通常的做法是:用印花固浆或其他黏合剂同所需的颜色的涂料放在一起,搅匀,然后点抹在具体位置,再通过焗炉机焗炉,经过 145～150℃,10～20min,则所点抹的颜色就能达到牢度要求了。固浆的多少视手感和牢度要求综合确定,涂料、染料的多少视颜色的深浅而定。涂色和抹色效果见图 3-15。

图 3-15　涂色、抹色效果

第九节　牛仔成衣的漂白方法

经退浆、酶洗、酶磨、酶石磨后的牛仔成衣,很多时候要进行各种漂白处理。目的是提高各项牛仔成衣的各项牢度指标,从而使消费者购买牛仔后,在洗涤时减少掉色。经过漂后的牛仔可以更好的染上各种颜色,也就是说先漂至所需要的设计颜色,然后再用各种染料进行加色,使牛仔成衣系列多样化。

一、牛仔成衣次氯酸钠(漂水)漂白

次氯酸钠是一种强氧化剂,被用于牛仔成衣的漂水,通常次氯酸钠含有有效氯 $100\sim120g/L$,次氯酸钠的稳定性比较差,因此在日常的漂水中注入了 NaOH,使 pH 保持在 10～12 之间,从而提高其稳定性。在确定其用量时,最好做滴定实验。次氯酸钠对纯棉牛仔成衣的漂白机理为:次氯酸钠溶于水后,生成烧碱及次氯酸,如下式所示:

$$NaClO + H_2O \rightleftharpoons NaOH + HClO$$

次氯酸再分解，生成氯化氢和新生氧：

$$HClO \Longleftrightarrow HCl + [O]$$

新生态氧的氧化能力很强，把靛蓝染料的色素团破坏而漂白。在实际大生产中用漂水漂白的注意事项如下：

1. 漂白前纯碱或烧碱的加入

先加入做板时规定的纯碱或烧碱，如果使用片碱，则要用水化开，开动机器顺时针转动加入，点动均匀，防止局部酌伤成衣。然后转动机器，顺时针加入做板时规定的漂水用量。

2. 漂水用量的确定

根据大生产的实践经验，一次性漂水用量不能超过 50g/L，过多容易损伤纤维，强力、撕拉力达不到指定要求。当 50g/L 用量还达不到漂白要求时，则可设定二次漂白工艺。

3. 漂白时间的确定

一次漂白的时间不能超过 20min（经验数据），因为随着时间的推移，漂液的 pH 不断降低，织物的强力损失也不断增加，如果未达到漂白要求，则需换水加漂液重漂。

4. 漂白温度的控制

一般情况下，用冷水漂白比较温和，如果加温，则漂水分解的速度加快，漂的力度大大增强，释放的 H^+ 不断增多，更容易损伤纤维。对于牢度比较好的牛仔成衣，即便要加温，一般以 45℃为限，且漂的时间不能超过 15min（经验数据），不然就要采取二次漂白工艺。

5. 解漂

漂水漂完后，一定要解漂，即去除残存的氯离子，如果让多的氯离子残留在织物上，经过一段时间的作用，会对织物产生氯损和导致织物产生黄变。通常情况下，用大苏打（$Na_2S_2O_3 \cdot 5H_2O$）解漂，其对应的用量为漂水用量的十分之一，例如用漂水 40g/L，则大苏打用 4g/L，这样就能充分地去除氯离子。

二、牛仔成衣的双氧水漂白

双氧水学名过氧化氢（H_2O_2），牛仔成衣所用双氧水的浓度一般为 27.5%～50%，通常用的为 27.5%，双氧水中含游离结合的氧原子，故呈现较强的氧化性，具有漂白的作用，可以使靛蓝及硫化的色素消蚀，其作用机理为：双氧水的结构为 H—O—O—H，两个氧原子直接相连，但两个氧原子之间的键结合是不牢固的，容易分解并放出新生态的氧，具有较强的氧化能力。

$$H_2O_2 \longrightarrow H_2O + [O]$$

双氧水用于牛仔成衣的漂白，白度比较纯正，失重少，对棉纤维的损伤也比次氯酸钠少，但成本相对次氯酸钠而言较高。

在实际大生产中，用双氧水漂白注意事项：

1. 纯碱调节 pH

双氧水漂白时，应加纯碱配合使用，一般先加纯碱 2～6g/L，调节漂白液的 pH＝10～11，实验表明，在此 pH 范围内，双氧水漂白效果最好，织物强力损失最低。

2. 双氧水稳定剂的加入

双氧水在加热的过程中易分解,同时也防止各种重金属离子催化作用,通常需加入双氧水稳定剂 $1\sim2g/L$。

3. 升温过程的控制

双氧水的漂白反应过程本身为发热反应,如果加温过急,容易产生很多泡沫,而溢出机门,所以升温不宜过快,一般以 $2℃/min$ 为宜。对于牛仔成衣的漂白温度以 $60\sim80℃$ 效果最好。

4. 双氧水的去除

漂白完成后,为避免残留氧的破坏作用或影响到下一道工序的进行,通常用双氧水去除剂进行清理,并洗涤(过水)干净。

三、牛仔成衣高锰酸钾液漂白

高锰酸钾又称过锰酸钾,它具有特殊的强氧化性,用作牛仔成衣的氧化剂时,它自身被还原而生成新生态氧。它在碱性溶液或酸性溶液中都是氧化剂,但两种情况下作用不同,在酸性溶液中氧化力更强。

在碱性溶液中:

$$2KMnO_4+5H_2O \longrightarrow 2KOH+2Mn(OH)_4+3[O]$$

在酸性溶液中:

$$2KMnO_4+3H_2SO_4 \longrightarrow K_2SO_4+2MnSO_4+3H_2O+5[O]$$

因此利用高锰酸钾的这一特性,用于牛仔成衣的漂白。它可用于蓝色、蓝黑色、黑色牛仔成衣的漂白,更多用于黑色牛仔成衣的漂白。其漂白后的色光偏灰白(怀旧白)。在实际大生产中,用高锰酸钾漂白注意事项如下:

1. 漂白 pH

一般选择在中性浴中漂白,在酸性过大的高锰酸钾溶液中漂白牛仔成衣,容易使成衣损失强力和撕拉力。

2. 漂后温度

由于高锰酸钾的氧化能力很强,一般在室温下漂白,因高锰酸钾反应属放热反应,加温漂难于掌握漂的时间和力度。

3. 化料

用高锰酸钾做大货时,一定要预先将高锰酸钾化好,冷却并过滤,因热的高锰酸钾使漂白难控制,而过滤后,使漂白的织物不会出现斑点。

4. 高锰酸钾的用量及漂白时间

根据漂白的轻重,做大货之前要做板来确定高锰酸钾的用量以及所漂的时间。

5. 点动、加料

大货前先要将成衣在洗水机中点动湿透,并开动机器,顺时针转动加入,防止漂白不均匀。

6. 漂后处理

高锰酸钾溶液漂白后,过水,并一定用去锰剂将高锰酸钾解除干净,呈现并非完全白的(通常为灰白)状态,并防止由于解除不尽而出现的黄红斑状物。过水干净,以利于下一道工序。根据不同的漂白程度,选用合适的解漂助剂,将高锰酸钾解除干净。

四、牛仔成衣酶漂概述

随着生物酶技术的研究不断深入,如何使牛仔成衣的漂白更加生态环保,漂白效果更加可控,更加多样化。杰能科生产出一系列新产品,据了解,该产品再生性好,处理方法独特,可节约水的用量,常温下便可使用。它是一个名为 PrimaGreen 的系统。该系统包括用于靛蓝牛仔的漆酶 EcoFade LT100,用于漂白黑色牛仔成衣的酯酶 EcoLight1,以及用于磨烂效果的纤维素酶。该 PrimaGreen 系统提供一种混合三种酶的方法,它可以使混合后的酶漂出的产品褪色程度一致,该洗水方法可以不利用氯漂、高锰酸钾漂,或者臭氧达到独特的褪色效果,过程可控性好,重现性好,且生产出的产品一致性好。

第四章
牛仔成衣的加色及染色

为了实现牛仔产品的多元化,人们在传统靛蓝牛仔的基础上开发了加色(套色),牛仔坯布成衣件染,靛蓝、黑蓝牛仔漂色后染色等多种染色工艺,从而丰富了牛仔成衣的种类。下面逐一介绍各种牛仔成衣的染色方法。

第一节　加色(套色)

一、加色(套色)工艺流程

经酶洗、酶磨后牛仔产生了一定花粒度,而喷扫马骝、解马后的牛仔,在擦纱位或马骝后,留下一处一处的不同的泛白位置,通过各种直接染料的套色,使这些位置上有颜色深浅的区别,从而使牛仔具有怀旧效果,更具有沧桑感。或者上艳色,使牛仔更丰富多彩。加工工艺流程为:

手擦→退浆→酶洗(包括酶磨、酶石磨、酶石磨漂)→脱水→烘干→喷扫马骝→解马骝→加色→固色→其他工艺

其中,具体加色工艺流程为:

经过处理后的牛仔→按照版样要求的染料浓度(owf,染料与布重的百分比)称好料(通常为环保直接染料)→化料(60℃左右温水均匀搅拌)→顺时方向缓缓加入→运转3min→缓缓升温至60℃→加入5～10g/L的元明粉或食盐→运转20～30min→放水→加洗水3min→固色→加软(视产品而定)→出机→脱水→烘干。也有一些产品考虑到牛仔底色容易掉色,而采取室温加一些低温型的直接染料

二、加色(套色)注意事项

(1)所选染料要注意配伍性,从而才能保证大货颜色的可控性。

(2)加色前,一定要做好板,按标准化料,防止多次加色。

(3)因为牛仔布的染色为环染,洗前牢度均比较差(1.5～3级)。所以加色温度不能超过80℃,一般在40～60℃之间,防止牛仔底色脱落而影响色光。

（4）因直接染料升华牢度比较差，要注意加色烘干后的颜色变化，在考虑配方时，预留色光变化的成分。

（5）由于市场对牛仔的牢度要求越来越高，故加色后，一定要固色，并针对不同的底色采用不同类型的固色剂。

（6）在开发时，充分考虑加色对各种附饰件的影响（拉链、皮牌、唛头、口袋布、腰头里布、缝纫线、装饰物等）。

（7）加色之前，要检测水质，确定水质是呈中性或是弱碱性，便于染料上染和稳定。当水质硬度超过150mg/L时，要加螯合分散剂、软化水，防止染斑产生。

（8）因加色套色的染料用量相对较少，通常用量稍多些，而不是采用增加食盐和元明粉的用量来增加染色深度，这样可达到精益生产的目的。

第二节　牛仔成衣直接染料染色

一、直接染料的特点

目前随着时代的发展和生活水平的不断提高，牛仔的颜色也从以往的靛蓝牛仔、元青牛仔发展到彩色牛仔。其中，直接染料多用于彩色牛仔的生产。直接染料顾名思义，它具有直接性，对纤维素类纤维具有较大的亲和力。经过煮练后的棉、麻、黏胶等纤维浸入染液后，水很快渗入到纤维的内部，产生膨胀，膨胀的纤维出现许多充满水的孔道。同时，染料分子在纤维表面发生吸附作用，吸附在纤维表面的染料不断地向纤维的无定形区扩散，将纤维的内外孔隙全部染透，进入纤维孔隙的染料相互聚集，并与纤维大分子以氢键及范德华力结合。由于这种结合并不牢固，一般需用固色剂进行固色处理，使各项染色牢度得到提高。

直接染料具有温度效应、盐效应，温度对不同染料上染性能有很大区别。在实际生产过程中，最高上染温度在70℃以内的称为低温染料（例如PG黄）；最高上染温度在70～80℃，称为中温染料（例如2GL金黄）；最高上染温度在95～100℃，称为高温染料（例如BL枣红）。在牛仔成衣染色中一般采用90～95℃进行染色。

不同分子结构的直接染料对于盐的敏感度是不同的。盐起促染的作用，一般用工业盐和元明粉作为促染剂。其作用机理为：直接染料分子在溶液中离解成色素阴离子，而纤维在水中也带有一定的负电荷，染料和纤维之间存在着一定的电荷斥力。当在染液中加入盐后，降低了电荷斥力，从而提高其上染百分率及上染速率。不同的直接染料用盐促染的程度是不同的。促染剂过多，产生盐桥，促染作用不明显。生产中应根据不同的染料组合添加不同的盐用量。

二、直接染料染色工艺流程

根据不同风格要求的牛仔采用不同工艺路线。染色工艺流程如下：

牛仔成衣准备（称重点数）→煮练（退浆）→洗水→染色→固色→加软

染色工艺曲线如图4-1所示：

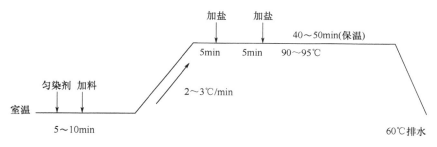

图4-1　染色工艺曲线

应用直接染料染成衣牛仔的优缺点：

优点：①工艺操作简单。

②容易配色、对色，色谱相对较全。

③经过酶洗、酶磨、酶石磨后容易产生骨位"豆角"效果。

缺点：①色彩不够艳丽。

②有的染料染色牢度达不到国标及欧洲标准。

③炒花、喷马时有的染料种类不能被解白，影响后道工序风格处理。

三、直接染料染色注意事项

首先充分分析牛仔成衣的厚薄（平方米克重）、加工流程及附饰件情况，选定不同的机型。通常较薄或容易磨损的牛仔成衣在拨水机中染色，拨水机如图4-2所示。

图4-2　拨水机

此机优点：容积大、张力少、不易磨损成衣；缺点：浴比大、耗能高。

厚的或不易磨损牛仔成衣通常在调速洗水机中染色。调速洗水染色机如图4-3所示。

此机优点：一机多用，操作简便，浴比小，骨位效果明显；缺点：摩擦力大，处理时间长会磨损成衣。

图 4 - 3　调速洗水染色机

图 4 - 4　意大利 Tonenllo 全自动染色机

有条件的工厂,各种牛仔织物可用意大利 Tonenllo 全自动成衣染色机中加工,Tonenllo 成衣染色机如图 4 - 4 所示。此机优点:浴比小[1:(5~10)]可节约大量的水电气。贴壁运转,运行速度快,纤维得色饱满,编程后全过程自动运转,染色工序完成后,还可以自动脱水,自动化程度高,大大降低了工人的劳动强度;缺点:不适于对要求骨位效果很明显的牛仔织物的染色。对于碧纹(涂料)等染色容易沾污机器,不易清洗。全自动的设备中任何一个部件出现问题,会出现全部停机,对保全保养要求高,一旦出现设备故障,对产品的损失则比较大。总之用直接染料染牛仔成衣还要注意下列事项:

①为了实现好的重现性,必须充分地打好样板,选择温度效应和盐效应相一致的染料(即配伍性相同的染料)进行拼混,并注意掌握小样到大货的浴比控制(配方调节)。

②用 60℃ 左右的水化料,并充分搅拌。水温过低难于化开,过高易产生絮凝现象,化好的料应过滤,以防止染料色点的产生。

③对于质地比较紧密的织物,先加入匀染剂并运转均匀,缓缓加入染料,并运转均匀,然后采用分段保温或者缓慢升温的形式,防止色花的产生。

④控制加盐数量,过少则达不到促染的效果,浪费染料。过多,产生盐桥(盐析),达不到应该有的促染效果,浪费盐。在加入盐时,最好是保温一段时间后加入,并且要分批加入,这样可以控制得色均匀,防止色花、色渍、色斑的产生。

⑤固色是非常关键的一环。因为大部分的直接染料不能达到国标、美标、欧标所规定的牢度要求,有时是部分牢度达不到要求(例如:干湿摩擦牢度、耐洗水牢度、耐皂洗牢度、耐汗渍牢度、耐日光牢度、耐升华牢度、耐漂洗牢度、耐烟熏牢度、耐气候牢度等)。首先要查阅所用具体

染料各项牢度指标,综合工艺条件,选择适合的固色剂进行固色。一般情况下都应在弱酸性条件下进行固色,并将固色剂用水化开,搅拌并缓缓加入,防止固色斑的产生。如果产生了固色斑,应先用除固剂将固色剂去除,然后才能加色,否则会出现加色不匀或者加色后的色光不准确的现象。

⑥由于在未充分冷却之前,直接染料在成衣上用烘筒烫干和用蒸汽烘干所呈现的色光是不同的,一定注意大货烘干打冷风后的色光变化,在制订配方时要充分考虑这种色光的变化,防止大货色光偏差而造成返工。

⑦当染色后还要进行其他加工,例如炒雪花、喷马骝等。则要对所用染料进行筛选,因为有的染料中间体是不能被高锰酸钾溶液所破坏,因而达不到效果。

⑧有的染色后还要进行浸树脂和压皱处理,就要求布面 pH 接近中性(pH＝6.5～7),同时要考虑到浸树脂焗炉后的色光变化,提前预防,把色光可能产生的变化考虑进去。

第三节　牛仔成衣活性染料染色

活性染料以其色谱全、色光鲜艳、牢度好、应用方便等优点,在成衣染色中而备受大家的青睐,也被广泛地用于牛仔成衣染色中。

活性染料分子含有一个或多个活性基团。在染色的条件下,这些活性基团可与纤维中的某些基团产生化学反应(例如,纤维素纤维中的羟基,其他纤维中氨基、羧基等),通过共价键使纤维和染料结合。顾名思义,活性染料又称反应性染料。

一、活性染料的特点

1. 染料利用率

在反应机理来看,在上染的过程中,一边上染,部分染料一边水解,由于成衣件染的浴比相对较大,从而导致染料利用率不高,成本较高。

2. 染料的提升性

活性染料属于反应性染料,其染料的提升性一般,因此在活性染料染色时为了抑制纤维表面的负电荷产生,需加入大量的电解质($NaCl$、Na_2SO_4 等)来提高活性染料的提升性。但同时也导致染色废液中氯离子或硫酸根离子等浓度很高,增加污水处理的难度和费用。

3. 活性染料光敏性以及耐日晒、耐气候牢度

活性染料的各项牢度指标总体来说是比较好的,所以才会被广泛运用到成衣件染中,由于分子结构的多种多样,活性染料中有的品种的光敏性比较差,耐日晒牢度有待提高,有的有烟熏褪色现象。因此新型活性染料的研究开发前景广阔。

4. 活性染料的种类、结构及染色机理

活性染料的种类很多,具体的结构千变万化,但我们可以用一个化学结构的通式来表示:W－D－B－Re;W 代表水溶性基团,一般为磺酸基(－SO_3H),D 为发色体或染料母体,B 为发色体与活性基的连接基,Re 为活性基团,它决定了染料的反应性、染料—纤维间共价键的稳定

性及水解稳定性。水溶性基团使染料有水溶性,染料母体对染料的扩散性、亲和力、耐晒牢度、色光有较大的影响。连接基对染料和纤维间共价键的稳定性及染料的反应性能也有一定的影响。尽管活性染料的结构不同,但其作用机理基本相同。活性染料按其温度效应来区分可分为:低温型(L型),高温型(H型),中高型(B型)三种。活性染料在染色过程中被纤维吸附,纤维素纤维上的羟基与染料中的活性基团产生共价键结合而固着。纤维素纤维在中性条件下是不可能与染料产生化学结合的,当纤维素纤维在碱性条件下形成离子化纤维,才可能与染料产生共价键结合。

5. 活性染料反应历程与结合形式

纤维素纤维与活性染料的反应的历程与结合形式可分为两种,乙烯砜活性染料与纤维间形成的共价键是一种亲核加成反应,乙烯砜活性基与纤维间形成的共价键是醚键;卤代均三嗪型与卤代嘧啶型活性染料与纤维的反应为亲核取代反应,活性染料与纤维结合键为酯键。

二、活性染料的染色过程

活性染料的染色过程中包括上染、固色和后处理三个阶段。活性染料染色的初始阶段,通过范德华力和氢键依附在纤维的表面,并向纤维内部扩散,然后在碱剂的作用下,已上染的纤维发生化学反应形成共价键固着在纤维上,最后通过皂洗将纤维上未与纤维反应的染料洗除,减少纤维表面的浮色,提高染色牢度。

通常活性染料的分子链不是很长,分子结构比较简单,在水中的溶解度均很高,与直接染料相比较,对纤维的亲和力较低,上染率也比较低。为了有效提高其上染百分率,通常加入大量盐($NaCl$,Na_2SO_4)以提高其上染率及固着率,尤其是深色。但盐的用量过高会使溶解度低的染料产生盐析现象,而使染料发生沉淀。匀染性能差的染料出现染色不均,同时增加了废水处理的负荷。

三、活性染料的固色机理

固色是在碱性条件下吸附在纤维上的染料与纤维发生反应,形成共价键。由于上染到纤维上的染料在固色过程中除与纤维发生键合反应外,染料本身在碱性条件下也能发生水解,水解的染料一般不能与纤维进行反应。另外,上染到纤维上未水解染料也不能全部与纤维反应,结合到纤维上的染料量占投入染液中染料总量的百分比定义为固色率。固色率往往低于平衡上染率。固色用碱有烧碱、磷酸钠、硅酸钠、纯碱和小苏打等,其碱性强弱次序为:烧碱>磷酸钠>硅酸钠>纯碱>小苏打。固色时碱性太弱,染料与纤维的反应速率低,固色速率低,对生产不利;碱性太强,染料水解严重降低了固色率。最常见的是用纯碱固色,现在已发展用新型的生物碱进行固色。在实际生产过程中通常根据染料的反应性以及染料总用量来决定碱剂用量的多少。低温型染料(反应性强的染料)。例如X型、L型、KD型,通常用碱性较弱的碱剂固色,反之用碱性较强的碱剂或增大用量来固色。

另外,固色温度也会影响固色牢度,反应性高的染料,固色温度应低些,反应性低的染料,应适当增高固色温度和延长固色时间。当使用碱性很强的固色剂,如烧碱,应降低固色剂的温度。值得注意的是：上染在纤维上的染料在固色时并不能全部发生化学反应，也包括水解染料，以及少量没有活性基的染料，或者虽有部分活性基团，但却没有与纤维发生反应，这部分染料一定要去除，否则会影响染色牢度，尤其是摩擦牢度。提高染色牢度就必须进行皂煮处理，以除去表面浮色等。一般用专业的皂洗剂或者枧油、纯碱、六偏磷酸钠组成混合助剂进行皂煮。一般工艺为：工业皂洗剂 2～6g/L，在 90～95℃温度下，处理 20～30min。这要根据染料的种类、用量及颜色的深浅综合决定。

四、活性染料的染色方法及工艺曲线

活性染料的染色方法多种多样。下面以中温活性染料为例，介绍几种常用的染色方法。

方法一：浸染法，是通常采用的方法，工艺曲线见图 4-5。

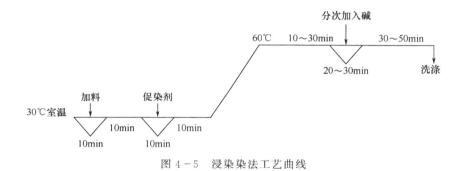

图 4-5　浸染染法工艺曲线

方法二：快速恒温法，适用于易染牛仔布，工艺曲线见图 4-6。

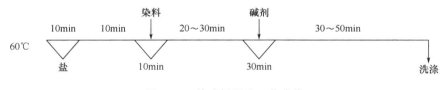

图 4-6　快速恒温法工艺曲线

方法三：高温移染法，适用于厚重织物，工艺曲线见图 4-7。

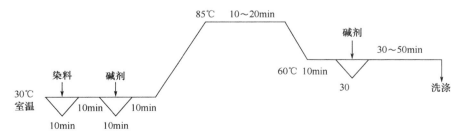

图 4-7　高温移染法工艺曲线

方法四：预加碱法，适用于敏感色染色，工艺曲线见图4-8。

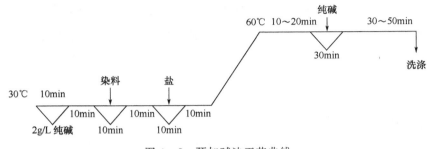

图4-8　预加碱法工艺曲线

五、活性染料件染色注意事项

①活性染料得色深浅(上染率)除了与纤维质量有关外，与纤维织物上浆料去除程度以及织物的毛效也有密切的关系。因此，要分析牛仔成衣的材料结构、上浆状态、毛效情况，选择合适的煮练工艺至关重要，总的来说要煮净、煮透。

②活性染料的种类很多，对温度的反应程度也不一样，染料本身牢度指标也各不相同。分析样品的颜色，选择配伍性、温度效应相一致的染料，打好标准样板，这对满足大货要求和保证大货染色的重现性至关重要。

③由于活性染料要加大量碱来固色，因此容易引起拉链变色和其他一些附饰件的破损，应先做好染前实验，加以拉链保护剂，对一些饰件进行包扎等，从而保证成品的质量。

④活性染料染色固色大货对板时，一定要先皂煮，否则染出的颜色不够真实。

⑤活性染料染色相对于直接染料染色，染料用量多，成本高，尽量选用小浴比染色机，节约染料。

⑥活性染料染色，得色透且饱满，不宜做骨位效果要求非常强的牛仔成衣，由于牢度比较好，酶洗、酶磨的效果不如直接染料好。

⑦如果活性染料染色后还要求做其他效果，如手擦、喷砂等，一般用预加碱染色法，染出来颜色不会很透，便于突出手擦、喷砂等效果。

⑧活性染料染色时(尤其是中深色)，盐和碱都需分批加入，防止加入过急而造成色花、色斑，或者碱性过强而造成染料水解过多，得色偏浅的现象。

第四节　牛仔成衣硫化染料染色

硫化染料是用硫黄或多硫化合物进行硫化而制成(它是以芳烃或酚类化合物为原料)，其分子中含有硫键(单硫键、双硫键、多硫键)的一类染料。此类染料不溶于水，染色时用硫化碱(一般为硫化钠)还原成隐色体而溶解。此隐色体对纤维素纤维具有亲和力，依靠范德华力和氢键上染纤维，经空气或氧化剂氧化显色，在纤维上形成原来的不溶性染料固着在纤维上。

硫化染料应用方便、价格低廉，主要用于棉及其他纤维素纤维的染色。染料色谱不全，缺少艳丽的品种,一般比较灰暗,而以黄棕、草绿、红棕、蓝、黑为主色。染色成品不耐氯漂,日晒牢度不及还原染料。硫化染料中的多硫键能被空气氧化生成硫酸等酸性物质,染色的纺织品在储运过程中纤维会逐渐脆损,须进行防脆处理,硫化染料主要用于棉织物的深色染色。

一、用于牛仔成衣染色的硫化料分类

1. 粉状硫化染料

染料结构通式为 D－S－S－D,一般需用硫化碱沸煮溶解,隐色体钠盐可以被纤维吸附,由于染浴中无机盐较多,导致染料与纤维间亲和力较大,极易吸附在纤维上,然后经氧化固色,使染料重新成为不溶性化合物而染上颜色。

2. 液体硫化染料

染料通式为 D－SNa,用还原剂将普通硫化染料还原成水溶性的隐色体,并加入过量的还原剂作为抗氧剂,再加入渗透剂、无机盐和软水剂而制成。通常所用的为科莱恩公司的速得高染料(Sodyesul)。

3. 环保型硫化染料

在生产过程中制成染料隐色体,但含硫量和多硫化物量远低于普通硫化染料。该染料纯度高,还原稳定,渗透性好,同时在染浴中采用葡萄糖和保险粉的二元还原剂,既可还原硫化染料又能起到环保作用。如 Diresul-RDT 系列硫化染料等。

二、硫化染料的上染机理

一般的硫化料用硫化碱(硫化钠)溶解,硫化钠是碱剂同时也是还原剂,在与染液反应的过程中会放出氢,氢具有强烈的还原作用,能使染料中二硫键或亚砜基还原成巯基,同时与硫化钠分解出来的氢氧化钠作用,生成可溶于水的染料隐色体钠盐,隐色体钠盐对纤维素纤维具有直接性,但亲和力不足,纤维上的隐色体钠盐先水解成硫醇,进行氧化成不溶性的染料并充分发色。氧化后应进行洗水、皂洗、防脆等后处理。去除染色织物表面的浮色,提高染色牢度,增强鲜艳度,防止织物脆损。对于环保硫化染料的染色一般制成染料隐色体,在染浴中采用葡萄糖和保险粉的双还原剂,氧化过程中一般采用洗水、透风氧化。现正在研发各种新型氧化剂和氧化工艺。

三、牛仔成衣硫化染料染色工艺

1. 粉状硫化染料染色工艺

(1)将染料用配方中的部分硫化钠调成浆状,加入一定量的热水化匀(或者煮沸)。

(2)将硫化碱导入机缸中,加入部分水,煮溶,同时加入 2g/L 左右的纯碱,煮匀后倒入化好的硫化料,加水到规定的浴比搅匀(冲匀)染液。

(3)将前处理好的牛仔成衣加入染料中,开机运转 5min,缓慢升温至 90℃左右,保温 30～60min(视颜色深浅而定)。

(4)60℃过水两次,冷水洗涤、固色,然后用 2%左右的尿素及 1%左右的醋酸钠(防脆处理的

助剂及组合多种多样)在45℃左右的条件下进行防脆处理10～20min,再洗水加软,脱水烘干。

2. 液体硫化染料染色工艺

液体硫化染料操作则要简便得多。方法是:将牛仔成衣做好前处理,在染色机中加入一定量的水,运转机器,将一定量液体硫化染料抽入染缸中(染缸是密封的)或顺时针倒入染缸中,调节浴比,运转5min,缓慢升温至90℃左右,染色30～60min,放掉染色残液,透风、洗水、氧化、固色和防脆处理。

四、牛仔成衣硫化染料染色操作注意事项

①在牛仔成衣染色中,硫化染料通常用来染深色,硫化碱和纯碱的碱性都比较强,一定要考虑成衣上的附件如拉链、皮牌、唛头等是否耐碱,染色前应先做测试。

②硫化料染色的显色是一个氧化过程。打样板时一定要准确,并严格按做板工艺进行。因为在染色时调整色光有一定困难,如果氧化后色光不对,又要返工,费时费力,且质量没有保证。

③打板之前一定要了解硫化染料的力份、有效含量及硫化碱的有效含量。根据所用硫化染料的用量来确定硫化碱的用量。过少,隐色体还原不够,过多则还原过度。氧化洗水不充分,则容易出现碱斑。

④在染色过程中加入2g/L左右的纯碱,一则可以软化水质,二则能恒定染浴的pH,以减少大货的缸差。

⑤染色结束后,洗水氧化一定要充分,否则易造成发色不匀,容易产生碱白斑疵病。

⑥硫化染料染色后,根据制单牢度要求进行固色处理。固色前一定要保持布面呈中性或弱酸性,否则有固色斑产生。

⑦硫化染料染色后一定要进行防脆处理,特别是深色,尤其是元青,否则在储存、运输储存的过程中会发生织物脆化,严重影响产品质量。

⑧硫化染料染色也适用于下道的酶石磨漂工艺,骨位效果、花度效果较好,也适合于炒雪花、喷马骝等工艺,因为都能被高锰酸钾溶液所还原。氧化后都能变白,这就为牛仔成衣的个性化设计提供了充分的开发空间。

第五节 牛仔成衣涂料染色

一、涂料染色及其染色特点

1. 涂料染色

涂料染色最早用于匹染及印花。通过轧染的方式或者网印的方式,借助黏合剂的物理作用,将涂料颜色黏着在纤维的表面而获得均匀染色。涂料对纤维没有亲和力,对纤维没有选择性,拼色也无竞染问题,因而重现性好,染色工艺简单,且节能节水。但手感和色牢度差,染深色较难,因而应用较少。近年来,纺织品的消费市场对染色产品的时尚要求越来越高,牛仔也日趋时尚化,涂料染色制品因其丰富的色彩和独特的风格受到不少消费者的青睐,其牛仔强烈

的骨位效果和磨花效果更是独树一帜。为了满足消费者对牛仔时尚化的追求和市场对色彩多变的需求以及快速交货的需求,牛仔成衣涂料染色有了较大的发展。目前,牛仔成衣涂料染色在国外非常盛行,国内市场需求量也很大。

涂料与纤维间没有亲和力,不会以价键形式结合,只能借助外力机械地附着在纤维表面,或借助改性剂(阳离子接枝剂带阳荷性)使成衣改性后和涂料(带阴荷性)产生相互作用力而上染纤维,再用黏合剂或交联剂覆盖。涂料的透染能力差,染色时呈明显的环染现象(与靛蓝牛仔的环染有相同现象,但原理不相同)。

其耐洗、耐摩擦牢度不高。但是利用这个特点,将成衣在洗水机进行酶洗、酶磨、酶石磨以及和转筒烘干机中相互摩擦,摩擦接触多的地方出现磨白现象,尤其是在骨位筋骨处可形成一种新的染色风格,古朴典雅赋予沧桑感,自然而不失时尚。

对于牛仔成衣来说,由于通常采用浸染而不能用轧染的方式,由于纤维和涂料之间没有亲和力,因此要求有较多的涂料从染槽中转移和吸附到纤维上是不太容易的,必须采用一些新技术来解决。纤维素纤维类成衣涂料染色时,成衣先经阳离子改性剂接枝改性,用浸染方式染色,然后再经黏合、固色、洗水,得到风格独特的牛仔成衣制品。牛仔成衣涂料浸染具有仿古仿旧感、粗犷、色彩柔和,悬垂性好,缩水率小且穿着舒适等特点。

2. 涂料染色特点

由于颜料颗粒对任何纤维都没有亲和力,染色时不发生上染的问题,对各种纤维不存在选择性,故适用于各种纤维,包括活性染料无法染色的玻璃纤维,而且特别适合混纺和交织纺织物的染色。正因为没有亲和力,颜料拼色时不存在竞染问题,易于拼色,重现性好,只要大样的工艺条件与小样一致,小样放大样控制颜色相对容易一些。

由于可以选用各种不同发色体系的颜料,所以涂料染色色谱齐全,耐光、耐气候牢度优良。而不像染料染色时,由于一类染料的色谱不全,或者牢度性质不一样,换句话说配伍性能不一样,在拼用时会有一定的困难。

容易获得特殊的染色及其他工艺效果。例如:双面色的牛仔效果,涂料和染料套染效果,银色染色效果等。

加工工艺短,节约能源,减小污水的排放,降低生产成本。可以用于牛仔成衣、衬衫、休闲、灯芯绒等多种成衣的染色。相比染料染色,涂料成衣染色的时间大约只有染料染色时间的1/3,大大缩短了工艺时间,且用水量少,减少了污染物的排放,同时具有明显的洗水感觉,再经纤维素酶处理后,其衣服表面发白,怀旧感强烈。比较染料染色的效果更加明显,而纤维空隙间则保持原有染色效果,给人以层次分明的立体感觉,既有牛仔风格,又以其色彩多样化而优于牛仔,更是染料染色所无法比拟的。成衣染色以其小批量、多品种,适应变化多端的市场需求,而日益被大家所重视。将涂料染色与其他成衣染色结合起来,可提高成衣档次,增加其附加值,具有很好的开发和应用前景。

二、牛仔成衣涂料浸染的原理

涂料染色和染料染色有本质的区别,涂料不溶于水,呈微细小颗粒悬浮在染液中,对纤维无亲和力,不能直接上染纤维素纤维。要使涂料颗粒均匀地吸附到纤维上,必须对纤维进行预处理。牛仔成衣涂料浸染的原理是将涂料分散体经特殊助剂处理,使它带强负电荷,而以阳离子接枝改性剂对纤维素纤维进行特殊的阳离子化处理,染色时染液里带负电荷的涂料离子与带正电荷的纤维离子发生作用,从而吸附到纤维上而着色。采用涂料浸染染色时,涂料仅在纤维上吸附,坚牢度较差。为了使涂料在纤维上固着,有时还要借助少量黏合剂进行固色后处理(过多会使手感较硬),增强成衣的色牢度。

碧纹(涂料)染色中涂料分别由无机颜料(炭黑、钛白粉)和合成的有机颜料黄、红、蓝、绿、橙等组成。涂料颗粒的粒径很小,一般在 $0.25\sim1.5\mu m$ 之间,且含量为 80% 以上。比较常用的有:印漂牢涂料,德司达公司的阿克拉明涂料,巴斯夫的海立柴林涂料,国产天鹅牌涂料。一般含有一定的阴离子性氨基,具有反应性,一方面能与纤维牢固地键合,另一方面要使纤维呈阳电荷性。可使用阳离子改性剂种类比较多。例如,上海某助剂厂的接枝剂 T,得亚宝 PED250、FST、IND 等。

三、牛仔成衣涂料染色工艺

工艺流程:

已经前处理的半成品成衣→阳离子改性剂接枝→过水→涂料染色→固着→柔软→脱水→烘干或焙烘

①煮练。视坯布情况进行退浆和煮练,去除浆料、油污、杂质、棉籽和灰尘。

②阳离子接枝剂处理。阳离子接枝剂 2%～6%(不同牌号的接枝剂用量不同,有的接枝剂要加入纯碱或者烧碱来调节接枝液的 pH),浴比 1:(15～20),顺时针加入溶解好接枝剂并运转 5min,缓慢升温至 60～70℃,保温 15～20min,冷水洗净。

③涂料染色。涂料或荧光涂料 x,分散剂 1%～3%,浴比 1:(15～20),溶解好涂料(用水搅拌),顺时针加入,室温运转 5min,用 1～2℃/min 的速度升温至 60～70℃,保温 20～30min,荧光涂料可降低染色温度至 50℃。

④固着。黏合剂 3%～5%,浴比 1:(15～20),60～70℃,运转处理 15min,放水。根据手感要求可用 130～140℃焗炉 20min 左右,则牢度相对好一些。

四、牛仔大货涂料染色操作注意事项

(1)牛仔成衣煮练后一定要洗水干净,确保布面不含有阴离子的物质,否则会因阴离子物质的影响造成布面接枝不匀,从而造成染色斑块物质产生。

(2)牛仔成衣的碧纹接枝和染色最好在工业洗衣机中进行,一是便于操作,二是洗水转速可调节,打击力、摩擦力均比较大,便于染色均匀且骨位效果明显。

(3)接枝剂比较黏稠,一定要用水充分兑稀和搅匀,要顺着机壁顺时针缓慢加入,且加料进程中转速应调快一些,加完料后,不升温运转 5min,这样接枝剂就会接枝很均匀,利于涂料的均匀上染。

(4)接枝完后,放水,如果是染浅中色,则要溢流洗水一次,防止阳离子接枝剂聚集,而造成

染色不匀,染深色可不必洗水。

(5)涂料的选用一定要选用粒子小,粒径均匀,耐温性好,日晒牢度高的保型涂料。一些进口的涂料力份较高,价格也比较适中。切勿用普通的印花涂料代替染色涂料,其牢度和染色性都会降低。

(6)涂料的化料、加料及运转操作的方法同于接枝剂工艺的操作。对于敏感颜色要加入分散剂,防止涂料凝聚。尤其是称料的过程中,称料前要充分搅匀桶内的涂料,防止上下层涂料浓度的区别。涂料化料时,必须高速搅拌分散,完全溶解后加染机中,若染色水硬度超过150mg/L,水中的钙镁离子和涂料凝聚,因此需加入一定量的螯合分散剂,有利于涂料的充分利用和提高染色的鲜艳度。

(7)染色的温度应控制在60～70℃,温度太高对某些不耐高温的涂料会影响其上色率,并引起色变。染色时,冷水入染,运转3～5min,渐渐升温,升温速度为2～3℃/min,升温太快,上染速度很快,极易染花。

(8)染色时间上,因纤维上所接枝的阳离子数量是有限的,当染色达到一定的饱和程度,即使改变染色条件(温度和时间),涂料也不会再吸附,因此一般20min已经足够,深色产品可以延长到30min。

(9)染色的浴比浸染法中的其他染料染色的浴比要放大一些,一般为1∶20左右,对于高密度和比较厚重的织物,应加大浴比到1∶(25～30),浴比太低成衣在染浴中翻滚不均匀,增加与机械的摩擦力,极易造成白条、折皱及色花。

(10)固着剂(黏合剂)的种类,牌号很多,筛选合适的黏合剂,使其固色效果好且不致手感过硬。一般在涂料染完后直接在染液中加入。切记固着剂一定要充分化匀,运转缓慢顺时针加入,防止固着斑的产生,一旦固着斑产生,则非常难以去除。

(11)机器的运转速度设置很重要。不同的布种应设置不同的运转速度。过快,有的布种由于时间较长,容易引起破损和磨烂,过慢,则容易造成接枝和染色不匀及色皱条的产生,一般中厚织物38～43r/min较为理想(600磅工业洗水机)。

(12)做样板的浴比、接枝剂用量、涂料用量、操作细节的掌握很重要,只有严格按规定的程序操作才能保证色光的一致性。因为当接枝染色完毕后,布面上的阳离子消耗已经完毕,调色和加色就困难了。如果要调色,加深比较多,就必须重新接枝,重新染色。这样造成了很大的浪费和容易产生缸差。

(13)涂料染色的特性决定了它的干湿摩擦牢度比较差(通常干摩2.5～3级,湿摩1.5～2级)。当染深色或摩擦牢度要求比较高时,考虑固着剂用量适当大一些,手感问题则要后道工序加大硅、软油的用量。当产生需要酶磨,酶石磨时,可将固着后的牛仔成衣先高温焙烘(130℃)然后再酶磨、酶石磨。这样可提高牢度0.5级左右。

(14)由于碧纹染有类似靛蓝染的环染效果,经酶磨、酶石磨后,骨位效果明显,成衣表面有斑斓效果,更显古朴典雅。当织物的强力、撕拉力不高,或者织物不耐磨时,在设定此类工艺时,应加大纤维素酶、石头的用量,采取大剂量、短时间,尽力减少织物受到损伤。

第六节 牛仔成衣的吊漂、吊染

一、牛仔成衣吊漂、吊染概述

吊漂工艺可以使已经有颜色的牛仔面料服装产生由白色到灰白色再到彩色,渐进和谐的视觉效果,具有简洁、优雅、淡然的自然效果。其操作其实比较简单,就是将牛仔成衣一端固定在可升降的架子上,按照设定的位置进行渐浸及上下升降。漂池子中是一定浓度的漂水或高锰酸钾溶液。当规定位置到了需要的效果时,即进行解漂。然后进行其他处理。不同厚度的牛仔成衣其固定的方式、操作方式等很多细节要从实践中实操掌握。

吊染工艺是一种很受市场欢迎的特殊防染技法。原来是用于休闲服装及定长面料,现已借鉴到牛仔成衣中,可以使面料和牛仔成衣产生出由浅渐深,或由深渐浅的渐进,柔和变动的视觉效果。它可以与涂料印花、植绒、计算机绣花、扎染等组合工艺结合,表现出多姿多彩的视觉效果和审美情趣。

吊染多用于纯棉牛仔,棉/黏、棉/麻等牛仔。选用环保型活性染料、直接染料、硫化染料、活性染料等在特定的吊染机中完成。染色时,根据面料和服装设计的要求,只让面料或服装着色的一头接触染液,染料的吸入主要靠毛细效应,随着毛细效应,上升的染液吸附到纤维上,接触液面越多,吸附就越多,越向上染液中剩余染料越少,因此就产生了一种由深到浅的过渡性效果。其原理就等同于染色原理,只是加工的设备和手段不同而已。此工艺在白色牛仔成衣、靛蓝牛仔成衣、染色牛仔成衣均有运用。与工艺服装、时尚元素结合比较紧密。能够根据时尚元素变化,设计师们将快速地做出市场反应,此工艺在特制的吊染机中完成,工艺比较复杂多变,很难大规模生产,因此其具有较高的附加值,是时尚牛仔一种不可或缺的染整手段。同时可以同印花工艺、静电植绒、计算机绣花、激光烧花、订珠订片组合使用,延长工艺价值链,有着很好工艺附加值及市场前景。参考效果图见图4-9。

二、吊染工艺流程

一般流程为:

效果图设定→上夹→吊挂→染色→洗涤→固色→后处理→脱水→烘干→检验

具有渐变的色彩,采用吊染的方法也可以产生"段染"的色彩效果,形成单色、多色、组合色,并可伴随着边缘特殊机理"残缺美"的艺术特点。见图4-10。

三、吊染操作注意事项

①靛蓝牛仔及有色牛仔的吊染通常先吊漂再吊染,吊漂后一定要解漂干净,才能进行吊染,防止漂液破坏染料性能而产生疵点。也有在染色上直接吊染而产生另外的颜色,这要根据设计而定。

②吊染、吊挂的密度以不互相粘贴搭色为原则,轻薄牛仔一定要夹牢,防止漂浮在液面上,而达不到吊色的效果。

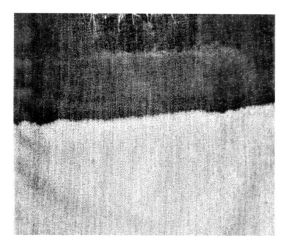

图 4 - 9 吊漂

图 4 - 10 吊染

③吊染的透染性通常比较差,因此吊染完后,通常需固好色,才能达到牢度要求。

④在吊染过程中成衣与染液应保持相对运动,防止染花。

第七节 牛仔成衣的扎染

扎染是中国的一种古老的防染工艺,经过数百年的工艺演变,扎染工艺的防染手段已有很多种,染色液从单色演变成多色,扎染纹样具有从中心向四周成辐射状的工艺效果,扎染纹样的生动与不同面料风格相映成趣,因此,这种古老的印染工艺至今仍有极大的艺术生命力。

扎染是先将织物进行捆扎然后再进行染色的印染工艺。在这一过程中,被捆扎的织物受到松紧轻重不同的压力,被染液渗浸的程度也不同,就会产生变化多端、深浅虚实的色晕。染成图案神奇多变、简洁质朴、色泽鲜艳明快,具有令人惊叹的艺术魅力。成衣扎染是将扎染工艺用于成衣,则充分体现花型的完整性和衣着的整体性。可以根据流行趋势和消费习惯,在图案设计、色泽选择方面做出快速反应。扎染成衣已经由工艺品向品牌化发展,因此我们必须明确品牌定位,树立市场意识,了解和掌握工艺技术的可行性。

一、扎染的基本材料

1. 面料

以天然纤维为主。要根据具体的扎染工艺和应用范围进行选择,通常以轻薄牛仔面料为主。为了保证这些牛仔面料有很好的吸湿性和渗透性等要求,使其容易上色,必须将面料进行退浆、煮练等前处理。

2. 扎绳

扎染绳线要选用牢度强,不易拉断的线。如蜡线、棉纱线、锦纶线、丙纶裂膜扎线、橡皮筋、枪针等。

3. 染锅

染缸一般是由不锈钢或搪瓷材料制成,牛仔扎染染色在成衣染色机或洗水机中均可进行。

4. 染料

不同的材料采用相应的染料药剂。传统工艺采用天然植物染料,在牛仔中运用最多的是靛蓝草中提练的靛蓝料。现在已经大多采用合成染料。例如:纤维素纤维用直接染料或者活性染料,也有用硫化染料的。

5. 其他材料

缝衣针、钩针、熨斗、天平、量杯、塑胶手套、搅拌工具、剪刀等。

二、扎染的基本方法

扎染的扎接的基本方法主要由针扎、捆扎、结扎和夹扎等。为了表现非常丰富的图案色彩效果,可以将不同的扎法结合,还有利用枪针贯穿。

1. 针扎

在白色布上用针引线扎成设计花纹,放入染缸浸染,然后将线拆去,紧扎的地方不上色,呈现白色的花纹。也可在靛蓝或靛蓝黑的牛仔布、牛仔成衣上进行针扎,然后放到漂水或高锰酸钾溶液中漂白,就会出现白蓝相间的花纹图案。针扎主要有扎花与扎线两项工艺。

扎花完全可以根据自己的想象来设计。最常见的有蝴蝶花,见图 4 - 11,菊花、狗脚花、牡丹花等,能体现不同的图案和艺术效果。其扎法很讲究,这要在实践中不断去操练。

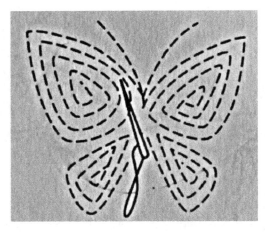

图 4 - 11　蝴蝶花

扎线分绞扎和包扎等不同的方法。绞扎因布的折法和针的绞法不同,能产生线的粗细、强弱等不同。包扎则在布的中央夹一种材料,然后进行捆扎。

2. 捆扎

捆扎是将牛仔白布有规则或任意折叠,然后用绳线捆扎,入染后甩干或晾干拆线。由于捆扎有紧有松,上色渗透有浅有深,呈现出多变化的冰纹(同样适用于牛仔漂白工艺)。这种方法更适合扎成段的牛仔布。方法是将布铺展开来,任取一中心点,用右手拇指、食指、中指捏撮起来,然后用左手在右手下方握拢织物,放开右手取线绳在中心点下方捆绑扎结,染色后得放射状圆形花纹,也可以按前法撮起一个个皱凸,用线绳绑缚绕扎,染色后可得到散点式圆形花纹,也可以将面料扎结部分缚扎成塔形。捆扎见图 4 - 12。

3. 结扎

结扎是将布本身打结抽紧,打结处密头严密,从而阻断染液在该处入染,从而得到防染变化的花纹,打结有任意结、折叠结、三角结、四角结,见图 4 - 13。

图 4 - 12 捆扎

图 4 - 13 结扎

4. 夹扎

夹扎是用夹板、铁夹、木夹、毛竹板条夹扎布料,染色后显现出奇特、别致的花纹。不同厚度的布料,所夹的层数不同,见图 4 - 14。

5. 爆裂纹(大理石花纹)扎法

是将织物任意皱折后捆紧、染色,再捆扎一次再染色,可以多次,即可产生类似于大理石纹理般的效果,见图 4 - 15。

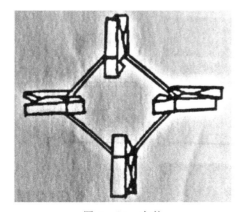

图 4 - 14 夹扎   图 4 - 15 爆裂纹

三、扎染的制作工艺

其工艺流程为：

图案预设→扎制→浸泡（润湿）→染色→拆线→后处理→烘干

1. 图案设计

可采用整体设计或局部设计，局部装饰设计，包括边缘、中心、点缀等三大类型。这些装饰可以使领部、袖口、裤脚管、裤侧缝、肩部、口袋、臂侧部、体侧部、下摆或各个中央部位，或者配件装饰物上，总之要与牛仔服装设计的主题相呼应，营造一种丰富、变化的视觉效果。

2. 捆扎染色

将设计好的图案纹样用画粉或其他记号笔在布上或成衣上做好记号或描稿，然后根据各种图案特点进行捆扎，然后浸入水中进行充分润湿。取出后放在离心脱水机中脱水，脱到基本干后，浸入已经配好的染料溶液中，浸染一定时间（根据颜色深浅来定），然后冲洗干净，再进行其他处理。其染色方法通常采用单色扎染及多色扎染。所谓的单色扎染可用一种单一染料或2～3只染料拼混而成。采用多只染料时，在染色过程中由于每个染料的性能不同，扩散和染色速率有区别，就会在扎结部位形成多种不同的色相变化，因此也会呈现多重丰富的色彩效果或色晕效果。多色扎染有双色扎染、多重套染、多重绘染、多色注染等。双色扎染可以先染浅色（打底），再扎结后进行较深色的染色，这样可得深浅两色花纹。多重套染是参照上述方法，利用颜色的配伍性，互补重叠性等。例如：先染一个浅色，扎结后，再染一个中色，然后扎结后，再染一个深色，就得到一个具有各色颜色的一种花纹。

3. 多色绘染

先将设计的图案上涂上所需的各种颜色，然后采用平缝扎结法，再放入染液中染色，可得到更加丰富多彩的颜色。

4. 多色注染

多色注染就是在捆扎处，用医用注射针注入所需颜色的染液，利用纤维的毛细管效应，注入纤维染液，渗化后再放入配好的染液中染色，从而得到色彩斑斓、形象逼真、色晕层次丰富的效果。

四、扎染制作实例

1. 全棉薄型牛仔染色配方（以 L 型低温活性染料染色为例）

染料 2%～5%（owf），元明粉 20%，碳酸钠 15%，浴比 1∶40。

2. 染色操作工艺

用软水化好染料，溶解后放入染缸中充分搅拌均匀。将清水浸泡过的捆扎好的被染织物投入染料中，运转均匀，在室温下开始染色 5min，缓慢升温至 50℃，染 20min 后加入元明粉续染 20min 后，加入碳酸钠固色 30min，染毕后，用多重清水淋洗被染物，将被染物投入 2～3g/L 的皂煮液中 60℃煮 15min 后洗水，再根据手感要求进行柔软整理。

3. 染色后处理

染色结束后，对织物进行充分洗水和皂洗，洗去织物上浮色，为满足各种牢度要求，有的还需进行固色,然后脱水、晾干。晾后的捆扎物在快干时解开捆扎处,利用熨斗,趁潮湿将牛仔成衣烫熨平整。不同染料的染色方法不同,可参照布匹染色方法。

第八节　牛仔成衣的蜡染

蜡染是以蜡为防染剂,在加热熔化的状态下,涂刷于织物上,经过裂纹处理,进行低温染色,使浸染通过裂纹进入纤维中,从而得到一种特殊艺术效果的防染印花工艺。蜡染所描绘的图案具有民族特色、风格各异。天然"冰纹"充满了艺术想象力。"冰纹"的形成是在已经画过蜡的坯布在不断翻卷浸染过程中蜡迹破裂,染液随着裂缝浸透在白布上,留下了人工难以描绘的天然花纹,清新自然,奇妙无穷。比较有代表和影响力的是白布上浸染天然靛蓝料(靛蓝草中提炼),呈现蓝白相间的纹理效果,正是因为这种效果的启发,突破了传统的技艺,引申到牛仔布、牛仔成衣上可以开发出各种颜色、图案以及裂纹效果的牛仔蜡染系列产品。

一、蜡染的基本材料

1. 面料

面料以天然纤维棉、麻及黏胶纤维织物为主,其中以纤维素纤维运用最多,一般用料稍厚重。

2. 蜡液

蜡液有石蜡、蜂蜡及松香等,它们的性能各有区别,这种区别使它们具有互补性。蜂蜡一般为黄色透明的固体,其柔韧性高,黏性很强,不容易碎裂,防染力极强,要经较长时间的搓揉,染料才能渗透到布面上去。通常用它描绘线条和图案精致的蜡染品。正是利用其黏性和柔韧性,保证了蜡质在染前和染色过程中不脱落。石蜡为白色透明固体,熔点较低,黏性较好,此蜡质地坚硬易破裂,正是因为其松脆易碎的特性,使这种蜡能形成更多的裂纹。当我们要呈现牛仔众多的粗犷蜡纹时,正好利用石蜡这一脆性。松香质地硬,呈晶体状,熔化后易变黏,可用作较好的黏合剂。因此,适量蜂蜡、石蜡加上松香就能配成应用性能较好的混合蜡,蜡染的线条、图案、花型不同,其混合蜡的配比也不一样。现将混合蜡的配方的经验值介绍如下:

细线条,蜡纹较少的图案:蜂蜡∶石蜡∶松香＝1∶(0.3～0.4)∶0.03

粗线条,蜡纹粗犷的图案:蜂蜡∶石蜡∶松香＝1∶(1～1.1)∶0.04

平纹蜡纹布:蜂蜡∶石蜡＝4∶6

纤细块面蜡纹:蜂蜡∶石蜡＝(6～7)∶(4～3)

在实际运用中,蜡液的组成处方并非一成不变,根据蜡纹风格要求,蜡纹粗犷的,石蜡比例增大;蜡纹细密的,则蜂蜡比例增大。

3. 染料

染料通常选择低温型染料,其原因是蜡的熔点低,不能在高温中染色。在牛仔布采用靛蓝染料居多,随着技术发展,交叉融合,扩大了蜡染使用染料的范围。例如:直接染料、活性染料、硫化染料、可溶性还原染料等。

4. 画蜡工具

画蜡工具以蜡刀为主,如图 4 - 16 所示,这种蜡刀是有两片或多片形状相同的薄铜片组成,一端夹在木柄或竹柄上束紧,刀口微开,中间略空,易于蘸蓄蜂蜡,用铜片的原因是因为铜片有一定的保温能力,将蜡的温度较长时间保持在 70℃ 左右。根据图案要求和线条粗细,使用者要配备不同规格的蜡刀,如三角形、丰圆形、斧形等。也有用炼制的铜滴釜,容器上部扁平内装有混合蜡,从下面滴口流出混合蜡。也可用狼毫类硬毛笔画蜡,绘制效果各具特色。大面积的涂蜡还有用漆刷。我们也可以根据自己的想象,开发各式各样的工具。

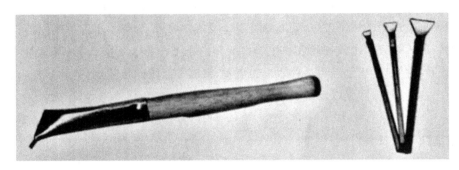

图 4 - 16 蜡刀

二、蜡染的基本方法

1. 画蜡

常用的画蜡方法有蜡刀画蜡和毛笔画蜡,蜡刀画蜡适于画线,传统的画蜡工具需要较长时间练习,才能熟练掌握;毛笔画蜡是指运用各种型号的毛笔蘸取蜡液在面料上画蜡,各种不同型号的毛笔在面料上画出的效果各不相同。

2. 刮蜡、刻蜡

运用刻刀或细尖的钉子,在画好蜡的面料上刻画。经染色后,刻画之处会出现蜡染花纹。

3. 型版盖印

型版盖印是拓印与蜡染的结合。其做法是:将一根根的铜线依图案需要进行排列,固定在三角锥状的木块上,手持木块让铜线顶端蘸上蜡液直接滴在布上,好像盖印章一般,点滴出排列整理的纹样。

4. 蜡点蜡

将蜡液自由滴在面料上,用滴釜操作,然后进行染色。

5. 晕蜡

在已经画蜡并染浅色的面料上用电吹风吹所画的蜡,使其熔化晕开,再染更深的颜色,形式各种有深浅层次的花纹效果。

三、蜡染的制作工艺

(1)先将牛仔布或成衣做好退浆,煮练或漂等前处理,然后将干布平铺于案上。

(2)根据设计的图案,选定配比蜡于锅中,升温熔化为液状,用蜡刀等蘸取蜡汁绘图于布面上,自然冷却。

（3）揉搓"蜡花",原因是蜡属于附着力强又容易龟裂的物质,经揉搓后,某些蜡封就会受损而产生天然的裂纹,但蜡却不会从布上脱落。

（4）经过多次的靛蓝溶液浸染,得到蓝白相间的精美花纹。第一次浸染后取出晾干,便得浅色,再浸泡数次,变得深蓝色。如果需要在同一织物上出现深浅两色的图案,则可在第一次浸泡后,再在浅蓝色上点绘图案,经再次浸染后,出现深浅两种花纹,最后经过洗水氧化、皂煮、洗水。

除了蓝白色以外,还可以加上各种红、黄、绿、紫、橙等色。成为色彩丰富的多色蜡染。例如:茜草染深红,栀子染黄色,蒲葵黄染黄色,碳素染黑色等。

多色蜡染牛仔棉布的制作过程为:先将设计的图案绘制在牛仔棉布上,然后将牛仔棉布绷于画框,用蜡刀蘸取蜡液,画出图案轮廓,再用毛笔蘸取 X 型或 L 型活性染料,根据图案自由上色,待染料干后,用高浓度元明粉溶液点刷促染,待干后,用纯碱点刷固色。也可以用其他颜料或染料进行多色染色,待染料在面料上彻底干后,便根据设计上蜡,然后用纳夫妥染料染底色,染色结束后,用高温皂煮去蜡、洗净,多色蜡染牛仔布作品就告成了。以上制作工艺可根据实际情况不断拓展。

第九节　牛仔成衣新型染色方法

为了追求牛仔色彩的多样化,同时还要保持传统牛仔的加工手法。例如:手擦、喷砂、喷高锰酸钾（马骝）、浸树脂压皱等工艺,因此拓展了很多的染色手段,真正实现染色的多样化。

一、牛仔成衣漂后染色

简单地说,就是将靛蓝牛仔、黑/蓝牛仔、元青牛仔,用漂水或高锰酸钾漂掉部分或大部分颜色,然后再用直接染料、活性染料或硫化染料根据需要的颜色进行重新染色。用此染法所染牛仔成衣有如下特点:

1. 颜色具有很明显的层次感、厚重感。

2. 保留牛仔的风格,又将牛仔的环染风格染透,使牛仔成衣的各种色牢度指标均有提高,从而达到各项牢度要求。

3. 此染法比坯布染具有更重的骨位效果,"豆角"效果更明显,有高贵典雅的特点。

二、牛仔成衣碧纹（涂料）与其他染料套染

目前为止,尽管碧纹染料所染牛仔成衣具有怀旧,骨位、花度起伏效果明显,庄重典雅的特点,但色牢度,尤其是干、湿摩擦牢度均不理想。为了保持碧纹染料的特点,又改善其各项牢度指标。因此采用:先用碧纹染料染色打底,再套染活性染料、直接染料或硫化染料。再经过酶洗、酶磨、酶石磨。则可得到颜色富有层次感,骨位效果强烈,花度明显,各项指标符合要求的又一种牛仔风格。

三、阳离子接枝直接染料、酸性染料染色

牛仔靛蓝染色最大特点是环染,如何保持牛仔环染效果同时又丰富牛仔的颜色。因此借鉴碧纹染色方法。将牛仔成衣的坯布或靛蓝、蓝黑牛仔先退浆处理,然后用阳离子接枝剂进行接枝,接枝后按照设计的颜色用直接染料或者酸性染料进行染色,染后的牛仔成衣比用碧纹染的牢度会更好,因为直接染料、酸性染料比涂料具有更多的阴离子,因此阴、阳离子结合更紧密,从而提高了牢度。这样牛仔系列的色谱就更加多样化,同时由于是环染,可以进行多重加工处理。例如:酶洗、酶磨、酶石磨,呈现出靛蓝牛仔的表面风格。经选择后的直接染料和酸性染料,同时经炒雪花、喷马骝、炒漂等特殊处理。同时由于经过了阳离子接枝处理,其染色的加工温度可以大大降低,染色时间也可以缩短,通常浅中色的染色温度和时间为 40～50℃,15～20min,深色的染色温度和时间为 50～60℃,20～30min,这样可以节约大量的能源和时间,且能减少织物的缩率。在靛蓝牛仔、蓝黑牛仔成衣正面会出现双重颜色效果,成衣反面会出现一种彩色,如图 4-17 所示,这样就是呈现出别样的牛仔效果,体现更多牛仔主题元素和文化内涵。

图 4-17　双色效果图

四、牛仔成衣的特殊活性染料染色

活性染料的特点:色泽艳、色谱全、环保、牢度指标好,但是普通的活性染料,通常不能用于炒雪花、喷马骝或炒漂水,因为解漂后不能被解白。但是通过筛选或改变活性染料的中间体结构能达到既保留活性染料的特点,又能像靛蓝染色一样能经过各种后道加工。德司达公司通过研制,开发 Lava Dye 活性染料系列,通过对牛仔成衣的染色后,达到了可炒、可漂的牛仔效果,如图 4-18 所示,呈现出一种颜色鲜艳,牢度较好的新型牛仔效果,市场前景非常广阔。

图 4-18　Lava dye 染色效果图

Lava Dye 染色工艺曲线如图 4－19 所示。

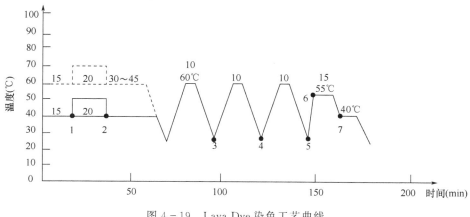

图 4－19　Lava Dye 染色工艺曲线

1. 染料＋盐＋纯碱＋烧碱＋0.5g/L Sera Quest M-PP；

2. 染色 20min；

3. 0.5～1g/L 的 Sera Fast C-RD；

4. 冰醋酸（调节 pH＝6～7）；

5. 浮石；

6. 1％的 Lava Cell Power；

7. 用冰醋酸把 pH 调到 5；

8. 3％的 EVO® Soft Me。

第十节　牛仔成衣洗水染色助剂的用量范围

牛仔成衣洗水染色助剂的用量范围如表 4－1 所示。

表 4－1　洗水染色助剂用量范围表

物料名称	用途	用量	备注
冰醋（HAc）	调节 pH	0.03～0.15g/L	过量的酸易损伤成衣，用量视冰醋酸浓度而定
磷酸（H_3PO_4）	配制高锰酸钾	6.5～10kg/100kg	用量过多或过少，性能不好
草酸（$H_2C_2O_4$）	中和解马	2～4g/L	过酸强力损失明显
纯碱（Na_2CO_3）	退浆，调节 pH，碱固色，灭活	1～40g/L	不同用途分别确定，最高 pH＝10.5
烧碱（片碱）（NaOH）	退浆，调节 pH，保弹	0.1～2g/L	氯漂时调节 pH＝12，用量视烧碱浓度而定
生物 E 碱	调节 pH，活性固色，漂时保弹性	0.1～0.5g/L	经氯漂后布面颜色较艳，色光偏蓝
螯合分散剂	软水，去杂	1～5g/L	视水质确定用量
缓冲体系	调节 pH，树脂液缓冲	400～1100mL/机次	缓冲范围 4.5～4.8，不同组分的缓冲，用量不同
代用碱（RAB）	活性固色	1～5g/L	用量根据颜色深浅掌握
退浆酶 RF－260	前处理	2～5g/L	视底色定温度，并综合含浆量情况

续表

物料名称	用途	用量	备注
防染枧油	前处理,煮练	2～4g/L	多用途
防染剂	防沾污、防返沾	1～4g/L	种类及用量视布种和牢度而定
各种纤维素酶	起花,酶磨	1～5g/L	注意起花程度和强力损失
粗花酶 BT	粗花,酶磨	1～4g/L	注意起花程度和强力损失
漆酶	去蓝,怀旧	1～3g/L	增强怀旧效果
漂水(NaClO)	漂白	5～50g/L	漂水用量要视样板的效果、强力而定
双氧水(H$_2$O$_2$)	漂白	3～10g/L	最佳 pH=10.5,结合有效浓度
高锰酸钾	漂白及马骝	3～20g/L	注意有效浓度
焦亚硫酸钠	解马	2～4g/L	过水干净
大苏打	中和,还原	2～4g/L	过水干净
平滑剂	手感平滑效果	2～6g/L	视手感而定
丝光整理剂	改善手感,增强感观效果	2～6g/L	视手感、色光而定
硅油	增加柔软性	2～10g/L	视手感而定
软油	增加柔软度	2～10g/L	视手感而定
全能树脂	压皱,整理	8～20g/L	注意整理效果、强力、撕拉力
加催化剂树脂	压皱,整理	3～18g/L	注意整理效果、强力、撕拉力
催化剂	树脂液中起催化作用	树脂用量的 1/5～1/4	用量适当,不可过多,依催化剂种类而定
硬挺剂	增加硬度,立体度	1%～5%	综合效果
渗透剂	提高毛效,渗透效果	0.5%～2%	注意色光变化
尿素	提高乳化渗透力	1～5g/L	不同的工艺段用量不同
固浆	黏合和固着	10～120g/L	手感及牢度
靛蓝类固色剂	固靛蓝类染色	1～5g/L	视提高牢度级别而定
得亚宝	在黑蓝牛仔成衣中固色(黑为主)	1～4g/L	视手感与牢度级别而定
无醛固色剂	直接、活性固色	2～6g/L	视色光与牢度级别而定
KDM 固色剂	蓝黑牛固色(蓝黑相当)	2～4g/L	视牢度级别而定
LZ 固色剂	蓝黑牛固色(蓝黑相当)	2～4g/L	视牢度级别而定
荧光增白剂	增白、增艳	0.1%～0.8%	注意色光偏向
阳离子接枝剂	接枝	2～4g/L	颜色深浅
各种涂料	碧纹染色	上限为 8%	视颜色深浅而定
各种直接染料	直接染料染色	上限为 7%	视颜色深浅而定
各种活性染料	活性染料染色	上限为 9%	视颜色深浅而定
工业盐	染色促染	2～40g/L	视染料种类而定
元明粉	染色促染	2～30g/L	视染料种类而定
硫化碱	硫化染料染色用	上限为 24%	根据染色用量而定
硫化黑	硫化染色	上限为 12%	视颜色深浅而定
去锰剂	解马(高锰酸钾)	2～5g/L	视马骝去除难易程度而定
精练剂	退浆、煮练	2～4g/L	适用于生坯
除油剂	退浆、除油	2～4g/L	适用于各种油污

注 此化工料用量比例表,仅作参考,因各厂所用助剂种类可能完全不同。

第五章

牛仔织物压皱树脂整理及其他后整理

第一节 牛仔织物树脂整理原理及整理剂

棉、麻等天然植物纤维及黏胶纤维等再生纤维素纤维的基本组成物质都是纤维素。纤维素是天然高分子化合物，其化学结构是由很多 β-D-吡喃葡萄糖彼此连接而成的线性大分子，其化学式为 $[C_6H_{10}O_5]_n$，葡萄糖基环中羟基的特性可使纤维素发生多种反应，也可与众多化工助剂发生反应。酸对纤维素的作用，主要是对纤维素分子链中苷键的水解产生催化作用，使其聚合度降低。

牛仔压皱树脂作用原理与免烫整理类似，通过树脂分子与纤维素作用，限制纤维素分子之间的相对滑动，从而改变织物的力学性能，保证牛仔织物上的折皱有较持久的抗回复、低缩水率等性能，即具有形态记忆功能。牛仔洗水后，树脂整理一般要求在 130～150℃条件下焗炉（免烫加工一般在 150～170℃），因此要求压皱树脂的活性要高，整理后一般进行一道洗水，即可除去大部分甲醛。

一、压皱树脂整理的原理

织物压皱树脂整理机理，简要分为树脂沉积论和树脂交联论。前者认为保持压皱效果主要是由于树脂粒子能扩散到纤维的无定形区域内，在反应条件下处理后，树脂经反应缩聚，自身之间缩合成为不溶于水的大分子，形成了三度空间高聚物，在纤维素中形成了树脂片状物或块状物，通过与纤维的氢键或分子间作用力的相互作用，使纤维分子链相互缠结，牵制和阻碍了纤维素分子间作用力的相互运动和滑移，使纤维分子不易发生变形，保持了纤维的形态稳定性，从而达到了压皱效果持久的目的。第二种机理则表明，树脂整理剂不仅自身能发生缩聚反应，而且有很高的反应活性，能与纤维素形成共价结合，通过多个官能团与纤维素的结合，与纤维素间实现相互交联，即把纤维素中相邻的分子链互相连接起来，从而对纤维素分子链段起了某种固着，使纤维素分子不易变形，而且在发生形变之后能很快回复到原来的位置。因为是与纤维素形成共价结合，故也称为共价交联论。

不管何种类型的树脂,在大多数情况下交联和自身缩聚是同时发生的,两者哪一个占多数是由整理剂的性质和处理条件决定的。

二、树脂整理剂的分类

按树脂类型分类有热固性和热塑性之分,但以热固性树脂为主。如脲醛树脂、三聚氰胺甲醛树脂、硫脲树脂、环氧树脂等,实际都是树脂单体的初缩体,这些初缩体能溶于水或溶剂,渗透到纤维内部以后,再经高温烘焙,活性基团与纤维素长链分子中的羟基发生共价交联反应,将纤维素纤维相邻的分子链联结起来,或在纤维的空隙中形成网状结构的高聚物而沉积,从而使织物保持持久压绉效果。但热固性树脂最大的缺点是使纤维强度下降,最高可达40%。热塑性树脂是单一树脂或两种以上的共聚物,以及合成橡胶乳液等,涂覆于纤维表面形成一层塑料薄膜,从而产生树脂整理的效果。由于其是在表面形成树脂皮膜,防绉性一般,而且洗涤后逐渐脱落。但是热塑性树脂可提高织物强度,并能改善手感,故常与热固性树脂合用。

按树脂结构分类,可分为 N-羟甲基类树脂、无甲醛类树脂整理剂、交联剂等。N-羟甲基类树脂在整理纤维素纤维时,可与纤维素的羟基反应,同时进行脱水缩合,再脱出甲醛,新生成的甲醛为织物所吸收,再进一步与纤维素羟基反应,反应过程中有若干缩合型长分子链的交联形成,达到防绉效果。此类树脂的耐洗性取决于与纤维素交联反应生成物的稳定性,实际上是指交联生成物对酸、碱水解的稳定性。

三、三合一树脂整理剂

三合一树脂整理剂即树脂、催化剂、纤维素保护剂(或其他添加剂)按一定比例配制好的树脂。三合一树脂在应用时减少了组分重新配比的烦琐操作,减少了出错的概率,但对要求的不同工艺,难以通过协调各组分的比例来达到最佳工艺效果。

纺织品在树脂整理中,除了根据织物品质与要求合理选用树脂初缩体外,还必须加入促使树脂与纤维发生化学反应的催化剂,促使交联反应在适当的温度下加速完成。

凡能加速树脂或交联剂与纤维进行交联反应,并能降低反应温度、缩短反应时间的化学药剂,一般称为树脂整理催化剂。对催化剂的要求是:

1. 在工作液中有高稳定性

加入催化剂后不会过早发生聚合物水解,与工作液中各种添加剂的相容性好(至少在8h内),树脂与催化剂的混合物不发生化学变化。

2. 有优良的焙固作用

在一定温度下焙烘,能释放 H^+,在一定时间内能使树脂在纤维中完成交联或缩聚反应;在室温下不产生催化作用,只有在高温时体现催化作用;对织物的色泽、白度、染色牢度基本不受影响;焙烘时不产生臭味或有色物质。

因此,常用催化剂是一种潜酸化合物,其主要品种和应用效果分述如下:

(1)无机盐类。锌盐(硝酸锌、氯化锌)和镁盐(氯化镁)。硝酸锌一般在140℃就能起催化作用,会影响漂白织物的白度,氯化锌和氯化镁在160℃以上高温焙烘时才释酸。氯化镁适用于漂白织物,可与增白剂同浴使用。

(2)铵盐类。如氯化铵、硫酸铵、硝酸铵、磷酸二氢铵、磷酸氢二铵等。此类催化剂一般都要在较高温度下才能释出酸和氨,其中氨还能和树脂中的游离甲醛反应,生成环六亚甲基四胺和 H^+。因此,可降低游离甲醛的释放量。但使用铵盐作催化剂织物的氯损较大,用于脲醛树脂、氰醛树脂整理时,工作液 pH 下降较大,容易造成树脂初缩体不稳定。氯化铵和硫酸铵用于脲醛树脂整理时,反应温度不能过高、时间不宜过长,否则易产生三甲基胺[$(CH_3)_3N$]而使织物带有鱼腥味。

(3)协合催化剂。由两种或两种以上的催化剂组成的混合物。该混合物的催化作用比其中任何单一组分都强。如含碱式氯化铝等组成的协合催化剂有氯化铝+草酸+酒石酸,氯化铝+氯化铵+醋酸。此类协合催化剂焙烘温度可降至110～120℃,交联效果好,可减少织物泛黄,提高耐洗性和弹性。含氯化镁等组分的协合催化剂有氯化镁+氟硼酸钠+柠檬酸三铵,氯化镁+硝酸铝等。此类协合催化剂焙烘温度可降至140℃,作用时间短,织物弹性比单独使用一种催化剂好,织物降强少。

但同时催化剂也是产生甲醛、影响织物色光的重要因素。一方面,在催化过程中产生的甲醛未能及时与纤维及树脂反应,被纤维素吸收,造成织物中残留大量甲醛;另一方面,因为催化剂释放的 H^+ 及其中的金属盐,会促使掉落的染料返沾到织物表面,造成织物表面及颜色泛蓝。

纤维素保护剂及类似的添加剂是柔软剂的一种,通过添加在树脂液中,减少树脂对织物强力的损失。其作用机理是通过渗透进纤维中,在与纤维反应,包覆纤维分子的同时,填充纤维分子与树脂之间的空隙。在保护纤维分子的同时,也减小树脂与纤维的摩擦,使得在撕破织物时需要更大的作用力。

四、树脂整理中的甲醛问题

甲醛是原浆毒物,能与蛋白质结合,吸入高浓度甲醛后,会严重刺激呼吸道及产生水肿、头痛等问题,也可引发支气管哮喘。皮肤直接接触甲醛,可引起皮炎、色斑、坏死等,怀疑可致癌。鉴于甲醛的毒性,各国对成衣中甲醛都有严格要求,我国 GB/T 18401—2010 要求织物中甲醛含量不能高于 75mg/kg,婴幼儿产品不能高于 20mg/kg。

用羟甲基官能团类热固性树脂处理后的抗皱织物,总会出现游离甲醛。这些甲醛主要是由以下三方面产生:

树脂除了与纤维分子产生预期的交联反应外,还要生成许多副反应。其中有甲醛的离解,这种离解决定C—N键的稳定性。C—N键的分解立刻会引起甲醛的游离。

经过整理后的织物在储藏过程中,未经交联的 N-羟甲基残余在很大程度上能引起甲醛的游离。特别是当织物在潮湿状态下,而又是高温环境下储藏更为严重。此外,干燥的棉纤维素能够强烈地吸附游离甲醛。而由于水分与纤维素的结合更加强烈,因此如果受潮,就产生水分子对甲醛的置换。

树脂本身含有未反应的游离甲醛。如二羟甲基乙烯脲与纤维反应：

$$cell-OH+HOH_2C-N \quad N-CH_2OH \xrightarrow{-H_2O} cell-O-H_2C-N \quad N-CH_2OH$$

脱出的甲醛再与纤维反应：

$$2Cell-OH + n\,HCHO \longrightarrow Cell-O(CH_2O)_n-Cell$$

第二节　树脂整理后牛仔织物的质量

一、服用力学性能

织物经过树脂整理后，其主要力学性能如断裂强度、断裂延伸度、耐磨性和撕破强力都发生不同程度的下降。

1. 断裂强度和断裂延伸度

棉织物牛仔经过树脂整理后，棉织物的断裂强度和断裂延伸度都有明显下降，并随织物防皱性能的提高而加剧。其研究过程及结果如图 5-1 所示。

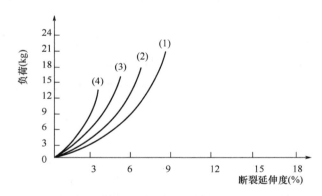

图 5-1　牛仔棉织物用二羟甲基二羟基乙烯脲处理后的负荷—断裂延伸度曲线（经向）

(1)—未处理,经向回复角为 90℃　(2)—处理,经向回复角为 111℃

(3)—处理,经向回复角为 134℃　(4)—处理,经向回复角为 156℃

2. 撕破强力

撕破强力是指织物的经纱或纬纱的切口处耐拉伸的能力，以拉开切口所需要的力表示。织物撕破强力的高低，除与纱线的强度有关外，还与撕裂时承受外力的纱线的数量有关，因此织物纱线强度或断裂延伸度过低、织物中纱线的可活动性小，都将使织物具有较低的撕破强度。

棉织物牛仔经过树脂整理后，其撕破强度都会发生显著的下降。为了克服上述缺点，一般采用在整理液中加入柔软剂等。因织物的手感柔软、滑爽是通过两个方面来实现的：第一是织物的表面应平滑,因为物体的表面越是凹凸起伏,手感就越粗糙,故使织物平滑可提高柔软度。第二是降低摩擦系数,因为摩擦系数低,摩擦阻力小,易滑动,反映了织物平滑、柔软、硬度低。降低摩擦系数又分为两个方面:一是纱线之间的摩擦系数低,纱线相互间易滑动,织物柔软,悬垂性好。另外自由滑移提高,有利于提高撕破强力和耐磨性。二是织物与人体间的摩擦系数下降,使手感和触感改善,感觉柔软、不粗糙。

柔软剂能降低织物的粗糙度,提高平滑性,又能改善纤维表面的润滑性能,降低表面张力,降低摩擦系数。柔软剂既能改善手感,又能提高织物的强力和耐磨性。

在织物的抗皱整理中,柔软剂是改善织物强力的主要因素。因为在整理中,整理剂通过交联使纤维分子间组成了相互连接的网络,分子链段间相互作用影响了纤维大分子链段的自由运动,分子链变得僵硬,在承受外力时无法传递和分散应力,容易使应力集中而造成断裂破坏。故提高纤维大分子的柔顺性,使之易于在外力的作用下调整构象,分散应力,可使织物中纱线间的摩擦系数减小,纱线在织物中的移动性提高。织物在撕裂时,纱线易于聚拢而有较多的纱线来共同承受撕力,使整理品的撕破强度得到一定程度的改善。柔软剂对整理后织物撕破强力影响示意图如图 5-2 所示。

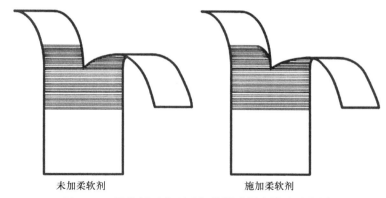

未加柔软剂　　　　　　　　施加柔软剂

图 5-2　柔软剂对整理后织物撕破强力影响示意图

3. 耐磨性

织物中纱线和纤维在摩擦中发生反复形变而受到的损伤,通称为磨损。织物是否耐用,在很大程度上取决于它的耐磨性。衣服在穿着过程中所发生的摩擦可分为平磨和曲磨两类。棉织物经树脂整理后,无论是耐平磨性还是耐曲磨性都会发生一定程度的下降。

为了提高整理织物的耐磨性,可在树脂整理液中添加适当的热塑性树脂或柔软剂,热塑性树脂有助于提高织物的耐平磨性,柔软剂的加入有助于提高织物耐曲磨性。

二、整理品的耐洗性

树脂整理后的耐洗性主要取决于树脂整理剂与纤维素反应后所形成的共价交联的稳定性。实质上是共价交联键耐酸、碱的稳定性,以及整理品是否会发生氯损或吸氯泛黄的问题。

1. 酸、碱水解稳定性

（1）酰胺类整理剂。酰胺类树脂整理剂与纤维素以醚键共价交联,在酸性条件下,整理剂与纤维之间的醚键容易发生水解反应,减少了纤维素大分子之间的交联密度,降低了防皱效果。

（2）多元羧酸类树脂。多元羧酸类树脂整理剂与纤维素可形成酯键共价交联,酯键在酸性条件下比在碱性条件下稳定,在碱性条件下,可发生水解。由于洗水都是在碱性条件下进行的,因此多元羧酸类整理剂整理效果的耐洗水性特别重要。

2. 吸氯和氯损

部分 N-羟甲基酰胺类整理剂的氮原子上含有氢,在洗涤过程中,如遇到 NaClO 和水中的有效氯,会产生吸氯现象。氯损是指吸氯后的整理品经高温熨烫后发生不同程度的脆损;吸氯泛黄是指整理品在吸氯后产生的泛黄现象。

第三节　牛仔压皱整理工艺及注意事项

一、牛仔压皱整理工艺

压皱树脂整理工艺中,不仅要获得良好的防皱效果,而且要求对织物强力影响较小,能满足各项环保测试指标。一般影响这些项目的主要因素包括树脂浓度、催化剂种类、烘焙温度和时间等。

催化剂种类对织物强力和压皱效果影响最大的因素,其次才是树脂浓度,而烘焙时间和温度对强力影响及压皱效果也有影响。催化剂的酸性强弱对整理后织物强力和压皱效果有很大影响,潜酸性催化剂中,酸性越强,压皱效果越理想,但同时织物强力损失最严重。综合考虑,树脂液 pH 在 4~5 之间能取得较好的平衡,使织物既能获得良好的压皱性能,又能保持较高的强力。

棉织物经过树脂整理后强力显著降低,通常认为是由于树脂初缩体对纤维素大分子链段的交联限制了纤维中大分子链段的位移,致使应力集中。因此,大多数采用在整理液中添加柔软剂的方法来改善整理后织物的强力。其中树脂浓度根据不同工艺和压皱效果略有区别,一般为 12%~16%,此浓度可使织物在强力损失和压皱效果之间取得较好的平衡。

而烘焙温度和时间是为了保证催化剂有足够的条件使树脂和纤维发生交联反应,烘焙前的强力损失主要是酸对纤维的水解,但绝大部分强力降低是由树脂与纤维的交联引起的。针对不同工艺,可通过调节烘焙时间和温度来取得不同效果。焗炉机如图 5-3 所示。

1. 光泽度、防皱性能、摩擦牢度

为了增加牛仔表面光泽度和提高防皱性能和干摩擦、湿摩擦牢度,通常会将退浆后的牛仔进行浸树脂处理,浸树脂的浓度相对较小(取决于树脂液的有效浓度),喷树脂的浓度相对较大,其具体的工艺流程为:

退浆→各个洗水工艺处理→浸(或喷)树脂溶液→脱水→烘至 8~9 成干→压皱→焗炉(140℃~150℃,15~20min)→柔软→后整理

图 5 – 3 焗炉机

2. 扁平猫须、圆猫须、3D 立体猫须

除了提高光泽度和防皱性能外,同时根据设计要求,要压出扁平猫须、圆猫须以及 3D 立体猫须,以满足时尚流行的要求。扁平猫须和 3D 立体猫须效果图如图 5 – 4 所示。

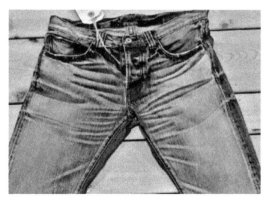

(a) 扁平猫须

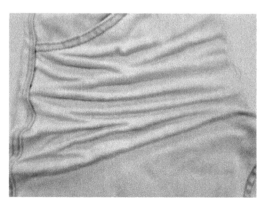

(b) 3D立体猫须

图 5 – 4 扁平猫须和 3D 立体猫须效果图

其具体工艺流程为:

手擦→退浆→各种洗水工艺处理→烘干→浸(或喷)树脂溶液→脱水→烘至 8～9 成干→手抓压皱(模型手抓压皱或 3D 立体猫须机)→立体式(或隧道式)焗炉(140℃～150℃,15～20min)→冷却→过软→烘干→整理

浸树脂浓度取决于:

(1)设计要求。布面的光泽度,保色的效果。

(2)牛仔的强力、撕拉力损失程度。

(3)猫须效果的立体程度。

目前市场上的牛仔所用树脂分三合一树脂和单一树脂两种。三合一树脂中含有催化剂、保护剂、树脂及防腐剂等。其优点是:性能稳定,操作方便,降低劳动强度。缺点是:根据不同牛仔,多变性差;单一树脂的优点是可根据不同布种,通过调节树脂和催化剂的不同配比,充分发挥树脂的作用,节约成本,达到最优效果。缺点是:要另加催化剂、保护剂等,提高了劳动强度,容易出错等。

3. 树脂液的酸碱度

树脂液的 pH 是影响树脂成膜的关键,酸性强,则成膜快,成膜的立体效果强,但是,过酸对牛仔的强力、撕拉力影响也很大。

通常通过配制缓冲溶液(可使用柠檬酸—柠檬酸钠或者醋酸—醋酸钠)来调节树脂液的 pH 范围,一般为 4～5。

4. 树脂液的渗透性

树脂液中通常需加入一定量的渗透剂(一般为 0.5%～1%),以利于树脂液渗透到织物中,用量的多少,视毛效而定,毛效高的少加,毛效低的多加。

5. 猫须立体感、柔软度

为了增强圆猫须、立体猫须的立体感,或者防止在洗水加软等过程中猫须变平,维持压皱效果,要加入一定量的硬挺剂。一般为 3%～5%,这要视设计而定,过多则手感过硬,难于做软,过少则立体效果不好。硬挺剂种类比较多,在牛仔浸树脂中比较常见有,第一类:聚丙烯酸、聚丙烯酸酯类;第二类:聚乙烯醋酸酯类。第一类通常用量≤3%,用量增大,成膜硬,不吸水,阻塞纤维孔隙。软油、硅油很难渗透,不易柔软。如果要做立体效果,须加大树脂的用量(不可增加硬挺剂的用量);要增加软度,需加入 1%～2% 的平滑剂或丝光整理剂或者硅油在树脂中,以改善手感(在开发设计时做),但色光有一定的偏向,或者泛蓝;第二类用量范围较广,手感相对较软,但成膜性及立体效果比第一类差,对靛蓝牛仔来说,一般使色光偏蓝。我们可以把第一类和第二类组合起来运用,取长补短,其应用效果要好得多。

6. 树脂液中的催化剂

在实际运用中,三合一树脂含有催化剂,不可能对其组分做太多的改变,其效果的体现完全取决于三合一树脂本身的配方及质量。而牛仔树脂效果的把握,更适合用单一树脂加催化剂来调节。根据树脂的性能、催化剂种类的特点及织物种类的特性,加入适当的量,充分发挥树脂的效能,做到以最少的成本达到最佳效果。

催化剂的用量要适当,首先必须保证足量,过少会使反应不完全,过多会引起树脂的破坏及纤维素水解。催化剂的用量一般根据树脂用量来计算。在大生产中,通常为树脂用量的 1/5～1/4(取决于催化剂的有效浓度),在树脂整理中,催化剂的种类多种多样,有游离酸类、强酸的无机盐类、无机酸的铵盐类、羟胺式有机胺的盐酸盐,还有组合催化剂,即游离酸＋无机酸的铵盐;游离酸＋强酸的无机盐类等。适当的组合,可避免和克服相互之间的缺点。在牛仔树脂的实际运用中,更多的使用强酸无机盐类,例如,氯化镁($MgCl_2$),它无气味,处理后干、湿折痕回复性好,不影响日晒牢度,耐光性好,但要较高的烘焙或焗炉温度。

7. 树脂整理后织物的强力和撕拉力

在实际大生产中,有时由于牛仔坯布本身的强力、撕拉力不够理想,而要求的强力、撕拉力又比较高,我们往往在树脂液中加入强力、撕拉力保护剂。它们通常是多羟基类化合物。例如多元醇及三乙醇胺等。事实上,强力、撕拉力的损伤取决于所设定的树脂配方和工艺设计。这些保护剂只能起到缓解作用,从根本上还是不能解决问题。

8. 树脂整理中的甲醛

有时树脂整理中,需适当加一些甲醛捕捉剂,因为很多树脂以甲醛作为基本原料。到目前为止,整理效果较好的树脂大多含有一定量的甲醛,市场上开发出了一些无甲醛树脂,但其效果不好。为了达到环保要求,往往加一些甲醛捕捉剂来降低甲醛的含量。

9. 树脂整理的焗炉工艺

对于经过浸树脂,压皱后的牛仔都必须经过烘焙(焗炉)才能使树脂结膜,从而使扁平猫须、圆猫须、3D立体猫须形状保持不变,永久保持。各种树脂的初缩体不同,其最佳成膜的温度也会有所区别,同时与保温的时间有一定的关系。通常采用的工艺为 145～155℃,15～20min,焗炉温度和时间呈非线性关系,即焗炉的温度和时间的关系呈一条曲线。温度越高,焗炉时间越短;温度越低,焗炉时间越长。既要考虑树脂的效果,也要考虑牛仔织物的强力和撕拉力。温度越高,时间越长,牛仔的强力、撕拉力损失就大;温度越低,时间越短,牛仔强力、撕拉力的损失就越小。因此,我们在设计焗炉工艺时,首先要了解洗前织物的强力、撕拉力情况,树脂液的配方和用量,猫须的立体效果情况来综合考虑焗炉的温度和时间。在树脂效果和强力、撕拉力要求中找到平衡,以精益生产的理念指导生产。

10. 树脂整理后的加软

当牛仔焗完炉后,要将产品吹冷,利于甲醛的挥发,树脂效果尤其是立体猫须往往会使手感变硬,一般性要进行过软处理,过软处理时所加柔软剂的种类和数量应根据客户的要求或设计要求来定。过软可以达到两个目的,一方面达到软度要求,另一方面使甲醛进一步的释放。过软后,脱水,在转笼烘干机中烘干,烘干后要进行充分的打冷风处理,一方面保持牛仔松柔的手感和进一步释放甲醛,达到优良的产品效果。

11. 新型树脂整理

随着人们环保意识的不断增强,追求绿色自然的理念也越来越强烈,因此国内外有不少公司开发了无甲醛树脂,即初缩中没有含甲醛的成分,也能起到抗皱免烫的性能,但其做出的牛仔的圆猫须、3D立体猫须的效果仍稍逊一筹。

人们在不断探索中发现,整理后的牛仔成衣可染可漂性较差,也就是说,经树脂整理后的牛仔成衣,不能再染,即使染出后,也会有一块块的花斑。另外,也不能漂白,即使漂白,也比较困难且容易漂花。德司达(Dystar)等公司,根据这一情况,开发了可染可漂树脂(ECO Pret RFF),较好地解决了上述两个问题,为牛仔成衣增添了新的品种。

12. 自然人体猫须

为了产生自然的人体猫须,即猫须的位置和形状同人体运动的各种姿势相符合,科学家们研发出了模拟人体各种运动状态的立体猫须机。同时为了配合这种人体猫须机,也研发出了低温低甲醛全能树脂。其操作方法是:将衣裤套到人体猫须机上,以多种动作造型,使其自然成皱。然后再喷低温低甲醛树脂,放入隧道焗炉机 100℃焗炉,一般为 12min 左右,再转入立式焗炉机中进行焗炉。最后通过加软后整理,就形成了人体 3D 猫须牛仔裤,具有前卫的时尚感。立体猫须机如图 5-5 所示。

图 5-5　立体猫须机

二、牛仔树脂整理工艺操作注意事项

(1)浸树脂的牛仔应根据布匹质量(平方米克重)、本身的强力及撕拉力、牢度、颜色要求,以及设计要求综合考量,选定合适的树脂加工工艺,同时要求浸树脂的水的硬度、氯离子含量符合印染水质要求。

(2)浸树脂前应检查和保持衣裤 pH 一致,一般为 6.5~7.5,同时所加缓冲液的量要足够,起到真正缓冲作用,调整 pH 至 4.2~4.8。从而保持树脂液中 pH 一致性,使树脂整理的效果一致。应提防因有的布面 pH 很高,但没有做前处理,直接浸树脂,从而使效果不稳定。

(3)如果采用喷树脂工艺,应保证喷枪的喷雾大小、喷的枪数应均匀一致,防止衣裤上树脂效果不均匀。

(4)当牛仔裤中含有较多浆料,尤其是淀粉、PVA、聚丙烯酸类、乳化蜡等混合浆料,一定先去除均匀或干净,防止浆斑和树脂斑的产生。

(5)有的工厂为了节约成本,运用树脂老水,或将脱水后的残留液抽入浸树脂池中,一定要注意过滤,并按科学配比添加新的树脂液,保证树脂液的有效浓度整体一致。并且用老水的次数要视牛仔掉色情况,即树脂液中颜色深浅而定,防止因颜色过浓而影响牛仔的色光或沾污牛仔。

(6)配浸树脂液时,一定要将各种成分充分地搅拌均匀或用气泵搅匀,才能加入牛仔裤进行浸泡,防止液体中的各项浓度不均匀,而产生各种不均匀的斑状物。

(7)要控制脱水的带液率,脱水机的最高转速、脱水的时间要根据所要求的效果设定一致,防止树脂效果的缸差。

(8)在滚筒烘干机中预烘时,应控制预烘的温度和时间,以保持树脂效果的一致性,同时一般烘至7～8成干(不能完全烘干),有利于抓皱(容易抓皱)。若不能立即进行抓皱生产的牛仔成衣应用布盖好,防止上干下湿,不利于抓皱质量的稳定。

(9)浸树脂后的牛仔预烘要用专用烘干机,防止沾污其他产品。再者此类烘干机要定期洗涤和清理,防止因树脂长期沾污烘干机内壁,而影响热能的传导,降低烘干效率,日久沾污被烘干织物。

(10)进焗炉机之前,应撕掉唛头等处的胶纸,防止在焗炉机中因高温被熔化。对于立体猫须而言,要用耐温的窄条美纹纸将猫须固定,以提高焗炉后的猫须立体效果。

(11)要检查焗炉机的四角和中央各处的温度是否均匀,旋风是否正常,从而保证牛仔衣裤各处所受温度一致。同时在保温的过程中,要进行换气,将甲醛、升华的染料、涂料等排除。从而保证布面清晰度,降低甲醛含量,防止织物泛黄。

(12)焗炉的升温速度、保温的温度及时间,要根据牛仔底色的深浅而定,对于底色较浅的牛仔,一般采用较低温度,较长时间,一般为130℃,30min,防止温度过高而使织物泛黄;对于底色较深的牛仔,一般采用较高温度,较短时间,一般为145～150℃,15～20min,以提高焗炉的效果及效率。

(13)出炉的牛仔,要用冷风吹或者放入冷存库处理一段时间,这样有利于甲醛的挥发,清除织物内应力,改善牛仔衣裤的手感等。

(14)焗炉后的牛仔,通常手感都比较硬,一般还要进行柔软处理,在进行柔软处理之前,一般过水一次,将布面灰尘、染料杂物、表面甲醛洗除。因树脂焗炉后的牛仔,润湿和渗透力有所降低,上柔软剂时应适当延长过软时间或浸泡时间。这样有利于柔软剂渗透到纤维内部,增加其柔软度。

第六章

牛仔洗水固色处理及
成衣染色修色技术

第一节　牛仔洗水固色处理

一、固色基础知识

1. 概论

纤维和织物经染色后,虽然可以染出各种颜色,但由于有些染料上带有可溶性基团,使牢度不佳,褪色和沾色现象不仅使得纺织品本身外观陈旧,同时染料还会从已染色的湿纤维上掉下来,以致沾污其他纤维和织物。

直接染料、酸性染料仅靠范德华力、氢键与纤维结合,其湿摩擦牢度较差;活性染料以共价键与纤维结合,牢度一般,但在染中、浅色时,其湿摩擦牢度也较低;用不溶性偶氮染料及硫化染料染深色时,湿摩擦牢度也不理想。靛蓝染料由于对牛仔成衣只是"环染",同时考虑后道加工,其干、湿摩擦牢度均比较差。为克服这些现象,通常需进行固色处理,固色所用的助剂称为固色剂。固色剂的作用是使染料形成不溶于水的染料盐,或使染料分子增大而难溶于水,再或者在牛仔布的表面形成一个网膜,借以提高染料的牢度。

总的来说,目前固色剂有阳离子表面活性固色剂、非表面活性季铵盐型固色剂、树脂型固色剂以及反应型固色交联剂等四种类型。

2. 固色原理

各类染料与不同纤维结合的方式有化学结合(离子键、共价键和配位键)和物理结合(氢键和范德华力)。因此,用于不同染料固色的固色剂作用机理是不同的。

(1)阳离子表面活性固色剂固色机理。直接染料、酸性染料和活性染料一般含有磺酸钠盐或羧酸盐基团,溶于水后会离解成钠的阳离子和染料的阴离子,阳离子化合物的固色剂对染料阴离子有较大的反应性,使织物上染料分子增大,亲水基被封闭在织物上形成不溶性染料盐沉淀,可以防止染料因解离而从织物上脱落及水解,从而提高色牢度。

$$D-SO_3Na+FX \longrightarrow D-SO_3F+NaX$$

水溶性染料　铵盐固色剂　不溶性盐

此类固色剂对提高湿摩擦牢度效果不太明显。

（2）非表面活性季铵盐型固色剂固色机理。非表面活性季铵盐型固色剂是在水溶性阴离子染料染色后，采用含氮碱或其盐类与芳基或杂环基相结合，起到固色作用，提高染色牢度，尤其是耐洗牢度。

（3）树脂型固色剂固色机理。此树脂固色剂中的活性物质可以相互缩合，在纤维表面形成立体网状薄膜，进一步封闭染料（反应和未反应的染料），增加布面的平滑度，降低摩擦系数，致使不容易磨破。此薄膜是一种不易溶解的聚合物保护膜，从而进一步防止了在湿摩擦过程中发生染料溶胀、溶解、脱落，提高了湿摩擦牢度。部分树脂和染料之间形成离子键和范德华力，因为固色剂本身也与纤维有一定的结合作用。

（4）反应型固色交联剂固色机理。反应型固色交联剂能在染料和纤维之间"架桥"形成化合物，即在与染料分子反应的同时，又能与纤维素纤维反应交联，形成高度多元化交联系统，使染料、纤维更为紧密牢固地联系在一起，防止染料从纤维上脱落从而提高染料的染色牢度。特别是反应性树脂固色剂，不仅能与染料和纤维"架桥"，树脂自身也可交联成大分子网状结构，从而与染料一起构成大分子化合物，使染料与纤维结合得更牢固。

二、固色剂的种类

市场上的固色剂种类很多，所固色的牢度侧重点有所不同。先将在实操中筛选的固色剂汇总如下，常用固色剂的名称及性状如表6-1所示。

表6-1　常用固色剂的名称及性状

名称\\详情	无醛固色剂LF25	纳米固色剂 克牢王KL-WG	湿摩擦牢度提升剂 LZ-R24A	聚氨酯固色剂得亚宝 WRF（200％）
生产单位	佛山隆丰	万意	联庄科技	约克夏
离子性	阳离子	阳离子	弱阳离子	弱阳离子
外观	无色至淡黄色透明液体	淡黄色黏稠状液体	淡黄色透明液体	浅黄色黏稠液体
pH	8.0左右 （1％水溶液）	5.0～6.0	5～7 （1％水溶液）	6～7
主要成分	多胺类阳离子型聚合物	纳米硅分子类的高分子化合物	特殊高分子化合物	黏性高分子、架桥剂的配合物
适用范围	主要用于棉、麻等天然纤维素纤维采用活性染料、直接染料和硫化染料染色后的固色处理	用于硫化、活性、直接、还原染料染色织物的固色整理，且适合于靛蓝牛仔固色	用于纤维素纤维及其混纺织物经活性、直接或硫化染料等染色后的固色处理，对牛仔染色也有固色作用	活性染料染色织物，硫化染料染色织物，黑蓝牛仔固色效果好
注意事项	在弱酸性条件下（pH=6～6.5左右）固色，固色时，搅拌均匀，防止固色斑产生	加入适量冰醋酸调节pH至4～5，偏重于靛蓝料的固色，提高等级1～2级	固色效果介于克牢王和得亚宝之间，固色染料种类适于靛蓝和硫化料，优点在于同时适用于靛蓝料和硫化料	得亚宝，偏重于硫化料的固色，依靠结膜性能固色，提高等级1～2级

注　若水质pH太高或布面带碱，需在工作液中加入少量冰醋酸，以保持工作液pH为5.0～6.0，切忌多加，以免影响固色效果。

1. 无醛固色剂

无醛固色剂具有普遍性,固色效果一般,适用于色牢度要求不高或布种本身色牢度较好的产品,价格便宜,操作简便,对色光有一定的影响,但影响较小。属于阳离子表面活性固色剂,对直接染料固色效果明显。

2. 克牢王 KL-WG

克牢王 KL-WG 固色效果较好,能提高色牢度 1 级左右,同类型中对靛蓝的固色作用相对较好,需调节 pH,价格适中,对色光有影响(偏蓝绿)。属于阳离子表面活性固色剂。

3. LZ-R24A 提升剂

提升剂 LZ-R24A 固色效果较好,适用于多种类型染料的织物,色牢度能提高 1 级左右,对靛蓝和硫化染料兼有固色作用,需调 pH,价格中等偏上,对色光影响较小。属于阳离子树脂固色剂。

4. 得亚宝 WRF

得亚宝 WRF 固色效果较好,适用于多种类型染料的织物,尤其是硫化黑等黑色织物。色牢度能提高 1~1.5 级,根据实际情况调节 pH(中性),用量过多影响手感,对色光有影响(色光偏蓝绿)。属于阳离子交联固色剂(聚酯结膜型)。

三、固色配方

各种固色剂在牛仔上的固色配方列表如表 6-2 所示。

表 6-2 五种颜色牛仔固色配方

布种	配方	浓度	pH	工艺	洗前摩擦牢度(干/湿)	洗后摩擦牢度(干/湿)	色变影响
黑蓝之间	克牢王	3g/L	5~5.5	35℃,25min	4/1.5	4/2+	有影响
	得亚宝	3g/L					
纯蓝牛	克牢王	8g/L	4.5~5.5	35℃,25min	3.5/2	4/3	有影响
蓝黑牛	克牢王	4g/L	4.5~5.5	35℃,25min	3.5/2	4/3+	有影响
	得亚宝	2g/L					
纯黑牛	得亚宝	6g/L	5~5.5	35℃,25min	4/1.5	4/2+	有影响
黑蓝牛	克牢王	4g/L	5~5.5	35℃,25min	3.5/1	4/2.5	有影响
	得亚宝	3g/L					
蓝牛	LZ 提升剂	4g/L	5.5~6	35℃,30min	2.5/1	3.5/2	有影响
黑牛	LZ 提升剂	4g/L	5.5~6	35℃,30min	4/1.5	4/2.5+	有影响
蓝黑牛	LZ 提升剂	4g/L	5.5~6	35℃,30min	3/1	4/2	有影响
黑蓝牛	LZ 提升剂	4g/L	5.5~6	35℃,30min	3+/1	4/1.5+	有影响

注 1. 纯黑牛当只要求干摩擦牢度提高 0.5 级时,可加无醛固色剂 5g/L。

2. 五种布均用退浆酶 3g/L,55℃下处理 10min,退浆工艺要根据底色而定,退浆越净提高牢度越多。

3. 当只要求提高干摩擦牢度时,对湿摩擦牢度没有要求时,可降低用量 20%~30%。

4. 提高牢度的能力,与底色的牢度有关联,当底色牢度不同时,可相应调整配方。

5. 当干摩擦牢度只差 0.5 级时,如果要求获得树脂效果可先经试验,不固色也可。

6. 冰醋酸的用量要视当时的水质 pH 而定,以 pH 为准。

7. 牛仔底色牢度千差万别,具体问题具体分析,一定要先试验,本配方只是参考的方向性配方。因克牢王与得亚宝两种固色的侧重点不同,要视底色而定,有时只要一种便可做到。

四、固色处理注意事项

（1）各国甚至各地区对色牢度要求指标的侧重点是不同的，我们设计时，要根据不同客户，不同的地区，选购不同的牛仔面料，并检测牛仔面料的洗前牢度，要求达到规定的标准，这样可以节约大量的成本（因布厂为连续式的加工方式）。

（2）固色剂一般阳离子成分比较多，而染料往往是阴离子，故固色时，一般对色光有所影响，在开发选用固色剂时，要充分考虑固色剂对色光的影响。

（3）正因为固色剂的离子性，故要求牛仔成衣布面干净（前处理洗水均匀、干净），同时在固色前，要求将固色剂化料均匀，各种固色剂由于组成成分不同，搅拌速度要求不一样，应先了解其性能。必须开机顺时针缓慢加入，防止固色斑的产生。

（4）各种固色剂对提高各种牢度的侧重点有所不同，在开发和确定工艺时，要充分了解各种固色剂的性能和作用，根据不同的牛仔颜色，采用不同的固色剂或固色剂组合。

（5）固色剂同样对水质有较高的要求，当水质硬度超标或氯离子等含量偏高时，也会影响固色的牢度指标或产生各种斑状物。

（6）当有固色斑产生时，我们可以采用除去固色剂进行修复，调整颜色，并进行重新固色。

五、固色效果的评定方法

1. 色相变化

将未固色处理牛仔与固色处理牛仔用灰色变色分级样卡评级，并以未固色处理布为基准，注明色调变化情况。

2. 耐洗水牢度

将固色前后的染色牛仔成衣按下法测定耐水浸色牢度，比较测定结果。

取 40mm×100mm 试样一块，将纺织品试样与贴衬织物缝合在一起（贴衬织物按 GB/T 6151—1997《纺织品　色牢度试验　试验通则》所述任选其一），浸入蒸馏水（浴比 1∶50）中，完全浸泡后挤净水分，将试样与贴衬织物一同置于试验装置的两块板中间，承受 12.5kPa 的压力，放置（37±2）℃的烘箱中 4h，取出放置在温度≤60℃的空气中自然干燥，最后，用灰色样卡评定试样的变色和贴衬织物的沾色等级。耐水浸色牢度的标准测定方法可详见 GB/T 5713—1997《纺织品　色牢度试验耐水色牢度》标准。

3. 皂洗牢度（40℃）

将固色前后的染色牛仔成衣按下法测定耐洗色牢度，比较测定结果。

取 100mm×40mm 的试样一块，将纺织品试样与贴衬织物缝合在一起（贴衬织物缝合按 GB/T 3921—2008《纺织品　色牢度试验耐皂洗色牢度》所述任选其一），置于皂液或肥皂和无水碳酸钠混合液中，在规定的时间 30min 和温度（40±2）℃条件下进行机械搅动，再经清洗和干燥。以原样作为参照样，用灰色样卡或仪器评定试样变色和贴衬织物的沾色等级。耐洗色牢度的标准测试方法可详见 GB/T 3921—2008《纺织品　色牢度试验耐皂洗色牢度》所述方法标准。

4. 汗渍牢度

将固色前后的染色牛仔按下法测定耐汗渍色牢度，比较测定结果。

取 10cm×4cm 试样两块,将纺织品试样与贴衬织物缝合在一起(贴衬织物缝合按 GB/T 3922—1995《纺织品　耐汗渍色年度试验方法》所述任选其一),放在浴比为 1：50 含有组氨酸的两种不同试液(碱液和酸液)中,室温下放置 30min 使其完全润湿后,挤去水分,置于试验装置的两块板中间,承受 12.5kPa 的压力,放置(37±2)℃的烘箱中 4h,取出放置在温度≤60℃的空气中自然干燥试样的贴衬织物,最后,用灰色样卡评定试样的变色和贴衬织物的沾色等级。耐汗渍色牢度标准测试方法可详见 GB/T 3922—1995《纺织品　耐汗渍色牢度试验方法》标准。汗渍液分酸液和碱液两种。

5. 摩擦牢度

将固色前后的染色牛仔按 GB/T 3920—2008《纺织品　色牢度试验　耐摩擦色牢度》方法测定耐摩擦色牢度,比较固色前后牢度的提高程度。注意各国使用的湿摩擦牢度测试标准有所区别。

6. 湿熨烫牢度

取 40mm×100mm 试样布一块和相同大小符合 GB/T 7568.2—2008《纺织品　色牢度试验标准贴衬织物　第 2 部分:棉和黏胶纤维》要求的棉贴衬织物一块,试样和棉贴衬织物皆浸湿。湿试样用一块湿的棉贴衬织物覆盖后,在规定温度和规定压力 4kPa 的加热装置中受压 15s,取出试样,用灰色样卡评定试样的变色和贴衬织物的沾色等级,然后试样在标准大气中调湿 4h 后再作一次变色等级评定。耐熨烫牢度的标准测试方法可详见 GB/T 6152—1997《纺织品　色牢度试验耐热压色牢度》方法。

第二节　牛仔成衣染色的修色技术

众所周知,成衣件染能否实现一次成功,即染色织物经过预定的全部工艺流程后其染色质量达到客户要求,受坯布质量、服装配件、练漂质量、染色质量、后整理质量等诸多因素的影响。因此,无论是哪种染料染色,总会生产出一些不合格产品,如色泽过深过浅,色光不符,有色差、色花、色点染疵等。

通过修色处理,将不合格产品变为合格产品,提高产品的合格率,降低损耗。这对企业的经济效益,乃至企业的生存,都有十分重要的现实意义。

需要修色的不合格产品,一般有三种类型:

①色泽较浅或色头不足,需要加色处理的织物。

②色泽过深过暗或色头过足,需要减色处理的织物。

③色光(色相)严重不符,或有色泽不匀等染疵,需要剥色处理的织物或需要其他特殊修理的织物。

一、加色修色

色泽较浅或色头不足的织物,需要进行加色修色。

1. 直接修色法

未经后整理的牛仔成衣可在染缸中加入涂料<0.01g/L,直接浸染,微调色光。

工艺提示：

①浸染涂料修色只适合微调色光，而不适合色浅提深。因为涂料用量超过 0.01g/L，会影响色牢度。调色前一定将涂料化匀，充分搅拌，防止涂料点的产生或调色不匀。

②浸染涂料要和浸染柔软剂同浴进行。其目的，一则合二为一，可缩短工艺，降低成本；二则同浴修色，可消除柔软整理对色光造成的影响，便于调节色光。

③涂料和柔软剂同浴浸染，两者必须具有良好的相容性，所以对柔软剂要进行选择。

④当然也有用医用红药水、紫药水、蓝墨水等微调色光。

2. 渗透修色法

经拒水柔软整理、防水整理、树脂整理的织物，由于纤维上存在整理剂形成的"阻染膜"，难以对涂料均匀吸着，所以不能直接简单地浸染涂料修色。

（1）拒水性不太严重的织物。此类织物可以采用以下处方修色：

枧油	$0.1\sim0.3$g/L
涂料	<0.01g/L
柔软剂	$4\sim5$g/L

枧油具有较好的润湿性，可明显提高织物（纤维）的亲水性。

（2）拒水性强的织物。

①传统修色法。此类织物修色的传统做法是，先用除硅灵 $2\sim3$g/L（如除硅剂 DS-88）或除油剂 $2\sim3$g/L（如除油剂 DK808）或者除固剂 $4\sim5$g/L，在沸温条件下预处理 30min 左右，先将织物（纤维）上的阻染膜破坏剥除，然后再按常规修色。传统做法有两大缺点：一是耗时长，修色成本高；二是若整理剂剥除不匀，会产生修色色花问题。

②复染剂 AD 修色。复染剂 AD 为淡黄色透明液体，为阴离子型，1%溶液 pH 为 6.4，耐酸、耐电解质，但不耐碱，pH$>$6.8 会产生沉淀而失效。复染剂 AD 对固色剂、防水剂、柔软剂、树脂等在织物上形成的阻染膜具有强劲的渗透、溶胀作用，经其低温（40℃）短时间（1min以上）处理，修色染料便可顺利渗入纤维内部。先用复染剂 AD 替代除硅灵、除油剂或除固剂对修色织物进行预处理，而后直接（不出缸）套染修色。

复染剂 AD 修色具有以下优点：一是预处理时间短，耗能成本低；二是对原有色光影响较小；三是对原有整理效果具有较高的"保留率"，修色后可以重新整理，或者只做轻度整理。

以纯棉活性染料染色树脂整理成衣的修色为例（以洗水染色机修色工艺举例，工艺曲线如图 6-1 所示）。

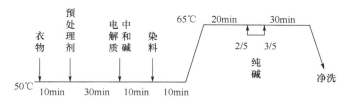

图 6-1 洗水染色机修色工艺

预处理剂成分为：

软水剂	1～2g/L
98%醋酸	0.5mL/L
复染剂 AD	4g/L

洗水染色机修色工艺见表6-3。

表6-3　洗水染色机修色工艺(活性染料染色树脂整理牛仔成衣)

时间(min)	染温(℃)	染色程序
0	50	依次加入软水剂1～2g/L、冰醋酸0.5mL/L、复染剂AD 4g/L
10	50	复染剂预处理
15	50	加入纯碱0.5～1.0g/L,调pH=7.5～8.5,加入染料
20	60	分两次加入食盐
20～45	60	保温吸色
45～60	60	分两次加入碱,第一次1/3,第二次2/3
60～80	60	保温固色
洗水、净洗		

工艺提示：

a. 修色染料加入前,织物要先用复染剂处理。目的是使织物上由整理剂形成的阻染膜发生溶胀,结构松弛,便于染料顺利渗入。

b. 由于复染剂耐碱性差,pH>6.8便会沉淀失效,所以复染剂预处理应在酸性浴(pH=4～4.5)中进行。

c. 活性染料适合中性浴吸色,故复染剂预处理后要加入纯碱,将染浴pH调至中性或弱碱性。

d. 复染剂对硬水较敏感,水质过硬,会降低其实用效果。所以,应用时宜加入适量软水剂(环保型),将水质硬度控制在100mg/L左右。

e. 复染剂的用量以3～4g/L为宜。用量过多,得色量增加不明显,反而又可能产生白斑染疵。

二、减色修色

色泽过深过暗或色头过足(颜色过深)的织物,直接加色修色会导致色泽更深,所以只能采用先减色再加色的修色方法。即先将色泽变浅(让出染座),再根据需要加色修色。以纯棉活性染料染色成衣为例,其减色修色方法如下：

1. 碱剂减色法

碱剂减色法就是将待修色的织物在纯碱或烧碱的高温溶液中处理减色。

(1)减色原理。在高温碱性浴中,活性染料与棉纤维之间形成的化学结合键会发生不同程度的水解断键(同样的,直接染料和纤维结合力也会削弱),原本固着在纤维上的染料会脱落下来而产生减色(变浅)效果。有些活性染料在高温碱性浴中不仅仅发生断键落色,染料母体中的发色团也会被破坏而消色。

　　这里有两点值得注意：一是碱剂减色率的高低随处理条件（如碱性的强弱、处理温度的高低、处理时间的长短等）的不同而不同。增加碱剂用量、提高处理温度、延长处理时间可以提高减色率。但是，减色多少应根据修色的需要而定，并非减色越多越好。因为减色越多，织物的色光往往越灰暗，甚至套不出原有的色泽。因此减色的原则是，减色程度只要进入可修色的范围即可。二是由于不同结构的活性基与棉纤维形成的结合键耐碱稳定性不同，所以经碱剂处理时不同染料并非等比例脱落。因此，在色泽减浅的同时色光也会发生改变。如 ME 型活性染料三原色拼染，碱剂减色后会发生"跳红"现象。正因为如此，碱剂减色后必须先打修色小样，再大样套染修色。

　　（2）减色工艺（碱剂的条件参数）：

99％纯碱	1.5～2g/L
（或 30％烧碱）	3～4g/L
螯合分散剂	2g/L
处理温度	95～100℃
处理时间	20～30min

减色后洗水、中和、洗水，然后打样、修色。

2. 氧漂减色法

氧漂减色法就是在双氧水中将待修色的织物在适宜的双氧水高温溶液中处理，使其减色。

　　（1）减色原理。染着在棉纤维上的活性染料，在双氧水的高温溶液中会发生两种情况：一是有些活性染料耐氧稳定性差，受到氧化作用，染料自身会被破坏产生消色，活性嫩黄 B-6GLN 就是一个代表。二是活性染料与棉纤维之间的化学结合键，受到氧化作用会发生断裂，使原来固着在纤维上的染料部分脱落而产生减色效果。

　　（2）减色工艺。氧漂减色的条件（参数）：

27.5％双氧水	1.0～8.0g/L（根据需要）
30％烧碱	适量（调 pH＝10.5～11.0）
螯合分散剂	2g/L
双氧水稳定剂	3～5g/L
渗透剂	1～2g/L（根据需要）
温度	95～98℃
时间	洗水染色机 20～30min

3. 氯漂减色法

氯漂减色法就是将待修色的织物，在次氯酸钠的溶液中处理，使其减色。

　　（1）减色原理。活性染料经氯漂会产生不同程度的褪色和消色。由于染料结构复杂多样，其机理目前还不十分清楚。但有一点是明确的，凡是染料结构中含有耐氯稳定性差的基团（如—N＝N—等），经次氯酸钠处理的减色率越高。

　　正因为如此，不同结构的活性染料经次氯酸钠处理的减色率相差很大。如 1％（owf）深度的染色物,同在有效氯50mg/L、(27±2)℃浸渍60min的条件下处理,其减色率活性红3BS为5.66％、活性深蓝M-2GE为4.44％、活性黄3RS为19.88％、活性蓝BRF为17.42％、活性翠蓝B-BGFN为73.16％、活性嫩黄C-GL为84.13％。这就使氯漂减色法产生一个很显著的缺陷,即采用氯漂减色率相差大的染料拼色时,减色后原有色光会发生显著异变。不过,对多数染料来讲,只要重新打好修色样,还是能够恢复原有色光的。这是因为,氯漂减色后各染料组分的深浅不同,引起拼色色光的异变,而染料自身的色光实际变化并不大。

值得一提的是,含有活性黑组分(如活性黑B、活性黑GR等)的染色物,由于其中活性黑氯漂后,不仅深浅有变化,色相也完全改变(呈棕色),所以氯漂减色后,往往染不出原有色光。因此这类染色物不宜采用氯漂减色法减色。

(2)减色工艺。氯漂减色工艺的条件(参数):

10％次氯酸钠	1～5mL/L(根据需求而定)
纯碱	1～2g/L(pH＝10.5～11.0)
处理温度	室温

(3)工艺提示。

次氯酸钠是一种不稳定的化合物,在不同的pH条件下具有不同的漂白能力。在酸性条件下,漂白速率较快,而棉纤维强力下降较多,并有大量氯气逸出,对劳动保护不利。而且漂白速率太快,减色质量难以控制。所以不宜采用酸性浴氯漂减色。

在中性浴中,其漂白速率也较快,对棉纤维强力的损伤仍严重。所以也不能采用中性浴氯漂减色。

①在碱性浴中(pH＝10.5～11.0),漂白速率较温和,减色质量较稳定,对棉纤维强力的影响也小。所以,最合适的是采用碱性浴氯漂减色。

②提高氯漂温度,可以显著加快减色速率,但对棉纤维强力的损伤速率增加也更快。所以氯漂减色一般不要超过40℃。

③氯漂减色后,织物上的残氯会影响活性染料(尤其是一些不耐氯漂的染料)的套染质量。因此,减色后必须要做脱氯处理。脱氯方法有两种:

a. 减色后经洗水,用1～2g/L大苏打(硫代硫酸钠,$Na_2S_2O_3 \cdot 5H_2O$),或者用1～1.5g/L重亚硫酸钠(亚硫酸氢钠,$NaHSO_3$),于30～40℃温度下中和洗涤,而后再用温水洗净便可。

$$2Na_2S_2O_3 + Cl_2 \longrightarrow 2NaCl + Na_2S_4O_6$$

$$2NaHSO_3 + 2Cl_2 + 2H_2O \longrightarrow Na_2SO_4 + 4HCl + H_2SO_4$$

该法的优点是脱氯净。缺点是脱氯后若洗水不净,残硫会引起织物泛黄。

b. 减色后经洗水,用1～2g/L双氧水与30～40℃的弱碱性浴中洗涤处理,再用温水洗净即可。

$$H_2O_2 + Cl_2 \longrightarrow 2HCl + O_2$$

该法的优点是无泛黄、无污染。缺点是双氧水要洗净,不然在活性染料套色时有可能造成色浅。

三、剥色修色

当染色物的色光(或色相)严重不符,或有色泽不匀性等染疵时,就必须将染色物上的染料最大限度的剥除,然后再重新打样复染。

剥色原理是:当采用还原剂处理时,强还原剂能将染料分子中一些不耐还原的基团如—N＝N—,—NO₂ 等破坏,从而达到消色的目的。

1. 传统剥色法(保险粉—烧碱剥色法)

保险粉是强还原剂,例如,保险粉 15g/L、30％烧碱 40mL/L、95～98℃的溶液,其还原负电位可达－1080mV,足以将直接、活性、中性、酸性等染料的大分子破坏,产生剥色效果。

(1)使用工艺。配方:

85％保险粉	5～15g/L(根据需要而定)
30％烧碱	15～40mL/L(根据需要而定)
渗透剂	0.5～1g/L(根据需要而定)

洗水染色机剥色条件:80℃运转 30～50min→98～100℃运转 10～20min→净洗。

(2)工艺提示:

①保险粉的稳定性,在 80℃以上的热水中能快速分解。所以,剥色时要先在 75～80℃处理,然后再升温至沸腾。这样可减少保险粉的无效损耗,提高剥色效果。

②保险粉的用量要根据实际需要确定。浓度不宜过高,如果过高则无效分解增多,浪费大。实验表明,较低浓度二次剥色比高浓度一次剥色的剥色率高,均匀性好。

③保险粉剥色,气味浓烈,污染大,故要密封好。

(3)保险粉—烧碱剥色法缺点。

①保险粉的储存稳定性差,尤其在湿热环境中容易分解,造成还原力下降,影响实用效果。

②保险粉的耐热稳定性差,在 60℃以上的水中分解很快,有效利用率比较低。

③保险粉分解后,会溢出大量刺激性气味的 SO₂ 气体,严重影响生态环境。

④保险粉必须在碱剂(烧碱、纯碱)存在下使用(碱性强,剥色力大)。因此不适合含有羊毛、蚕丝等蛋白质织物的剥色。

⑤保险粉的实际剥色能力有限,许多染料尤其是活性染料染棉后的剥色,往往只有半剥效果,而且还容易产生剥色不匀现象,剥出来的底色往往泛黄。所以,剥色后的改染质量难以保证。

⑥保险粉的剥色残液通常带有一定的还原性,对污水处理产生不利影响。

⑦保险粉受潮后有自燃特性,具有火灾隐患。

⑧保险粉剥色由于用量较多,价格较高,造成实际成本较高。

因此,以新型的环保、安全、高效的剥色剂来取代保险粉,具有现实意义。

2. 新型剥色法(二氧化硫脲—烧碱剥色法)

(1)二氧化硫脲的性能。二氧化硫脲又称甲脒亚磺酸,简称 TD。二氧化硫脲是硫脲在低温下经双氧水氧化后生成的产物。它具有两种自身内部的异变结构,其示性式和结构式如下:

$$NH_2 \cdot C(:SO_2) \cdot NH_2 \text{ 或 } NH_2 \cdot C(SO_2H) \cdot NH$$

$$\begin{array}{ccc} NH_2 & O & NH_2 & O \\ | & \| & | & \| \\ C = S & \Longleftarrow & C = S \\ | & \| & \| & \| \\ NH_2 & O & NH & OH \end{array}$$

TD 在酸性溶液中性质稳定,但在水溶液中,尤其是碱性溶液中,它会逐渐分解,生成尿素和次硫酸。

$$NH_2 \cdot C(:SO_2) \cdot NH_2 \xrightarrow{\text{水溶液或碱液}} NH_2 \cdot C(SO_2H) \cdot NH \longrightarrow NH_2 \cdot CO \cdot NH_2 + H_2SO_2$$

次硫酸是活泼的强还原剂,它会继续分解而放出新生态氢。

$$H_2SO_2 \xrightarrow{\text{热,碱}} Na_2SO_4 + [H]$$

因此,TD 在热的碱性溶液中会产生很高的还原负电位,实测结果见表 6-4。

表 6-4 TD 在热碱中的还原电位

TD 用量(g/L)	30%NaOH 用量(mL/L)	温度(℃)	电极电位(mV)
2	40	95	−1125
3	40	95	−1180
4	40	95	−1210
5	40	95	−1220
6	40	95	−1220
7	40	95	−1220

TD 的还原负电位比保险粉高,这可从图 6-2 看出。

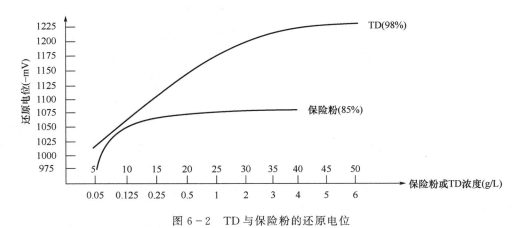

图 6-2 TD 与保险粉的还原电位

(30%NaOH 40mL/L,温度为 95~96℃,用国产自动滴定仪测试)

图 6-2 表明,保险粉在碱性水溶液中的最高还原电位值是 −1080mV,而 TD 的最高还原电位值是 −1220mV,比保险粉高 −140mV。而各自达到这个还原电位的临界用量相差更是突出,85%的保险粉需 45g/L,98%的 TD 仅需 5g/L。如果达到保险粉的还原电位 −1080mV,98%的 TD 只需要 0.25g/L。

（2）二氧化硫脲的优点。TD与保险粉相比,具有如下优点:

①TD的还原负电位高,还原能力强。作为还原剂剥色剂使用,其实用量约为保险粉的1/3。

②98%的纯TD其物理性质、化学性质都很稳定,即使受到猛烈撞击也不会爆炸,严重受潮时也不会自燃。因而具有运输安全、储存稳定和使用方便等特点,从根本上消除了保险粉不安全的因素。

③TD的耐热稳定性好。即使在高温(80～100℃)碱性溶液中,其分解速率也比保险粉温和。所以,TD做剥色剂利用率高,剥色能力强。而且污染小,劳动保护较好,使用成本较低。

（3）使用工艺。配方及条件:

98%TD	3～5g/L(根据需要而定)
30%烧碱	30～50mL/L(根据需要而定)
渗透剂	1～2g/L(根据需要而定)

洗水染色机剥色条件:80℃运转10min→98～100℃运转30～50min→净洗。

工艺提示:

①TD在常温水中溶解度较低,提高温度可提高溶解度,TD在水中的溶解度见表6−5,因此,化料时应用50～60℃的温水溶解(注意不能和碱剂同浴溶解,以免TD分解损耗)。

表6−5　TD在水中的溶解度

温度(℃)	溶解度(g/L)	温度(℃)	溶解度(g/L)
0	13.5	30	36.9
10	26.5	40	51.4
20	26.7		

TD在酸性浴中稳定,在碱性浴中才能分解成次硫酸,进而又生成新生态氢,产生强大的还原力。因此,加入烧碱可促进TD分解完全,提高利用率。同时,又可提高TD在水中的还原负电位值,增进剥色效果。烧碱浓度与TD还原负电位的关系见图6−3。

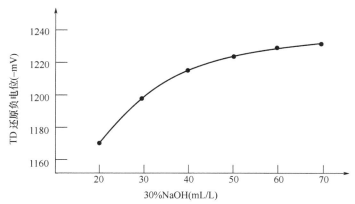

图6−3　烧碱浓度与TD还原负电位值的关系(98% TD 4g/L,温度95～96℃)

②烧碱的加入可提高TD的溶解度,但化料时,不能和碱剂同浴溶解,以免TD分解损耗。TD在不同烧碱浓度时的溶解度如表6−6所示。

表6-6 TD在不同烧碱浓度时的溶解度

烧碱浓度（%）	溶解度（g/L）	烧碱浓度（%）	溶解度（g/L）
0	31.5	20	114.7
5	38.1	30	143.7
10	78.0		

③用保险粉—烧碱法及按上述配方和工艺的 TD—烧碱法进行了直接染料剥色对比实验。具体如表6-7所示。

表6-7 保险粉—烧碱法与 TD—烧碱法直接染料剥色对比实验

染料	染色深度（%，owf）	剥色效果	
		保险粉—烧碱	TD—烧碱
直接耐晒翠蓝 FBL	1.5	良好，呈浅蓝绿色，脱色约80%	良好，呈浅蓝绿色，脱色约80%
直接耐晒黄 RL	1.5	较好，呈浅黄色，脱色60%	很好，呈米白色，脱色95%以上
直接耐晒红 BWS	1.5	较好，呈浅红色，脱色60%	良好，呈浅红色，脱色约80%
直接耐晒蓝 BRN	1.5	良好，呈浅湖色，脱色约85%	很好，呈浅蓝色，脱色95%以上

注 保险粉—烧碱剥色法为：85%的保险粉15g/L，30%烧碱30g/L，冷水中加入烧碱，升温至60℃，加入1/2量的保险粉，保温剥色15min，再加入其余1/2量的保险粉，并升温至80℃，保温剥色15min而后再升温至95℃，继续剥色10min，洗水、皂洗、洗水。

从表6-7可以看出，对直接耐晒染料染棉牛仔，TD—烧碱法的剥色效果比传统的保险粉—烧碱法的剥色效果大大提高。对1.5%染色深度的染色布来说，其脱色程度均在80%以上，有些染料如直接耐晒黄 RL、直接耐晒蓝 BRN 等剥色率可达95%以上。而且，剥色后的织物色光变化小，明亮度也好，因此改色容易。同时大生产实践也表明，TD—烧碱法对常用的不同结构的中温型活性染料染棉的剥色效果比保险粉—烧碱法的剥色效果显著提高，平均脱色率可达90%以上，许多染料如活性艳蓝 R，活性黑 B 等脱色率可达95%，而且，剥色后的织物除少数染料（如活性红 M-3BE）的色光变化外，多数染料的色光变化小，布面匀净度与鲜艳度也比较好。这就为修色创造了一定的有利条件。

四、牛仔成衣件染大货修色注意事项

先应该加强工艺管理、品质管理，实行流程化、标准化、规范化、科学化。防微杜渐，尽量少出或不出件染品质问题，一旦有件染质量问题产生，一定要冷静仔细地分析，针对不同的问题，对症下药，采取适当的对策，尽力修复，满足客户及市场的要求。

成衣件染与布匹染所不同的是成衣一经做好，就有规范的尺寸要求，因此就必须考虑所用的修色方法是否能够保证成衣尺寸不受影响，或者说，尺寸影响在公差范围之内。

另外，成衣一般都会有一些附饰件、唛头、标牌等，所选用的修色方法是否对这些附件有影响。如有影响，则要采取对应的措施。牛仔裤往往会有一些拉链等金属件，采用的修色方法可否引起拉链变色。如有可能引起拉链变色，则应采取用布包住拉链或先过一次拉链保护剂，防止拉链变色。

牛仔成衣尤其是薄型的,强力、撕拉力及各项牢度指标是要充分考虑的因素。如果所采用的办法对强力、撕拉力影响很大,通过检测不合格,就应采用其他的修色办法,对修色后牢度不合格的产品,应采取特殊的固色途径进行固色。

　　要针对不同的染料,不同的染色方法,采取不同的修色方法。在修色的同时,不能改变牛仔成衣的染色风格,成品风格。

　　(1)碧纹染色是织物经阳离子接枝,用涂料染色的,染料不存在"活性",不能通过煮练或剥色等方法使其变浅,但是可以通过酶洗、酶磨的办法,让其变浅 1～2 成,再进行接枝、加色、调色。

　　(2)直接染料染色,经过皂煮后,可让颜色变浅一部分,但各种染料的牢度及性质不同,所剥去染料的多少有很大的区别,应先做好板后,才能加染,调节色光、色调。活性染料染色牢度比较好,普通的皂煮很难变浅,可以考虑用强碱煮练,让部分活性染料水解,再行调色加色。

　　(3)硫化染料有其特殊性,一般的皂煮洗涤很难让其变浅,可以考虑用高锰酸钾溶液轻漂的方案,漂浅一点再调色。总之,不到万不得已,不能将成衣剥色,即便是剥色,也应充分考虑剥到何种程度合适(让出足够的染座),达到既不损伤纤维,又能将病疵修好的目的。

　　(4)要充分利用染料知识,颜色光学知识,三原色配色、拼色、补色原理、余色原理等,有时要考虑一料多用(起到调节多种颜色作用),一般都要加入匀染剂一起进行调色,防止各个部位修色不匀或者颜色越修越暗,越修越灰而达不到客户产品要求。

　　(5)对于已经固色的件染产品,在加色或调色前,应该用除固剂将固色剂洗掉,或者采用复染剂 AD 进行预处理,然后进行加色,否则加色不准或者易产生色斑。

　　(6)很多牛仔产品,往往要经过树脂整理,经过树脂整理后成衣调色很困难,因为成衣表面有一层树脂膜。一般都应该在树脂整理前将颜色或其他疵点修好,防止不可修复的疵点产生。如果在树脂整理后要返修,应该先采用复染剂 AD 进行预处理并仔细做板,根据色光的改变来调整配方。

　　(7)氨纶、弹力牛仔的修复,先要了解氨纶含量的多少,氨纶的线密度,氨纶的牵伸倍数,尽量防止经次氯酸钠漂后损伤织物,或者机械张力过大,摩擦过大,温度太高等高强度修复方式使织物失弹而失去修复的意义。

　　(8)对于靛蓝牛仔或者黑蓝牛仔洗水后局部修复,因为要用清水复洗,往往造成底色或者砂位颜色的很大偏离,底色和砂位的颜色很难协调,因此可以用修色水(有机溶剂)将所需颜色的颜料(油画颜料)分散开,再辅以部分黏合剂,然后再用修色的笔或排刷进行底色及砂位涂抹、描绘,这样能达到修复的目的。对于大面积的修复也可以用所需颜色的直接染料加上适当的黏合剂,调好所需要的浓度,然后用喷枪进行喷料修色。如果是局部牛仔蓝偏浅或有白色条痕,可以直接用牛仔蓝专用修色笔进行描涂,即可以进行修复。总之,要根据生产实际情况进行详细分析,对症下药,不同的情况采取不同的修色办法来达到客户的要求。

牛仔成衣的特殊处理及各种工艺组合

第一节　牛仔成衣的臭氧处理和镭射印花

一、牛仔成衣的臭氧处理

牛仔成衣的漂白、炒花、怀旧往往是经过漂水(次氯酸钠)、高锰酸钾、去锰剂、解漂剂等化学品的氧化还原处理来获得。这样对环境产生了一定的破坏作用,也对操作者的健康造成了一定的伤害。臭氧因其强氧化性这一特性,很早就被用于各种杀菌消毒、污水处理、自来水、工业水处理等行业。克服了这些问题,真正做到了生态环保。科技工作者们还开发出了纺织用臭氧发生器,如图7-1所示。其基本原理为:在一个特殊的装置中,将 O_2 通过高压放电电击,使 O_2 变成 O_3,然后将 O_3 引入织物中($O_3 \rightarrow [O] + O_2$),利用氧原子的氧化能力而达到对牛仔成衣特殊处理的目的。

臭氧发生器在牛仔成衣中的应用有如下特点:

(1)低成本运作。臭氧系统发生器,不需要添加任何物料,只需消耗电能,便会产生极高浓度的强力氧化剂 O_3,其氧化能力远远超越一般化学原料的氯漂、氧漂及高锰酸钾漂。对环境不会造成任何污染及影响,操作简便。

(2)强氧化性。O_3 具有很强的无水氧化、漂白、脱色功能,O_3 对任何染料都会起到漂白、脱色及去除表面浮色的效果,特别对牛仔布靛蓝洗水的效果更好。扎漂可将成品分为干、湿两种工艺操作。O_3 不带有任何化学原料组合成分,对纤维没有任何的损伤,其强力、撕拉力不受到任何影响。因其工艺是在烘干机中,属无水的状态下工作,其扎漂的效果远远超出在工业洗衣机里用氯漂、氧漂及高锰酸钾漂的效果。

(3)去除靛蓝浮色。臭氧去除牛仔布靛蓝浮色现象,因实际洗水工艺过程极其复杂,往往会导致砂位、袋布线色上蓝、浅色沾蓝、色彩不够清晰、有发朦胧感。只要用 O_3 处理 $2\sim3\min$(具体时间需经实验确定)便可将表面的返蓝,污物处理干净,使布面风格更洁净亮丽。

(4)抗黄变、抗起风痕现象。臭氧具有抗黄变及抗起风痕效果,浅色牛仔靛蓝经 O_3 在 $2\sim3\min$ 氧化后会将纤维内的残留化学原料一同氧化还原,又因 O_3 在干燥的烘干机内使表面

图 7-1　臭氧发生器

的靛蓝氧化出现一层氧化膜，大大削弱了靛蓝在潮湿空气中氧化出现的黄变及风痕现象。

（5）提高干、湿摩擦牢度。牛仔靛蓝经臭氧处理 3～5min 后，表面的浮色染料被氧化，一般提高干、湿摩擦牢度 0.5 级以上，这要视布种及染料的颜色深浅而定。

（6）除臭、杀菌、抗霉性。因牛仔成衣在没有经深度处理的洗水过程中，水中所有寄生物会残留在纤维上，导致有大量的细菌和霉菌产生各种气味，甚至恶臭，在经臭氧氧化 3～5min 后能使寄生物 100% 被处理干净。

（7）喷马骝效果。牛仔成衣的手擦位及猫须位一般需要喷马骝工艺，用臭氧处理5～10min，便有类似喷马骝的效果。

（8）漂白效果。调节成衣的含潮率，经臭氧处理后，可以达到不同的漂白效果。

（9）臭氧储存箱。更进一步开发是用储存箱将臭氧与水饱和混合后放到洗衣机中，便可实现不需任何化学原料，就将衣服清洗干净的技术，目前正在研发过程中。

（10）剩余臭氧处理。牛仔成衣经臭氧处理后，烘干机中的剩余臭氧必须抽走，并在短时间进行处理掉。如果臭氧在烘干机内或在成衣上残存过多，对人体健康有影响，所以必须将残存的臭氧处理掉。

目前，国内尚未制订关于臭氧的环境标准，不过，日本产业卫生学会的允许浓度为 $0.1cm^3/m^3$（0.1ppm），美国也是 $0.1cm^3/m^3$（0.1ppm），俄罗斯为 $0.05cm^3/m^3$（0.05PPM）。

臭氧的特征就是其独特的臭味，我们能够感觉到异臭时的浓度大致为 $0.01～0.015cm^3/m^3$，大部分人对臭氧的臭味感觉不适的浓度为 0.1ppm。日本产业卫生学会的许可标准与此浓度相同，如果是以净化室内环境为目的，根本就不需要这么高的浓度。换言之，只要几十分之一的浓度就能够产生效果，就完全用不到 0.1ppm 的浓度。所以不用担心会对人体造成影响。

若仍然能闻到臭氧的臭味,就表示释放出了不必要的臭氧,这时只要停止使用,臭氧就不会残留了。

家庭用臭氧对人没有害。人们的嗅觉对臭氧极为敏感,家庭臭氧机产臭氧浓度一般为 0.05ppm 左右,而人能感受到的浓度为 0.01ppm,按卫生部标准接触 10h 不会对人体有任何影响和损害。因此当使用臭氧机处理牛仔成衣时,牛仔成衣上的残存臭氧量要控制在标准范围内,如超标,则须用双氧水等作中和处理,同时对周围的环境也要做检测,做好个人的劳动保护。

在现阶段比较理想的设备是意大利通乃路公司(TONELLO)开发的多功能洗水、染色、臭氧一体机。不仅能进行前处理、漂洗、石磨、染色、酶洗、脱水,而且可以通过在线监控,根据不同含湿量进行不同的臭氧处理,并在出缸前可经过中和、洗水,从而保证了布面所含臭氧量,环境所含臭氧量均能达标,是较为理想的设备。

二、牛仔成衣的镭射印花

在以往的牛仔印花中,往往会采用直接、活性、硫化、还原、涂料等染料及其他化学助剂或采用拔染、拔印等工艺。对牛仔成衣进行印花,其图案多为平面图案,显得比较呆板,无立体效果。而镭射激光印花,图案由软件设计,激光束大小强弱由功率调节,将纤维及纤维上的染料部分烧掉,可以在面料上形成不同深浅的颜色对比,可创造出炫目的图案效果,如图 7-2 所示。颜色深浅对比取决于激光束的强弱和纤维上颜色的渗透程度。通过去除纤维表面颜色形成深浅对比。使用激光机处理牛仔成衣,形式多样,立体效果强。所处理的纤维种类也多种多样。如纤维素纤维、皮革制品、人造纤维等。

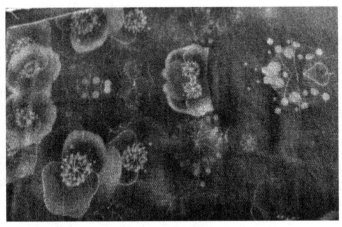

图 7-2　镭射印花效果

随着技术的进步,镭射机分为立式机和平板机两种,如图 7-3 所示。立式机主要用于牛仔成衣的镭射加工,而平板镭射机主要用于牛仔裁片的加工,当然也可以用于牛仔成衣的加工。连续式镭射机主要用于牛仔织物的加工。其工作效率主要取决于镭射发生器功率的大小及布局的工位多少。

图 7-3　立式机和平板式镭射机

第二节　牛仔成衣聚氨酯(PU)涂层处理和金银粉处理

一、牛仔成衣 PU 涂层处理

为了追求布面纹理清晰,颜色丰富、色泽纯正、手感平滑柔软而富有弹性、光泽晶莹,又有防皱涂层的效果。人们往往将已经丝光的牛仔布做成成衣后,通过退浆和各种洗水或者加色后,再进行仿皮光亮整理剂 PU 整理。此类 PU 整理剂是针对牛仔成衣面料而开发的特殊反应性树脂聚合物,能赋予牛仔面料高的光泽度,高弹性及特殊手感。也可以赋予改良布、人造棉、混纺织物等特殊的手感,并提高洗涤、干洗的不褪色性。涂层效果如图 7-4 所示。此类 PU 涂层剂为乳白色的液体,可以与水以任意比例混溶。其喷涂工艺为:将稀释好的 PU 用喷枪对牛仔进行局部或整体喷涂,具体的用量要根据所需光泽度(涂层厚薄)来决定,一般为 15%～45%,可以根据设计的实际需要来调节。组成配方如下:

PU	15%～45%
水	82%～52%
增稠剂	约 3%
合计	100%

喷涂完后,要进行焗炉。焗炉的焙烘温度为 130～155℃,时间为 3min。适当提高焙烘温度,可进一步提高其耐水性能。结合强力、撕拉力要求,选择合适的焗炉温度和时间。

二、牛仔成衣的金银粉处理

金银粉处理工艺是一门既古老而又现代的工艺,因人们追求强烈金属光泽,高贵、华丽而

图 7 - 4　涂层效果

闪闪发光的舞台式效果,很早就在成衣上胶或粘洒一些金银(铜、铝)粉,但往往所用助剂牢度不好,金银粉很容易掉落,或者沾污到其他织物上。为了解决这一问题,印染工作者开发出了特殊的金银转移纸(或箔纸)。其过程就是在夹机上将成衣铺好,再用转移纸盖住要上金银粉的地方,夹机升温后,开动夹机夹烫,则金银粉就转移到成衣上去了。由于夹机温度较高(140~160℃),再加上特殊转印浆,金银粉就有了很好的牢度和光泽。

为了保证涂、擦、印花的随意性,人们又开发了即用型印花浆料(内含金银粉),这样人们根据需要,可涂、可擦、可印,工艺操作简便,手感柔软、牢度高、金属光泽感强,很有个性化特色,这种浆状体 pH=7~8,属阴离子性。还可以用印花的植毛浆加上一些溴浆,再加一些目数合适的金银粉,自行调制一些金银粉浆,然后根据设计要求,进行喷、涂、扫等。通过压烫焗炉,就得到了想要的效果。配方如下:

植毛浆	50g
溴　浆	100g
金(银)粉	30g
水	200g
合计	380g

其工艺流程为:

涂、擦、印花→烘干→焙烘(150~160℃,3~5min)

焙烘的温度和时间要根据牛仔面料品种和成分,实验后合理地选择。金银粉处理效果如图 7 - 5 所示。

图 7 - 5　金粉(左)银粉(右)效果图

第三节　牛仔冰纹效果及新蓝天白云效果

一、牛仔"冰纹"效果

棉织物的蜡染是一门古老的染色技术,它能产生特殊的纹理效果。但蜡染工艺复杂,耗时耗力,于是人们针对牛仔面料开发了一种冰纹浆,通过对面料的印、刷、涂、擦和后期加工,在牛仔面料上可产生冰纹般的效果。结合技师的不同喷涂技巧,各种图案的印花,能形成更多新颖的冰纹风格。效果如图 7 - 6 所示。

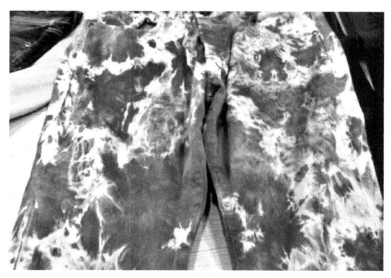

图 7 - 6　冰纹浆效果图

浆料成分为多组分树脂高分子化合物,制成浆状物,属阴离子型浆料。现主要有上海纤化生物科技有限公司的 ICE,德司达公司的 PEC。工艺流程为:

印、涂、扫、擦冰纹浆→急速烘干→喷擦高锰酸钾溶液→烘干或晾干→还原清洗

使用注意事项:

(1)如果丝网印,第一次印后不要过干,以不出现裂纹为宜,然后接着加印。

(2)涂、扫、擦冰纹浆要有一定的厚度,不宜过厚或过薄,视牛仔面料品种不同而有所区别。

(3)印涂完毕后,用高温快速烘干,越快,冰纹越明显。

(4)在高锰酸钾溶液被还原后,用热水洗涤,并加入防染剂,以达到快速洗净并防沾污的目的。

(5)大货之前一定要根据样板要求进行打样,起控制标准和统一效果的作用。

二、牛仔"新蓝天白云"效果

以往牛仔的"蓝天白云"效果是牛仔成衣退浆或酶洗或酶石磨后,用一定浓度的漂水或高锰酸钾溶液,在洗水机中进行淋炒,经还原洗水后,得到所谓的蓝天白云效果。其特点是:不均匀,几乎没有一件成衣是相同的,具有多样性,有的效果很轻,有的效果很重。强力、撕拉力的损失度也不一样,这样对成品的质量就比较难以控制。

为此,人们开发出了新蓝天白云牛仔专用浆(它属于阴离子高分子聚合物混合体,浅黄色糊状物质),将浆料喷在面料上,通过后期加工,能在牛仔成衣上形成一种深浅不一,形如蓝天白云般的效果,如图 7-7 所示,这种效果是淋炒雪花工艺所无法达到的,也可以通过技师们的不同的擦涂技巧以及各种图案的印花设计,形成更多的牛仔风格,为设计师们提供更多的设计灵感。

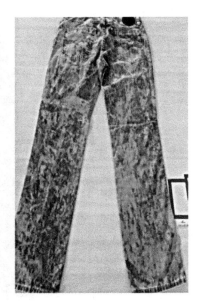

图 7-7 "新蓝天白云"效果

参考工艺配方如下：

①喷 SKY 牛仔专用浆 20%～40%	②印、涂、擦 SKY 专用浆 30%～80%
水 80%～60%	水 70～20%
合计　　　　100%	100%

工艺流程：

喷、印、涂、擦 SKY 专用浆→烘干或晾干→喷、擦漂液、高锰酸钾溶液→过风氧化→洗水→还原洗（脱氯、脱锰）→洗水

用牛仔专用浆处理后的效果不同于现有普通工艺做出来的蓝天白云效果，其效果自然，过渡色更好，可同时使用 2～3 种不同浓度的浆料对牛仔进行喷、涂、擦等。

使用注意事项：

(1)适用于次氯酸钠（漂水）、高锰酸钾溶液的防漂。

(2)可应用于印、喷、刷、擦，欲防漂的牛仔加工织物上。

(3)通过牛仔专用浆及漂水或高锰酸钾溶液用量的调节，产生不同的蓝天白云对比效果。

第四节　牛仔烂花与牛仔酶洗发泡、牛仔胶浆印

一、牛仔烂花

传统的烂花工艺就是将涤/棉牛仔印花布盖印稀硫酸等，使花纹部分的棉烂掉，从而形成凹型图案，或将其他部分棉烂掉，而形成凸型图案，适用于印染厂大规模生产，但缺少个性化的特点。受传统烂花工艺特点的启发，人们开发出了烂花浆（MU）。这种浆主要用于涤/棉牛仔面料，烂棉后，洗水，涤纶纱形成比较蓬松的立体效果，同时也可使涤纶上色。也可以用于纯棉牛仔，来达到另类破坏风格，具有烂花透彻，易洗净等特点。

此烂花浆属阴离子高分子聚合物混合体，呈乳白色糊状。

工艺流程：

印、涂、描、擦烂花浆→烘干或晾干→压烫或焙烘→洗涤→整理

使用注意事项：

(1)适用于涤/棉、涤/黏织物，或者棉及黏胶的绒类织物。

(2)焗炉（焙烘）或压烫工艺为 100～130℃，20～40min。温度的确定以烂花处变黄变脆为准，具体要根据实际面料来确定，切忌使面料发黑，否则不能去除。

(3)焗炉或压烫后，沾有烂花浆的地方，纤维素纤维被破坏，需要洗水才能去除，洗水温度一般不要超过 60℃，否则可能出现涤纶泛黄现象。

(4)加工时，烂花程度与浆料浓度、渗透程度有很大的关系，要注意控制和掌握。

二、牛仔酶洗发泡

要使牛仔呈现出泡泡般饱满立体的图案，除了静电植绒外，也可通过酶洗发泡达到。发泡效果如图 7-8 所示。

图7-8　发泡图案效果

牛仔酶洗发泡浆 FP 具有透网性好,遮盖力高,立体发泡效果好,手感软,牢度好等特点,适合于棉纤维及其混纺织物的发泡印花。它属于阴离子型高分子聚合物混合体,浅黄色糊状物。参考配方如下(配方需根据实际进行调整):

①印花发泡浆 60%～80%	②彩色发泡印花浆 60%～80%
弹性白胶浆 40%～20%	FP 发泡浆弹性胶浆 40%～20%
水性涂料 x%	水性涂料 x%
合计　100%	100%

工艺流程:

印浆→晾干→焙烘(加温压烫)发泡成型(150～170℃,30min)或者印浆→烘干(100℃,30～40min)→焙烘发泡成型(150～170℃,30min)

操作注意事项:

(1)发泡所用丝网以 80～100 目为宜。

(2)根据发泡图案,发泡高度的不同要求应调整发泡浆的用量,并密切关注牢度的变化。

(3)印完浆后,一定要充分干燥后再加发泡,否则牢度和平整度均受影响。

(4)不同的胶浆对发泡效果和牢度均有影响,调配前应先进行充分的实验和分析。

三、牛仔胶浆印

牛仔胶浆印主要用于牛仔成衣的局部印花,印花遮盖力强,牢度好,耐磨耐洗水,浆面平滑,立体感强,如图7-9所示。它属于阴离子型,白色膏状高分子聚合物及填充物。

参考配方(适合于牛仔洗水布):

图 7 - 9　胶印效果(裤袋 Logo)

①印白色

牛仔胶浆 JA　　95%

交联剂 FX　　　5%

②印花色

牛仔胶浆 JA　　25%～45%

牛仔透胶浆　　　65～45%

交联剂 FX　　　5%

水性涂料　　　　x%

_____

100%　　　　　　　100%

操作注意事项：

(1)印制次数在两次或两次以上。

(2)适宜 80～100 目的丝网。

(3)焙烘(焗炉)工艺：170～180℃,20～60s。

(4)交联剂加入后要与浆料充分混合,否则会影响牢度。

(5)加入交联剂浆料,存放时间不能超过 4h,否则会部分或全部固化。

(6)如果在退浆前印,由于牛仔的毛效及洗水性差,要求刮印第一刀时要适当加大力度。

第五节　牛仔成衣的其他特殊整理

一、德科 Texcote 纳米整理

1. Texcote 整理液的作用及其原理

Texcote 整理液呈弱阳离子性,pH＝4～6,相对密度为 1.18,外观为乳白色液体,适用于棉、毛、麻、丝、化纤及混纺的机织物和针织物,同样也适合各种牛仔布。

(1)Texcote 三防整理。防水、防油、防污。其基本原理描述如下：

传统的防油防水主要通过改变纤维的表面性能,使其临界表面张力降低,从而达到应有的效果,Texcote 整理剂是通过化学手段将直径在 100nm 以内的固体颗粒通过化学手段附着在纤维表面。由于该固体颗粒的精细和微小可以在纤维的表面形成一个连续、均匀、间隙极其微小的(100nm 以内)保护层。正是由于该保护层的存在,使纤维表面特性发生变化,水、尘埃、污渍和油滴等难以渗透到纤维内部,而只能停留在纤维表面,从而发挥对织物的保护作用。同时,由于形成保护层的固体颗粒极其微小,几乎不改变织物原有的特性,如外观、颜色、柔软度、透气性等。

(2)Texcote 抗菌整理。Texcote 整理剂溶入了粒径为 620nm 的 TiO_2。纳米 TiO_2 作为一种高效的光催化材料,具有无毒、无味、无刺激性、不燃烧、热稳定性好等优点。它的光效宽、抗菌作用快、特效时间长等特性,其所具有的抗菌、除臭、防雾和净化空气四大功能得到国际认证。通过后整理方式可使 TiO_2 均匀分布在纤维的表面,形成纳米层级的光触媒膜,非常容易被光激发产生抗菌效果。

Texcote 通过系列的抗菌及安全环保测试,抗大肠杆菌、抗肺炎克雷伯氏菌、金黄色葡萄球菌均符合规定要求,并且通过了 Oeko-Tex Standard 100 测试,特别是全氟辛烷磺酸盐(PFOS)的含量远低于目前欧美市场对防水整理剂的要求标准(<0.05mg/kg)。

2. Texcote 整理液的应用及用量控制

(1)Texcote 整理液的应用。在牛仔布料的选择方面,应尽量选用靛蓝染料、还原染料、活性染料等染色的牛仔织物。尽可能不选择硫化染料所染牛仔,原因是硫化染料中游离的硫容易与整理液中的 H^+ 并结合空气中的 O_2 生成亚硫酸,对织物的强力造成剧烈的损伤。另外,硫化染料色光不稳定,整理后易发生色变。

牛仔成衣整理前,要进行退浆及其他各种洗水工艺,并且将布面处理干净,防止因布面残留浆料、洗涤剂、碱剂或其他表面活性剂,而对 Texcote 的防水防油效果产生破坏及削弱作用。有机硅化合物及其残留量也可能影响处理效果。其削弱的重点体现在防水和耐静水压两个方面。因此将布面要清洗干净。

Texcote 整理剂是弱阳离子乳液,为了促进整理剂的使用稳定性并保证效果的持久性,牛仔棉布的 pH 需控制在 5.8～6.5。对处理过的牛仔布要求及检测方法:

pH(AATCC 81—2001)	6.0～7.0
碱含量(AATCC 144—2007)	≤0.05%
水或酶残留量(AATCC 97—1999)	≤1.0%
三氯乙烷萃取物(AATCC 97—1999)	≤0.5%

Texcote 整理剂是弱阳离子乳液,需要调整溶液的 pH＝5.5～6,调节可用醋酸—醋酸钠、柠檬酸—柠檬酸钠。使用醋酸成本相对较低,但醋酸中绝对不能含有硫酸,否则在焙烘时,对织物的强力会造成不可修复的损失。醋酸的用量与溶液 pH 的相对用量关系如表 7-1 所示。

表 7-1　醋酸用量与溶液 pH 相对用量关系

醋酸用量(mL/L)	0	1	2	3	4	5	6	7	8	9	10
溶液 pH	5.7	4.9	4.6	4.47	4.36	4.28	4.2	4.14	4.1	4.04	4.01

(2)Texcote 整理液的用量控制。在牛仔成衣的整理中,根据牛仔的组织结构,纱线粗细不同,其用量有所不同,一般为 3%～5%(owf)该整理对织物的手感影响很小,如果是设计或

客户强调加软,就要选择改性的聚硅氧烷类,对 Texcote 防水防油的负面影响较小,一般用量控制在 10～20g/L。牛仔成衣浸完整理后,需要脱水烘干,脱水的转速均需预先设计,统一烘干温度、烘干时间,这样确保效果一致和均匀。烘干后,必须进行焙烘(焗炉),一般为 160℃,3min,或 170℃,2min。如果焙烘不充分会降低防水防油的持久性,其原因有:

①反应性官能团的键合不充分。

②Texcote 高分子的热运动受到影响而未能在织物表面充分扩散,与织物结构之间不能充分交联,以致在纤维表面附着不牢。

③未能使功能基团密集定向排列。同时也要注意,焙烘温度不要超过 Texcote 整理剂熔融温度,以免引起热分解。

经上述处理后,就形成了不易沾污的牛仔,赋予牛仔成衣防水、防油、防污及洗后速干的多重功能。防水、防污牛仔参考指标如图 7 - 10 所示。

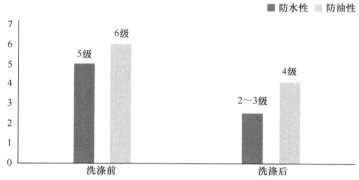

(a) 洗涤前后牛仔的防水、防油级别

注　防水测试:GB/T　4745—2012
　　防油测试:GB/T　19977—2005
　　洗涤后:洗涤 20 次后

(b) 防水效果示意图

图 7 - 10　牛仔防水、防油性能指标

结论：

①Texcote 整理是纳米技术在纺织品工业应用的典范，Texcote 整理剂具有独特的化学结构，使之兼具三防和抗菌的功能，不含全氟辛酸铵（PFOA）和全氟辛烷磺酰基化合物（PFOS）。

②Texcote 50g/L，WSC（可选用）10g/L，175℃，40s 焙炉。经处理后织物不仅具有较好的防水防油性，且保持了原牛仔织物透气性和色光，兼有抗起毛起球性，符合国际环保条例。

③由于牛仔在工厂中浸泡的设备不同，烘干的设备也有区别。焙炉机的温控功能不同，必须先进行各种测试实验，使大货生产符合标准设计要求。

二、抗紫外线整理

现代社会工业经济发展的同时，对环境的污染也在不断加剧，目前大气中的臭氧层日趋稀薄，甚至出现臭氧层空洞，紫外线照射到地面的程度也日趋严重，紫外线对人体皮肤的照射很容易产生各类皮肤病，甚至皮肤癌。作为一年四季都是"时装"的牛仔布，防紫外线整理已是刻不容缓的事情。

紫外线照射到织物上，部分被织物吸收，部分被反射，部分透过织物辐射到人体皮肤上。抗紫外线的机理就在于利用织物上的整理剂增强对紫外线吸收和反射，减少紫外线透过织物辐射到皮肤上的量。

常用的抗紫外线整理剂主要有紫外线散射剂和紫外线吸收剂。紫外线散射剂是不具有活性的金属化合物，如纳米级二氧化钛、氧化锌、碳化钙、瓷土、滑石粉等。这些整理剂借助于黏合剂黏着到织物上。紫外线吸收剂是有机化合物中自身就能吸收紫外线的物质，主要有水杨酸类、二苯甲酮类、苯并三唑类和均三嗪类等几种。

牛仔布的抗紫外线整理可以采用浸渍法、浸轧法和涂层法。牛仔成衣的抗紫外线整理主要采用浸渍法。

其中，抗紫外线整理剂 Royasan C 结构属于均三嗪类，其工艺特点类似于活性染料染纤维素的染色工艺。纯碱与元明粉的作用与活性染料染色时作用一致。工艺配方见表 7-2。

在使用这些紫外线吸收剂时，必须考虑对人体与环境的安全性，并针对牛仔布进行单一或复合使用。

表 7-2　牛仔成衣浸渍法抗紫外线整理液组成及工艺

Royasan C(owf)	x
纯碱（%）	$2+x$
元明粉 g/L	50

注　设备：工业洗水机；条件：40℃，15min；浴比：1：10。

三、健康整理

功能性整理使牛仔布在服用、装饰及其他领域有了广阔的市场，特别是健康整理更迎合了当今人们追求"健康、环保"的生活理念。牛仔成衣健康整理有很多种类,有不同的目的,如护肤、抗菌、保健等,但大多数具有复合功能,使牛仔布和成衣满足人们的"穿出健康"的要求,特别对贴身穿的牛仔裤类,更受消费者欢迎。

1. 以护肤为目的的健康整理

(1)Amino 整理。Amino 牛仔裤是一种全新的产品,采用精氨酸涂层(由帝人公司开发)。精氨酸是一种氨基酸,可聚合成长链分子,通过缩氨酸键结合在一起。据报道,精氨酸可使皮肤保持活力,而整理织物中的脂肪酸用来保湿、散发香气及阻止细菌。Amino 牛仔成衣手感柔软,采用的精氨酸耐洗水,而且这种功能在常规洗涤的情况下至少能保持两年。

牛仔布整理工艺实例:

涂层(精氨酸制剂 20g/L、涂层剂 20g/L)→烘干(100℃左右)→焙烘(160～170℃,2～3min)→洗水→皂洗→洗水→烘干

牛仔成衣则采用喷涂的方法,其他工艺等同于牛仔布。

(2)维生素整理。富士纺商贸有限公司正在开发一种名为 V. Up 的织物,这种织物含有维生素 C,可通过与身体的接触活化,来补充皮肤的天然水分。维生素 C 还可以帮助皮肤形成胶原质,保证皮肤营养物质的供给。

据报道,用这种维生素 C 整理的牛仔裤可消除腿部皮肤的瑕疵,改善循环。也可应用到牛仔类粗犷型纺织品如牛仔类床上用品等。

牛仔布整理工艺实例:

浸轧(二浸二轧,维生素 C 整理剂 30g/L、轧液率 80％～100％)→烘干(100℃左右)→焙烘(150～160℃,1～1.5min)→洗水→皂洗→洗水→烘干

(3)保湿整理。日本大和化学工业株式会社开发出具有良好保湿效果的整理助剂,SKIN-SOFT 415 NEW 是以生物膜的基本组分磷脂聚合物为主要成分的整理助剂,具有良好的保湿效果。如果与大和化学的柔软剂 SWEET SOFT-ENEIL AN 并用,可赋予织物舒适柔软的手感。

牛仔布整理工艺实例:

浸轧(二浸二轧,SKINSOFT 415 NEW30g/L、SWEET SOFT-ENEIL AN 15g/L、轧液率 80％～100％)→烘干(100℃左右)→焙烘(150～160℃,1～2min)→洗水→皂洗→洗水→烘干

(4)调温功能整理。日本大和化学工业株式会社最近开发了以高级脂肪烃为主要组分的微胶囊整理剂 Prethermo 系列,包括 Prethemlo C-25 和 Prehermo C-31,这两种功能整理剂能使牛仔面料通过连续吸热和放热,以控制面料温度,赋予牛仔面料调温功能。据悉,Prethermo 系列一般采用浸轧法整理,它可用于除丝绸之外的各种纤维的加工。经过整理的面料能保持恒温,赋予人体舒适感。目前主要应用于牛仔成衣、内衣、衬衫、床上用品以及工作服等面料的整理。Prethemlo C-25 能将面料的温度始终控制在 31℃左右。

牛仔布整理工艺实例:

浸轧(二浸二轧,Prethermo C 35g/L、黏合剂 15g/L、轧液率 80％～100％)→烘干(120～130℃,2～3min)→洗水→皂洗→洗水→烘干

(5)丝蛋白整理。蚕丝提纯的丝素是高纯度的天然蛋白质,即丝蛋白。它具有良好的生物相容性,而且能够制成纤维、膜片、颗粒和溶液等各种形态。近年来,以水溶性丝蛋白为代表的生物整理剂,以其安全、无毒、良好的生物相容性,引起人们的关注。把它施加到其他纤维上,可以使纤维具有蚕丝一样滑爽、柔软和吸湿的优点,既可使皮肤保持一定的湿度,又有极好的触感。例如,用丝素整理后的牛仔能有效地提高折皱回复性,改善手感,并且保持了良好的服用性能;用水溶性丝素结合黏合剂树脂对棉牛仔织物进行整理,可以获得无甲醛的整理效果。

采用丝蛋白为原料经独特工艺制成易于加工、耐洗性好的织物丝蛋白整理剂,其主要功能如下:丝蛋白能保护角质层中的水分,从而起到滋润皮肤的作用;能赋予织物与众不同的饱满的丝滑手感;对各种天然、合成纤维有效;对染色织物几乎没有影响;无污染、无毒、可生物降解、有利于环境保护;实用性好,在浸渍、浸轧等工艺中都能很好地使用。

如拜耳日本公司开发研制的丝胶蛋白整理剂 TASTEX SSU 的主要是由深海鲛油、丝蛋白、天然抗菌剂(十一碳烯酸单甘油酯)等原料组成,和棉、麻等天然织物以氢键和范德华力相结合,具有耐久性。经整理过的织物具有蓬松性、抗皱性、吸湿性、保暖性,夏天穿着时不黏附身体。由于在纤维上附着的动物性蛋白氨基酸与人体皮肤蛋白质相似,在牛仔服和皮肤的接触中能增进皮肤细胞的活力,防止血管老化,同时还有很好的抗菌性能。工艺配方如表 7-3 所示。

表 7-3　牛仔布整理工艺实例

a. 牛仔布或成衣浸渍法	
丝胶蛋白整理剂 TASTEX SSU	2%～5%(owf)
温度,时间	40～50℃,20min
浴比	1:10
干燥条件	100℃,3.0min
焙烘定型条件	120℃,3.0min
b. 牛仔布浸轧法	
丝胶蛋白整理剂 TASTEX SSU	30～60g/L
轧液率	80%～100%(一浸一轧)
干燥条件	100℃,3.0min
定形条件	120℃,3.0min

2. 以抗菌为主要目的的健康整理

(1)芦荟—甲壳素机能性整理加工。芦荟的医药价值已被肯定,对愈合伤口、镇痛、止痒、通便,以及肠胃不适、痔疮、脱发、失眠、口腔疾病、肾脏失调等都很有疗效。甲壳素又名壳聚糖,甲壳素的生物活性使得纤维具有抗菌、防霉、亲水、抗静电等特性,被广泛应用于化学、生物、高分子科学、针织印染等领域。近几年来,人们充分利用其生物官能性,不断拓展其在纺织品、生物、医学、医药方面的市场,使甲壳素的应用取得了巨大的发展。

将芦荟和甲壳素两种物质并用配制的功能整理剂及整理织物具有以下特性:抗菌、消炎、抗肿胀、伤口愈合快的效果,护肤、润发、效果持久的保湿作用;有部分清热、解毒、明目;有助于对皮肤的卫生护理；对环境无污染，绿色环保；适用性好，在浸渍、浸轧等工艺中都能很好地使用。

牛仔布整理工艺实例：

浸轧（一浸一轧，芦荟—甲壳素整理剂 Tendre ALO-200 70～100g/L，轧液率 80%～100%）→烘干（100℃，5min）→焙烘（120℃，3min）

（2）艾蒿整理加工。艾蒿，在我国广为人知，食用历史悠久。艾蒿具有医学价值，无毒。现代医学证明：艾叶具有平喘、镇咳、祛痰、抑菌、抗过敏、护肝利胆、镇静、软化血管等作用。临床上用于治疗慢性支气管、支气管哮喘、过敏性皮肤病、慢性肝炎、特别在治疗三叉神经痛、关节炎、中风等方面有奇效。天然艾蒿油含有的侧柏酮等不仅具有抑制霉菌、细菌和防虫的效果，而且还具有止痒，抗过敏、扩张末梢血管、促进新陈代谢等效果。在牛仔织品领域也有较广阔的应用。

将艾蒿油包覆在天然多孔微胶囊中，制成艾蒿整理加工剂，使其效果能持续更久、更适合牛仔织品的整理。其主要功能如下：具有抗菌消炎、抑制乳腺癌的功效；具有抗过敏和促进血液循环的功效；对皮肤有保健作用；适用性好。

牛仔布整理工艺实例：

浸轧（二浸一轧、艾蒿整理加工剂 HK-G2G　70～100g/L，轧液率 80%～100%）→烘干（100℃，3.0min）→焙烘（130℃，2.0min）

3. 以保健为主要目的健康整理

（1）大豆蛋白整理加工。大豆卵磷脂是由甘油、胆碱、磷酸、饱和及不饱和脂肪酸组成的一种含磷脂类蛋白，是作为人体正常新陈代谢和健康生存必不可少的物质，对人体的细胞活化、生存及脏器功能的维持、肌肉关节的活动及脂肪的代谢等都起到非常重要的作用。它是一种强乳化剂，能够阻止胆固醇在血管内壁的沉积并清除部分沉积物，使之保持悬浮状态。促使脂类通过管壁为组织所吸收作用，同时还可以降低血液黏度，促进血液循环，对预防心脑血管病有重要作用。食物中的卵磷脂被机体消化吸收释放出胆碱，并随血液循环系统送至大脑，促进大脑活动提高，记忆力增强。它是大豆中主要的健脑益智、延缓衰老成分。

以大豆卵磷脂为主要组分，用吸收性极强的物质将大豆蛋白均匀分散于水中，采用先进工艺合成的绿色环保的大豆蛋白整理加工剂。其主要功能如下：具有滋润肌肤、提供肌肤营养作用；具有优良的吸湿、导湿、保暖功能；对各种天然、合成纤维有效，使织物光泽柔和，手感丝滑；对染色织物几乎没有影响。

牛仔布或成衣浸渍法整理工艺实例：

浸渍大豆蛋白整理加工剂 ZL-SS 2%～5%（owf），40～50℃，20min 浴比（1∶10）→干燥（100℃，3min）→焙烘定形（120℃，3min）

（2）木醋整理加工。木醋是指在木材炭化过程中，从炭窑烟囱冒出的烟，经烟囱冷却回收的挥发性有机物的一部分。通常就是冷却物经放置而分离出的局上层部位的淡茶色水溶性澄清液。

木醋在治疗皮肤病、肝脏病、糖尿病方面，木醋的研究应用已取得积极的开发和进展，具体表现在木醋具有角质软化、杀菌、消毒作用及增进食欲、通便、利尿和保养皮肤的作用。

在牛仔织品领域也逐渐应用,木醋不仅有抗菌功能,还有消除异味等其他功效。木醋整理加工剂是将木醋包覆在天然多孔微胶囊中,使其效果能持续更久、更适合用于牛仔织品的后整理加工,其主要有以下功效:具有美容保健、抗菌止痒、消除异味的功效;具有活化细胞机能,防治皮肤病的功效;是一只天然的绿色环保产品;适用性好,在浸渍、浸轧、喷洒等工艺中都能很好地使用。

牛仔布浸轧法整理工艺实例:

浸轧(一浸一轧,木醋整理加工剂 FFA 30～60g/L,轧液率 80％～100％)→干燥(100℃,3min)→定形(120℃,3min)

(3)绿茶整理加工。茶由古代的药发展而来,茶多酚是从茶叶中提取出来的最主要、最精华、对人体最有益的成分。

茶多酚的应用范围很广:

①在医药保健上茶多酚具有抗癌、抗脂质氧化、抗病变、抗辐射、促纤溶、防治动脉粥样硬化的功效。

②在食品中茶多酚是一种重要的天然氧化剂,能阻止或是延缓油脂的自然氧化,还可以用于防止食品因氧化而使其营养流失。

③在日化工业中,根据茶多酚有抗氧化,吸收紫外线及杀菌,消炎去臭,防止皮肤衰老和过敏等功能,还可防止皮肤褐色斑的形成,加之抑菌消炎、除臭、抗辐射等功能及易被皮肤吸收的特点,已作为添加剂广泛应用于护肤品、化妆品、洗浴用品等行业中。

如今,人们根据茶多酚的功能,也逐渐开始把它们应用到牛仔织品加工上。绿茶整理加工剂是将茶多酚包覆在天然多孔微胶囊中,使其效果能持续更久、更适合用于牛仔织品的后整理。其主要性能如下:具有抗衰老、防辐射、消炎杀菌、抗突变、减轻吸烟对人体的毒害作用;对各种天然、合成纤维有效;适用性好、在浸渍、浸轧工艺中都能很好地使用。

牛仔布浸轧法整理工艺实例:

浸轧,(一浸一轧,绿茶整理加工剂 30～60g/L,轧液率 80％～100％)→干燥(100℃,3min)→定形(120℃,3min)

负离子功能整理,具体见表 7-4。

表 7-4　不同环境中的负离子含量对人体身体状况所产生的影响

环境条件	负离子含量(个/cm³)	对人产生的影响程度
密闭写字楼	10～30	四肢无力、抵抗力低、易患感冒
开窗的室内	40～60	易失眠、烦躁、郁闷、工作效率低
小区及街道	200～400	人体处于心理、生理不适的边缘
公园绿化地	400～1000	可以基本达到身心健康
农村田野中	1000～5000	可增强人们的抵抗力和提高工作效率
山区及沿海	5000～10000	可使人们精力旺盛并增强自身机能
原始森林	10000～20000	身心得到净化,对疾病痊愈有辅助作用

可以看出空气中负离子含量对人体的健康和工作有着非常重要的影响。

牛仔成衣容易受到摩擦,在摩擦状态下,经过负离子功能整理的牛仔成衣织物表层可不断产生对人体保健功效的负离子,使处于该织物周围环境的负离子数增加,从而达到净化空气,消除各种臭气等有害气体,保持空气长时间的清新的目的。负离子可起到抗菌防臭的作用。同时负离子整理织物具有抗花粉、远红外蓄热及抗静电、屏蔽紫外线并反射至织物以外等特性,所以该整理织物具有广泛的应用范围。

在织品上产生负离子的物质一般为电气石,以及加入稀土元素的天然超微多孔质矿石。

目前负离子牛仔织品的生产方法有两种:第一种方法是将负离子粉体材料做成负离子浆,然后通过并用黏合剂使其黏附在牛仔织物上。该方法的优点是适用于所有纤维的牛仔,不足的是影响织物的手感、透气性、吸湿性,所产生负离子的效能可能会下降,特别是在含涤纶、尼龙以及羊毛等牛仔织物上;第二种方法是将纳米负离子无机粉体分散液借助于架桥基和硅氧烷亲水有机硅整理剂,可使经整理织物具有更高的黏附牢度、更好的亲水性、抗静电性,更佳的手感,更优的负离子发生效果,在负离子织物的开发应用中更有竞争性。

牛仔布浸轧法整理工艺实例:

浸轧(负离子整理剂 $100\sim120g/L$,配套树脂 $20\sim30g/L$,一浸一轧,轧液率 $80\%\sim100\%$)→烘干($100℃$,$3.0min$)→焙烘($170℃$,$1.5min$)

总之,随着人民生活水平的提高,环保意识的增强,以及对绿色生态健康理念的追求,对于牛仔成衣所展现出来的风格及功能等方面有了更高的要求。而这些功能的实现和风格的改变很大程度上要依靠后整理加工来完成,所以为了满足人民的需求,必然要开发先进的牛仔成衣整理加工技术,对环境友好且有利于人民健康的功能性整理将成为牛仔成衣的发展新趋势,具有广阔的市场发展前景。

第六节　可炒可漂整理剂与油性染色

一、可炒可漂整理剂

在牛仔成衣的常规整理中,往往是经过一系列洗水工艺后,再经过树脂处理,从而使织物具有树脂整理风格。但是经过树脂整理后,很难进行酶洗、酶磨、漂白或者染色处理,就不能形成多重风格。原因是:当普通的树脂焗炉结膜后,形成了整体的网状结构,酶洗、酶磨、酵漂均很难有所成效。树脂整理后织物的染色也较困难,即使是有些上染,也会很不均匀。为了解决这一系列问题。德司达公司开发出了可染可漂树脂 Evoprex RFF,LEGAFLEX NFD 等。如果是有颜色的牛仔,如靛蓝,经退浆的靛蓝牛仔,经过可染可漂树脂整理、压皱、焗炉后仍然可以进行手擦、马骝、石磨、酶洗、酶磨、酵漂等所有工艺处理,树脂整理的效果及压皱猫须仍然存在,这样就增加了多种风格处理的途径。如果是牛仔坯布,可以先进行树脂整理、压皱、焗炉,再进行各种染料的染色(直接、活性、硫化、靛蓝染料及涂料),然后再进行各种处理,仍然能保持树脂整理的风格及压皱猫须效果。可染可漂树脂整理效果如图 7-11 所示。

图 7-11　可染可漂树脂整理效果图

参考配方：

Evoprex RFF	18%～20%
渗透剂	0.5%
KTC9 催化剂	10%
树脂加强剂 936	10%
焗炉条件	145℃,20min

二、油性染色

为了满足人们怀旧复古的需求,开发了牛仔成衣油性染色新工艺。EVO® TOP VA53(德司达)及 EVO® Soft MSA(德司达)常用于牛仔成衣油性染色。

EVO® TOP VA53 化学特性为:乙酸乙烯—乙烯共聚物。技术外观为白色的水分散液,pH=4～5 的阴离子型助剂;EVO® Soft MSA(德司达)其化学特性为:微乳硅油。技术外观为白色乳化剂,pH=5～8 的弱阴离子型助剂。

具体的工艺与应用如下:

①退浆:渗透剂 1g/L,纯碱 2g/L,80℃,10min,清水洗涤两次。

②泡树脂:RFF(可染可漂树脂 20%,催化剂 10%,80℃烘干至 9 成,145℃焗炉 15min)

③油性染色:MSA 100g/L,VA53 100g/L(加水至机器转动时刚好接触到液面),转动机器 10min,加涂料黑 4g/L,转动 10min,80℃直接干燥成衣。

油性染色效果如图 7-12 所示,该产品有如下特点:

①手感柔软,但不显油腻。

②整理后,用涂料染色会产生油污状的深色斑点,风格特殊,有沾污和残旧感。

③色牢度较好,可以达到客户要求。

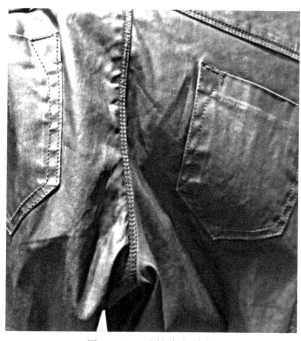

图 7 - 12 油性染色效果

第七节 一浴法技术

一、退浆酶洗一浴法技术

牛仔布在织造的过程中需经过上浆处理,传统的牛仔洗水工艺必须先通过淀粉酶、退浆酶或热洗水等把布上的浆料退干净,以便于后道工序的加工,然后再酶洗起花,中间要经过 2～3次清洗,消耗大量水的同时,也会产生大量的污水。

新型退浆酶洗一浴酶 1380S(诺维信),是一种科技含量高、效能高的环保型多组分生物酶制剂。在获得同等酶洗效果的前提下,把退浆和酶洗两个步骤合并。实现了节能减排和缩短工艺流程的目的,同时解决了一浴退浆酶洗时防回染能力差的问题。退浆酶洗一浴法与传统的退浆酶洗二浴法相比,其产品和工艺具有以下特点:

①退浆酶洗一浴工艺的起花效果及风格与传统工艺相同,同时防回染效果好于传统工艺,在省水的同时也解决了防回染问题。浆料退得干净,手感柔顺,减少了水痕的产生。

②工艺简单,提高生产效率,降低工人的劳动强度,同时具有宽泛的温度以及 pH 范围,操作简单,容易控制,重现性好。

③节能减排,降低成本。一浴便完成退浆酶洗,节约水、电、蒸汽和人工费用,生产成本降低 25%～30%,减少废水排放对环境所造成的污染。

参考工艺:

酶剂用量 　　　　0.5%～2.0%(owf)

浴比　　　　1：(5～12)

处理时间　　30～80min(具体时间视要求而定)

pH　　　　　4.5～7.5,最佳 pH＝5.5～6.5

灭活　　　　用 1～2g/L 碳酸钠(pH≥10)或在 80℃左右条件下运转 10min 左右。

总之,退浆酶洗一浴法酶具有非常广泛的市场前景,生态环保,节能减排,将成为洗水行业永恒的主题。

二、染色抛光整理一浴法技术

为了满足传统牛仔成衣件染的风格要求,同时又能满足消毛、起花、蚀光,即酶洗、酶磨的要求,通常的做法有两种工艺:

①第一种工艺路线为:先将坯布牛仔成衣用纯碱、烧碱、双氧水、渗透剂、枧油等进行精练,经充分去除双氧水及洗水干净后,用中性纤维素酶水或酸性纤维素酶水进行酶洗除毛。洗涤干净后,再进行各种工艺的染色(直接染料、活性染料)。

具体工艺流程为:

准备工作→煮练→除双氧水→洗水→酶洗、酶磨→灭活→洗净→染色→固色→脱水→干衣→其他后整理

②第二种工艺路线为:先将牛仔成衣按照第一种方法煮练、去除双氧水洗涤后,进行各种工艺的染色、固色,再用中性或酸性纤维素酶水、纤维素酶粉进行酶洗、酶磨,从而达到消毛、起花的目的。

具体工艺流程为:

准备工作→煮练→除双氧水→洗水→件染→固色→洗水→酶洗、酶磨→灭活→洗水→脱水→干衣→其他后整理

这两种工艺路线,虽均能满足牛仔成衣件染及酶洗、酶磨的目的。但工艺路线时间很长,每次完成一道工序都要经过大量的洗涤,浪费了大量的水、电、汽。同时增加了污水处理的负担。有没有可能将染色和酶洗合并成一浴呢?下面介绍诺维信一浴法染色抛光整理工艺。

③诺维信根据市场的需求,经过多年的努力,开发了染色和生物抛光一浴法生物酶,即 Cellusoft® Combi,此工艺简称 Combi 工艺,一浴酶是一种中性纤维素酶,它与传统的酸性纤维素酶截然不同,到目前为止,Combi 是唯一能够同时完成生物抛光、双氧水清除(清除残留的过氧化氢)和染色这一综合过程的产品。

其具体工艺流程为:

准备工作→煮练→洗涤→染色酶洗一浴→固色→洗水→脱水→干衣→其他后整理

工艺配方案例:500g/件斜纹坯布牛仔。

机型:Tonello 成衣件染机(重量 120kg,浴比 1：10)。

煮练配方:

纯碱	2400g
枧油	2400g
渗透剂	1200g

双氧水	4800g
双氧水稳定剂	600g
工艺条件	90℃,20min。

染色酶洗一浴法配方(锈红色):

活性红 L-GR	4%(owf)
活性黄 L-R	1%(owf)
活性蓝 L-GB	0.4%(owf)
元明粉	36kg
匀染剂	1200g
Cellusoft®Combi 中性纤维素酶	2400g

工艺:55℃保温 60min 后,加纯碱 10g/L(分两次加入,第一次加入总量的 1/3,第二次加入总量的 2/3),固色 45min,皂煮、洗水、脱水、干衣,再进行其他后整理。工艺流程如图 7-13 所示。

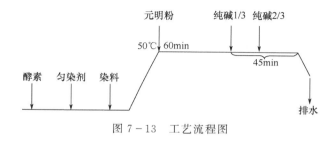

图 7-13　工艺流程图

根据 Cellusoft®Combi 所需的生物整理温度,Combi 与其他纤维素酶的整理过程有所不同。常见程序为:将温度设为 60℃,将 pH 调至 5.5~7,加入 Cellusoft®Combi,再加入所有其他染色助剂,包括染料。加入碱进行固色前生物整理,抑制酶的活性,使其保持活力。

Combi 工艺的优点:至少省时 90min,节省能源和水。对颜色的重现性无影响,不变色。对盐或其他染色助剂不敏感。减少织物重量损失。

Cellusoft®Combi 60℃下染色工艺曲线如图 7-14 所示。

Cellusoft®Combi 80℃下活性染料高温染色工艺曲线如图 7-15 所示。

Combi 大货实操注意事项:

(1)在 Combi 工艺中的中性纤维素酶适用于一浴法染色抛光整理中活性染料和直接染料的所有颜色,它们不适用于还原染料和硫化染料。原因是这两类染料的起始染浴碱性太强。

(2)任何一种生物酶制剂均有其最佳的活力温度,实践表明,在使用 Cellusoft®Combi 时,中性酶在 40℃时的效率为 55%,在 50℃时则可达 100%。因此当活性染料的染色起始温度为40℃时,仍要达到最佳效果,可以选择如下方案:

①将起始温度升高至 50℃。反复实践证明,将温度升高至 50℃,不会对得色量和其他染色性能造成不良影响。

②在 40℃时添加除碱之外的所有染色助剂、盐和染料后,将温度升高至 60℃,添加 Cellu-soft®Combi 处理 45~60min,然后添加碱。

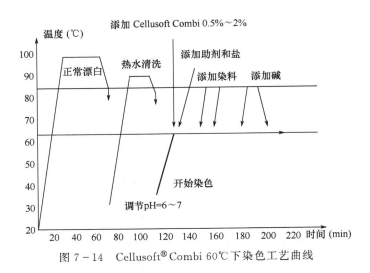

图 7-14 Cellusoft® Combi 60℃下染色工艺曲线

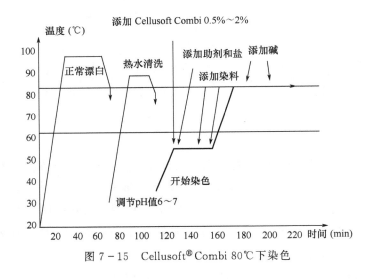

图 7-15 Cellusoft® Combi 80℃下染色

③如果工艺必须要求在 40℃下进行染色,可根据情况增加合理用量的中性纤维素酶,并适当地延长染色生物抛光的时间(一般为 90min)。

(3)加入其他纤维素酶不会增强 Cellusoft® Combi 性能,这是由于酶的专一性决定的。Cellusoft® Combi 是唯一能在染浴中清除过氧化氢,同时进行生物抛光的酶。其他生物酶尽管能在染浴中保持稳定,但是这些酶无法在抛光的同时清除过氧化氢。这些产品包括 Cellusoft® CR 和酸性纤维素酶肯定不适合。因为这类酶发挥作用所需的 pH 条件与许多活性染料不匹配,所以它们不能将染色和生物抛光过程相结合,而且染色中所用的盐会显著破坏这类酶的稳定性,且它们对染色过程中所用的助剂液很敏感。

(4)也可在相同的染浴中加入过氧化氢酶和某种酸性纤维素酶进行抛光,但这种做法也并不可取。原因在于:此种做法需分两步进行,首先需要在 pH=4.5~5.5 的环境中完成生物抛光步骤,然后将 pH 调至 6.0~6.5 方可进行染色。因为适合酸性纤维素酶作用的 pH 范围很窄,只有 4.5～5.5,而煮练、漂白后的 pH 可能超出规定范围之外,从而产生重现性方面的问题。相反,中性纤维素酶在中性环境中作用的适用 pH 范围更宽,而且可以轻松地解决染色过程中残留碱造成的 pH 值波动问题。从省时及效果一致的角度来考量,在 Combi 工艺中使用中性纤维素酶,产品更加安全、更加可靠、更加可取。

(5)在 Combi 工艺中的中性纤维素酶符合 Oeko-Tex-Standard 100 GOTS、REACH 标准,同时也要保证所用的染料及其他助剂同样要符合这些标准,这样产品整体才能符合这些标准。

(6)Combi 工艺能省时、省水、省能源,最关键的是能够大大提高织物的品质。但在大生产过程中一定要从开发板和大货生产板做起,这样更能保持颜色效果的前后一致性,提高大货生产的重现性。

(7)Cellusoft® Combi 对漂白织物大有益处,因为漂白织物需要使用大量的双氧水进行漂白,漂白后残留的双氧水浓度比待染色织物正常漂白后的残留浓度高得多。消除过多的双氧水对于确保生物抛光的性能不受干扰非常重要。漂白后,Cellusoft® Combi 可确保清除所有残留的双氧水,同时进行生物抛光,这样不仅省时,还可确保每批大货达到相同的效果。Cellusoft® Combi 是一种中性酶,因此它可确保织物达到比酸性纤维素酶更高的白度。这是因为酸性纤维素酶较低的 pH 环境通常会导致荧光增白剂部分分解,使白度下降。

(8)Cellusoft® Combi 可有效去除死棉和未成熟棉,因为纤维素酶更易接近这种较弱的纤维素,与正常棉相比,死棉更容易被纤维素酶所水解,这意味着织物表面外观得到大大改善。应该注意,过多的死棉和棉节,或抛光过度,可能出现破洞。

(9)中性纤维素酶对织物起皱完全无效,但经过 Combi 工艺后,它们可改善成衣的整体外观。因为没有做生物抛光的成衣表面暗淡易变形,采用中性纤维素酶进行生物抛光的成衣有光泽并可保持原形。

(10)工厂大生产实践表明,在一浴法染色抛光整理过程中使用中性纤维素酶时,织物重量损失在 2%～6%,正常情况下,酸性纤维素酶导致的重量损失为 6%～8%。对于有克重要求的牛仔成衣,请严格掌握这些数据。从而使牛仔成衣整体指标满足要求。

(11)延长染色时间对生物抛光无不良影响,处理时间超过 60min 后(可延长至 120min),生物抛光效果不会有显著差异。

(12)大量实验表明,活性染料、直接染料对中性纤维素酶的效率没有影响。从经验来看,使用 Combi 工艺后,各批次的重现性会更好。

(13)通常不要在染色过程中检查生物抛光效果,因为生物抛光的过程仍在进行。应在皂洗后进行检查,此时效果最明显。如果生物抛光未达到期望的效果,可以在皂洗结束后添加中性纤维素酶,它与酸性纤维素酶不同,中性纤维素酶在不同 pH 和温度条件下均可保持活力,因此整批的结果会保持基本一致,不会发生较大变化。

(14)Combi 工艺中的中性纤维素酶一般不用于黏胶纤维和聚氨酯弹力纤维(莱卡、氨纶)。因为黏胶纤维的品质稳定性差。中性纤维素酶对聚氨酯弹力纤维并无特定的作用。

(15)Cellusoft® Combi 也可用于混色纱的生物抛光,但该生产过程中一般不使用双氧水,因此没有必要使用 Cellusoft®Combi,使用 cellusoft®CR 等纤维素酶即可。

(16)Combi 工艺可在任何浴比下进行,但必须根据织物重量来计算和称取酶的用量,因纤维素酶仅作用于纤维本身。这也适合所有其他纤维素酶,在不同浴比下,酶的用量(单位为g/L)会使抛光效果产生很大的波动。

(17)实验室研究和大量实验表明:在 pH 低于 7 的条件下加入盐(氯化钠和硫酸钠)后,盐对 Combi 工艺作用于中性纤维素酶只有极有限的影响。

使用元明粉(硫酸钠)时应特别小心,因为元明粉来源于各种工业生产中的副产品,使其 pH差异较大。在某些情况下,80g/L 的元明粉溶液的 pH 可高达 9.5～10,这将对酶的效果产生不良影响。甚至对染色过程产生更严重的影响。建议不要使用 pH 较高的盐,如果没有其他替代品,则必须确保含有此盐的染浴的 pH 适于染色(添加缓冲体系或用醋酸调节)。

(18)如果在染浴中预加了碱,就不能使用 Combi 工艺了。因为在进行活性染料染色时,预加碱会使 pH 升高至使纤维素酶失活的水平。

(19)在 Cellusoft®Combi 中,一般不需加除氧酶。因为 1% 的 Cellusoft®Combi 就足以在10min 内清除 350mg/L 的双氧水。漂白后到染色开始前,双氧水浓度决不能超过 200mg/L。

(20)Cmbi 工艺不需单独灭活,因为活性染料染色工艺中,需加碱固色,添加碱会使酶永久失活,不需要其他灭活工艺,这与酸性纤维素酶不同,酸性纤维素酶则需要单独灭活。

(21)在 Cmbi 工艺中,中性纤维素酶和染色助剂有很好的兼容性,大量实验表明,各种类型的染色助剂对中性纤维素酶的活力及其生物抛光效果均没有影响。只要这些助剂不会使pH 升高至中性纤维素酶失活的水平。除染色助剂外,降低水质硬度的螯合剂对中性纤维素酶也没有影响。

第八节　各种洗水工艺组合及部分洗水工艺的具体运用

一、洗水工艺组合方式

1. 普洗＋柔软。

2. 退浆＋酶洗(或扎网袋酶洗或扎花酶洗)＋柔软。

3. 退浆＋酶石磨＋柔软。

4. 退浆＋酶石磨＋(漂水、高锰酸钾、双氧水)漂。

5. 手擦＋退浆＋喷扫马骝＋染色＋柔软。

6. 手擦＋退浆＋喷扫马骝＋染色＋树脂整理＋压皱＋柔软。

7. 手擦＋退浆＋酶石磨＋喷扫马骝＋染色＋树脂＋压皱＋柔软。

8. 手擦＋退浆＋酶石磨＋漂白＋喷扫马骝＋染色＋树脂＋压皱(猫须)＋柔软。

9. 退浆＋磨边磨烂＋割洞＋退浆＋酶石磨＋喷扫马骝。

二、独特新工艺组合

1. 退浆＋漂白＋染色＋喷扫马骝＋浸树脂＋压皱＋焗炉＋柔软。

2. 退浆＋酶石磨漂＋炒雪花(或淋高锰酸钾)。

3. 退浆＋浸可染可漂树脂＋压皱＋焗炉＋染色＋手擦＋马骝＋解马＋染色＋柔软。

4. 退浆＋浸可染可漂树脂＋压皱＋焗炉＋手擦＋马骝＋解马＋加漂＋染色＋柔软。

5. 退浆＋阳离子接枝＋直接染料(或酸性染料)染色＋手擦＋马骝＋解马＋浸树脂＋压皱＋焗炉＋柔软。

6. 镭射印花＋退浆＋柔软。

7. 退浆＋酶石磨＋浸树脂＋压皱焗炉＋臭氧处理＋柔软。

8. 退浆＋染色＋臭氧处理＋柔软。

9. 退浆＋PU 整理＋印金银花。

10. 退浆＋PU 整理＋印金银粉＋镭射＋柔软。

11. 退浆＋酶洗(酶石磨漂)＋功能性整理。

工艺的组合还有很多,有些属于装饰性加工,如电脑绣花,烫钻设备进行烫钻,贴布绣等特殊工艺。总之,要根据客户设计要求做出切合实际的组合,使牛仔成衣更时尚,不断迎合现代人的审美情趣。

三、部分洗水工艺的具体应用

1. 牛仔成衣洗水整理

(1)目的。

①去除浆料和浮色。

②增加清晰度和鲜艳度。

③改善手感,增加柔软度。

(2)工艺流程。

准备(点数、称重、选色、配色)→退浆→洗涤→皂洗→清洗→加软→脱水→干衣

(3)工艺过程及操作配方。工艺过程见图 7－16。

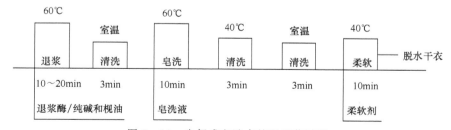

图 7－16　牛仔成衣洗水整理工艺过程

工艺配方示例:

退浆:退浆酶　2%(owf)或者纯碱 1.5g/L,枧油 2g/L。

皂洗：皂洗液　4g/L。

柔软：柔软剂软油、硅油各8%(owf)。

退浆浴比1：15,清洗浴比1：20,皂洗浴比1：15,柔软浴比1：10。

2. 牛仔成衣漂洗整理

(1)目的。

①漂去部分颜色。

②改善色泽和柔软度。

③提高鲜艳度和亮度。

(2)工艺流程。

准备(点数、称重、固定配饰部件、选色、配色)→退浆→漂白→清洗→中和→洗涤→(增白)
→柔软→脱水→干衣

(3)工艺过程及操作配方。工艺过程见图7-17。

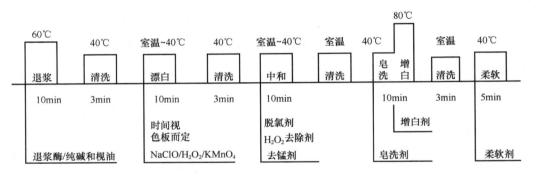

图7-17　牛仔成衣的漂洗整理工艺过程

工艺配方示例：

退浆：退浆酶　2%(owf)或者纯碱1.5g/L,枧油2g/L。

漂白：次氯酸钠溶液(NaClO)＜50g/L(视色板而定)纯碱5g/L。

　　　双氧水　8g/L或者KMnO₄溶液(10%)10g/L。

皂洗：皂洗液4g/L。

增白：荧光增白剂0.05%～0.4%(owf)纯碱　2g/L。

柔软：柔软剂软油、硅油各8%(owf)。

退浆浴比1：15,清洗浴比1：20,漂白浴比1：15,中和浴比1：15,皂洗浴比1：15,柔软
浴比1：10。

3. 牛仔成衣石磨整理

(1)目的。

①产生立体效果,花纹粗犷。

②增强对比度。

③改善手感,提高柔软度。

（2）工艺流程。

准备工序（点数、称重、选色、配色、固定配饰部件）→退浆→清洗→磨洗→洗涤→柔软→后处理（脱水、烘干）

（3）工艺过程及操作配方。工艺过程见图7－18。

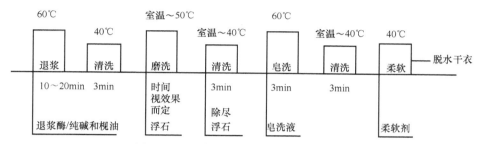

图7－18　牛仔成衣的石磨整理工艺过程

工艺配方示例：

退浆：退浆酶2%（owf）或者纯碱1.5g/L，枧油2g/L。

磨洗：浮石100%（owf）（视色板而定）（白石、黄石、人造浮石）。

皂洗：皂洗液2g/L。

柔软：柔软剂软油、硅油各8%（owf）。

退浆浴比1∶15，清洗浴比1∶20，磨洗浴比1∶（8～10），皂洗浴比1∶15，柔软浴比1∶10。

选用浮石大小：织物平方米克重在465.4g/m²（13.75盎司/平方码）以上选直径为3～5cm的浮石，织物克重在465.4g/m²（13.75盎司/平方码）以下选直径为2～4cm的浮石。浮石的用量和大小，视织物的厚薄、花纹粗细、起花的难易度综合考虑。

4. 牛仔成衣石磨漂洗整理

（1）目的。

①产生立体效果，花纹粗犷。

②增强对比度，色彩柔和鲜艳。

③改善手感，提高柔软度。

（2）工艺流程。

准备工序（点数、称重、选色、配色、固定配饰部件）→退浆→清洗→磨洗→清洗→漂白→清洗→中和→清洗→皂洗、增白→清洗→柔软→后处理（脱水、烘干）

（3）工艺过程及操作配方。工艺过程见图7－19。

工艺配方示例：

退浆：退浆酶2%（owf）或者纯碱1.5g/L，枧油2g/L。

磨洗：浮石100%（owf）（视色板而定）（白石、黄石、人造浮石）。

皂洗：皂洗液2g/L。

增白：荧光增白剂0.05%～0.4%（owf）。

柔软：柔软剂软油、硅油各8%（owf）。

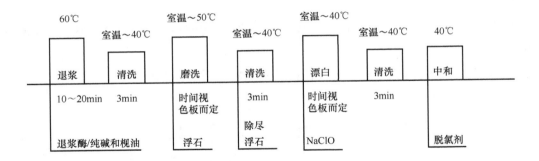

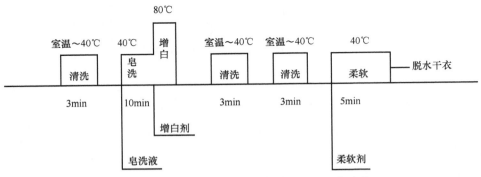

图7-19 牛仔成衣的石磨漂洗整理工艺过程

退浆浴比1:15,清洗浴比1:20,磨洗浴比1:10,漂白浴比1:15,中和浴比1:15,皂洗浴比1:15,柔软浴比1:10。

5. 牛仔成衣雪花洗整理

(1)目的。

①产生立体雪花效果。

②增强色彩对比度。

③使色泽鲜艳明快。

(2)工艺流程(以高锰酸钾雪花洗为例)。

准备工序(点数,称重,选色,配色,固定配饰部件,浸泡浮石并晾干)→退浆→清洗→脱水、烘干、整烫→雪花洗→清洗→中和→清洗→皂洗、增白→清洗→柔软→后处理(脱水、烘干)

(3)工艺过程及操作配方。工艺过程见图7-20。

工艺配方示例:

退浆:退浆酶2%(owf)或者纯碱1.5g/L,枧油2g/L。

雪花洗:高锰酸钾溶液(KMnO$_4$:H$_3$PO$_4$:水=1:1:10)

脱氯剂:大苏打5g/L,双氧水5g/L,纯碱3g/L

皂洗:皂洗液2g/L。

增白:荧光增白剂0.05%~0.4%(owf)。

柔软:柔软剂软油、硅油各8%(owf)。

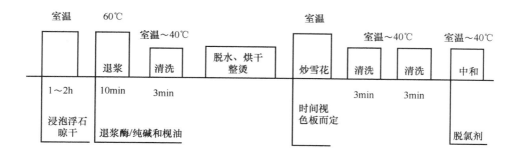

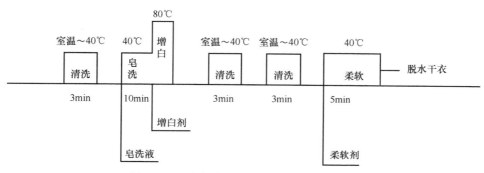

图 7-20　牛仔成衣的雪花洗整理工艺过程

退浆浴比 1：15,清洗浴比 1：20,中和浴比 1：15,皂洗浴比 1：15,柔软浴比 1：10。

6. 牛仔成衣生物洗(素酶)

(1)目的。

①产生立体的、细腻均匀的花纹。

②酶松织物,从纤维结构,即本质上改善牛仔的手感和柔软度。

(2)工艺流程。

准备(点数称重、固定配饰部件、选色、配色)→退浆→洗涤→酶洗→灭活→清洗→柔软→

脱水→干衣

(3)工艺过程及操作配方。工艺过程见图 7-21。

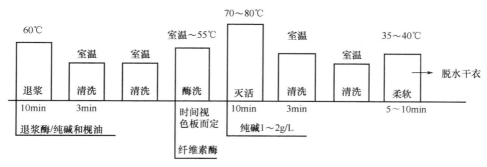

图 7-21　牛仔成衣生物洗(纤维素酶)工艺过程

工艺配方示例：

退浆：退浆酶 2%(owf)或者纯碱 1.5g/L 枧油 2g/L。

酶洗：诺维信 LTC 纤维素酶粉 1～3%(owf)。

柔软：软油、硅油 8%(owf)。

退浆浴比 1：15,清洗浴比 1：20,酶洗浴比 1：10,柔软浴比 1：10。

7. 牛仔成衣酵漂整理工艺

(1)目的。

①产生花纹细腻均匀。

②产生色泽柔和艳丽,色彩对比明显。

③改善织物的手感和柔软度。

(2)工艺流程。

退浆→清洗→酶洗→灭活→清洗→漂白→清洗→中和(解漂)→清洗→柔软→脱水

(3)工艺过程及操作配方。工艺过程见图 7-22。

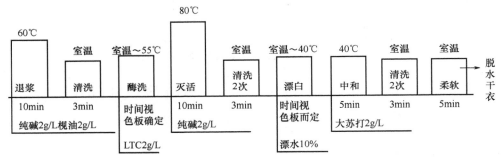

图 7-22 牛仔成衣酵漂整理工艺过程

工艺配方示例：

退浆：纯碱 2g/L,枧油 2g/L。

酶洗：诺维信 LTC2g/L。

漂白：次氯酸钠(含量 10%)20g/L。

解漂：大苏打 2g/L。

柔软：软油、硅油 8%(owf)。

退浆浴比 1：15,清洗浴比 1：20,酶洗浴比 1：10,漂白浴比 1：15,解漂浴比 1：15,加软浴比 1：10。

8. 牛仔成衣酶石磨漂马骝树脂整理

(1)目的。

①产生粗粒花纹立体效果。

②色彩对比明显。

③压皱立体效果、光泽度好。

(2)工艺流程。

退浆→清洗→酶石磨→灭活→清洗→漂白→解漂→脱水干衣→手擦→喷(或扫马骝)→解马→烘干→浸树脂→压皱→焗炉→柔软→焗炉→柔软→脱水干衣

(3)工艺过程及操作配方。工艺过程见图7-23。

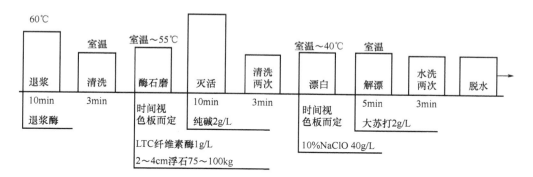

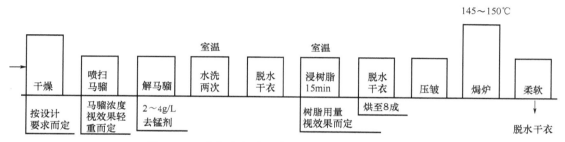

图7-23 牛仔成衣酶石磨漂马骝树脂整理工艺过程

工艺配方示例:

退浆:纯碱2g/L,枧油2g/L。

酶石磨:诺维信LTC纤维素酶1g/L,2~4cm天然白色浮石。

漂白:次氯酸钠(含量10%)40g/L。

浸树脂:改性二羟甲基二羟基乙烯脲醚化物6%~10%(用量视含量及效果而定),硬挺剂PAP 3%,催化剂1.5%~2.5%,渗透剂0.5%~1%。

柔软:软油、硅油8%~10%(owf)。

退浆浴比1:15,洗水浴比1:20,酶石磨浴比1:10,漂白浴比1:15,柔软浴比1:10。

这样的工艺组合及配比随着技术的进步将越来越多,在实际生产中可以根据设计要求,按照精益科学原则进行组合和调整。

第八章 ▷▷▷ ▷ ▷ ▷ Chapter 08

牛仔成衣洗水常见疵病及原因分析

第一节 牛仔成衣洗水染色、后整理常见疵病分析(表8-1)

表8-1 牛仔成衣洗水染色、后整常见疵病及原因分析表

疵点	发生疵点的所在工艺	疵点产生原因
浆斑	普洗、酶洗、洗水、石磨、漂洗	1. 退浆工序中没有针对浆料的种类下化工料 2. 退浆温度不够 3. 织物本身上浆不匀 4. 树脂硬挺剂没有化匀
白痕	洗水、石磨、石漂、漂洗、生物洗、生物漂洗、雪花洗	1. 入缸时,未充分点动、渗透溶胀不充分 2. 洗水的衣服过多,打不开 3. 退浆方法和工艺不对 4. 衣袖过长,裤子太长,未做手针 5. 衣物堆置时间过长 6. 烘干时,升温过快,且衣物过多,烘干后未打冷风 7. 洗水设备运转不正常,转速不均,转速过慢 8. 退浆不彻底,退浆率低,仍存在化学浆或乳化蜡
回染	洗水、石磨、石漂、漂洗、生物洗、生物漂洗、雪花洗、浸树脂、焗炉	1. 入缸的衣物过多,退浆时,剥落的染料浓度过高,造成衣物吸附上染 2. 退浆时温度过高,染料上染速率增大,使衣物吸附上染 3. 退浆浴比过小,造成洗液中染料浓度增大,使衣物重新吸附上染 4. 在酶石磨、酶洗中,浴比过小,且时间过长,都易造成衣物重新吸附上染 5. 浸泡树脂液的次数过多 6. 焗炉时染料升华,降温后回染 7. 织物本身牢度太差,各道工序没有加入足够量的防染剂
浮色	洗水、染色、石磨、石漂、漂洗、生物洗、生物漂洗、焗炉	1. 染色后,皂洗不干净,水洗不彻底 2. 退浆后,洗涤不充分,水洗不净 3. 焗炉后染料升华未水洗 4. 进行各种洗水工艺后,水洗不净

续表

疵点	发生疵点的所在工艺	疵点产生原因
漂花	漂洗、石磨漂、酶磨漂洗	1. 漂白工序中,投入 NaClO 时,设备停止运转或单方向运转而造成 2. 洗水设备转速过低,浴比过小 3. 漂完放水后,停留时间过长,未及时水洗 4. 在中和解漂时,洗水设备停止运转或加料不当 5. 在输送过程中,化学药剂溅滴到织物上,或出机时,沾污机口机壁上的化学药品
石点、石花	石磨、石漂、雪花洗、酶磨或石磨漂洗	1. 磨洗工序,浮石偏大,而组织结构偏紧 2. 在石磨漂洗工艺中,由于磨洗后,未充分除净衣物中残留的浮石,使漂白工序中产生石花 3. 炒雪花工艺中,由于未使用干燥的浮石进行浸泡,浮石硬度大、杂石多,高锰酸钾液不均匀,或者未将浸泡的浮石晾干,在炒雪花工序中,产生了严重的石点、石花
泛黄	漂洗、石磨洗、酶磨漂洗、炒雪花	1. 残存过多浆料,受潮后变黄 2. 漂白工序中,NaClO 用量过多,解漂不彻底 3. 漂白工序,增白剂用量过多,或未正确操作,增白不匀 4. 中和不彻底,使有效氯残留在衣物中过多 5. 水质严重超标,且 Ca^{2+}、Fe^{2+}、Mg^{2+} 含量过多 6. 在硬水中浸树脂且甲醛含量超标 7. 运输过程中,空气污浊,苯酚、氨、氮含量高 8. 使用了不合适当的柔软剂
偏色	洗水、件染、石磨、石漂、漂洗、醇漂洗、酶洗、炒雪花	1. 选色、配色不当,配伍性能不好 2. 染料牢度不好,烘干后变色 3. 在漂白工序中,NaClO 的用量过多,解漂不彻底 4. 漂白工序中,对色不正确 5. 炒雪花工序中,入缸的衣物过多且温度不均,未能全部冷却 6. 炒雪花工序中,浸液浓度不一致
手感差	洗水、石磨、石漂、漂洗、酶洗、醇漂洗、炒雪花、树脂整理	1. 退浆率低,退浆温度、时间、化工料用量未达工艺要求 2. 洗涤不充分,特别是皂洗后清洗不彻底 3. 水质差,硬度超标或过高 4. 柔软剂型号不当,柔软时间过短,未渗透 5. 烘燥温度过高,时间过长,且冷风不充分 6. 树脂液中,硬挺剂加入过多,焗炉温度过高,透风不力,柔软不足
污迹	洗水、酶石磨、醇石漂、漂洗、炒雪花、酶磨漂洗、树脂整理	1. 运输过程中,衣物被污染 2. 洗水机交叉洗涤,长期不清洗机器,沾污、搭污 3. 烘燥过程中,烘干机搭色,机器泄漏造成局部搭色 4. 水质差,导致衣物在加工过程中受污染 5. 烘干机烘浸树脂后的织物,烘干机长期不清洗 6. 焗炉机长期不清洗
破损	洗水、石磨、漂洗、石漂、炒雪花、醇漂洗、酶洗、树脂整理	1. 面料上有隐性破损,通过洗水暴露出来 2. 在成衣的整个制作(包括缝制和洗水)过程中,所使用设备有尖锐处而造成服饰破损 3. 在洗水过程中,各道工序操作不当 4. 制衣打枣处过硬,浮石有杂石、异物或者酶石磨时间过长 5. 织物本身强力、撕拉力不够,经不起长时间磨损 6. 树脂浓度过高,焗炉温度过高,时间过长

疵点	发生疵点的所在工艺	疵点产生原因
有异味	洗水、石磨、漂洗、石漂、炒雪花、酵漂洗、树脂整理	1. 中和不彻底,洗涤不干净,衣物上残留的氯过多 2. 水源不洁净 3. 浆料退浆不尽且烘干不透,堆置过久 4. 甲醛含量或其他违禁物质超标
强力、撕拉力不达标	布本身疵点、酶洗、酶磨、酶石磨漂、树脂整理	1. 纤维素酶用量过多,时间过长 2. 石磨程度太厉害,损伤织物 3. 漂水或高锰酸钾液用量过多,时间过长 4. 树脂浓度太大,焗炉温度太高,时间太长
色牢度差	经纬纱染色、皂煮、固色、焗炉、调节 pH	1. 经纬纱染色时,氧化不够充分 2. 皂煮不够充分 3. 加色染色后,固色不牢 4. 树脂整理、焗炉后,染料升华而未水洗 5. 调节 pH 过酸或过碱
缩率不稳定	纸样、松布、缝制、退浆、酶石磨漂、染色、烘干、焗炉	1. 纸样设定不对 2. 松布张力和时间不一致 3. 缝制张力不一致 4. 退浆、洗水、烘干等温度不一致 5. 石磨漂工艺不合理,损失弹力 6. 烘干焗炉温度设定不正确
固色斑	退浆、固色	1. 退浆不净 2. 固色剂没有化匀 3. 加入方法不对 4. 固色剂的 pH 范围不对
PP 斑	退浆、喷马骝、解马骝	1. 退浆不净 2. 喷马骝有杂质 3. 解马骝不净 4. 喷枪漏水,或者部分堵塞,或者胶波沾污
树脂斑	退浆、浸树脂	1. 水质差,硬度过大 2. 退浆不尽,布面 pH 偏碱性 3. 树脂液不均,浸泡搅拌不够

第二节　牛仔洗水厂水痕整体解决方案(表 8-2)

表 8-2　牛仔洗水厂水痕整体解决方案

发生疵点所在工序	疵点产生原因	克服病疵的方法
压货、堆积	1. 涤/棉牛仔、弹力牛仔布缝制前和缝制中产生的折痕 2. 杂乱堆积和挤压 3. 堆积过高 4. 已起折痕的织物,洗前未烫平	1. 分析布种,加强洗前检查 2. 平整放置,防止挤压 3. 堆积限定高度 4. 洗前烫平再下机

发生疵点所在工序	疵点产生原因	克服病疵的方法
成衣退浆	1. 在洗水机装载衣裤过多,超出容量 2. 退浆前,未充分点动 3. 退浆前,未充分浸泡 4. 水位高度不合适 5. 牛仔衣裤之间的摩擦系数过大	1. 不要超出洗水机装载容量,易折痕的布种减少20%～30%的装载量 2. 退浆前,反复来回点动,使成衣在短时间内充分湿润均匀,减少水痕产生 3. 退浆前,充分浸泡让布料松软,减少织物张力扭曲,尤其能减少"蛇型"水痕产生 4. 退浆水位,应能使织物充分湿润且可以使织物正常上下抛动,对国产洗水机来说,加入成衣前,超龙骨水位5cm时比较合适;酶石磨水位,入缸后水位没过成衣为宜 5. 在退浆前或退浆时加入少许软油或润湿剂,使成衣润滑,减少摩擦
洗水机工艺参数设定	1. 转速的设定过快或过慢 2. 机内龙骨高低选择不当	1. 设定过快,导致成衣在机器内附在壁上,没有上下抛动,打不开侧骨;过慢,往下掉的空间距离不够,达不到水洗效果,需根据所用机型,合理调节转速 2. 机内龙骨越高,越不利成衣的上下抛动,对于易起水痕的牛仔来说,应选择低龙骨的洗水机
成衣对板	对板时,用高温蒸汽吹办	用高温蒸汽容易使含涤纶的牛仔和弹力氨纶牛仔布有一个定形作用,容易死板。对这类牛仔可使用热风机吹干对板
脱水、干衣	1. 脱水方式不正确,含湿量没有控制好 2. 干衣数量不合适	1. 返底退浆,正面脱水;正面退浆,反面脱水(正反有相抵作用)。一般地对于含涤量高牛仔或弹力氨纶牛仔使用返底退浆更为合适。防止过分挤压,脱水后保持含湿量7成左右,不要装入过满 2. 来不及干衣的成衣,要用湿布遮盖,避免局部过硬,导致水痕,并放入合理的烘干数量,使成衣充分地抖开,一般为烘干机容量的三分之一

注　要充分了解织物的性能、材料结构、工艺参数、洗水要求,全方位精确控制,完全可以防止水痕的产生。

第九章 ▷▷▷ ▶ ▶ ▶ Chapter 09

洗水厂常用设备及材料

第一节　手工类设备及材料

一、手擦砂纸与手擦台

1. 手擦砂纸

根据成衣的厚薄,设计擦砂的程度及擦砂的难易程度,选择不同型号和目数的砂纸。一般洗水厂常用的为 80 目、200 目、240 目、400 目、600 目、800 目、1000 目。最常用的是 400～600 目。

2. 手擦台

专为手工擦砂而设计,将成衣套入手擦台的台板上,在台板上手擦不同的位置。同时可以根据不同的衣裤型号及大小,换用不同宽窄的手擦台,如图 9-1 所示。

图 9-1　手擦台

二、猫须模板

在木板上粘贴橡胶,然后根据设计的图案,在模板上雕刻出相应的猫须条数和形状,再套入成衣,在规定的位置进行擦猫须。猫须模板与牛仔猫须效果如图 9-2 所示。

图 9 - 2 猫须模板

三、摩擦轮与充气式立体胶波

将成衣套入充气式立体胶波上,用擦砂轮进行擦砂,更适合于大面积的擦砂,有利于工作效率的提高。摩擦轮与充气式立体胶波如图 9-3 所示。

图 9 - 3 摩擦轮及充气式立体胶波

四、磨边磨烂用砂轮

根据设计要求,有时要将牛仔成衣在砂轮上进行磨成毛边或在特定位置磨烂,例如骨位处,袖口处,领口处,裤脚口,腰头等,以造成磨损的破旧感。砂轮如图 9 - 4 所示。

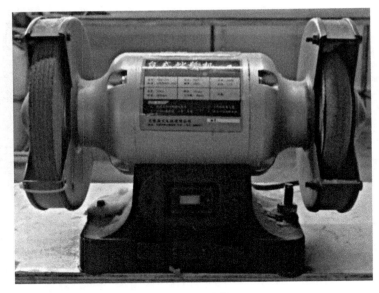

图 9 - 4　砂轮

五、打烂打洞用旋转钻

牛仔成衣用旋转钻在特定位置打烂、打成洞或打断经纱,留下纬纱或者部分纬纱等,一般在膝盖、裤腿处或者任何设计的地方,以造成破损和破败感。旋转钻如图 9-5 所示。

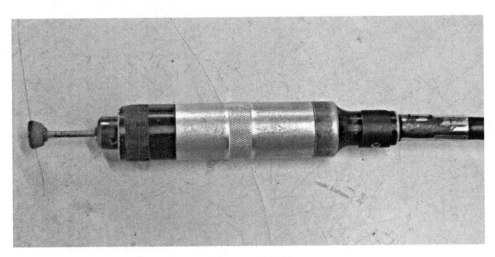

图 9 - 5　旋转钻

六、喷砂机

将铁砂储存在一个特制的容器中,然后通过喷砂管和喷砂枪喷打牛仔成衣特定位置,去掉表面靛蓝,从而加强后道喷马骝的渗透能力和立体感觉,喷枪如图 9-6 所示。此类喷砂方法将被淘汰,因为存在很大的环境污染和人体损害,将渐渐地被干冰喷砂、激光烧花或其他方法所取代。

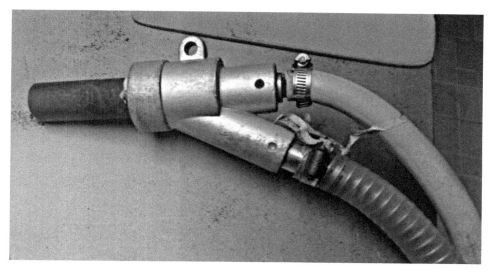

图 9-6 喷砂枪

第二节 洗水、烘干类设备

一、洗水机(洗涤机)

牛仔成衣最重要的一个方面就是通过洗水机的洗水加工进行整理,洗水机是洗水厂最重要的设备之一,设备运转的转速、容积大小、洗水机内龙骨粗细、内胆孔径的大小、施加到织物上摩擦力的均匀性和设备的性能综合决定了洗水过程的均匀性及各种效果。

转笼洗涤机在成衣的洗涤过程中使用最广泛,其种类也最多,在选择时主要根据洗涤机的容量、体积、温度、转速、自动控制水位等便利因素和价格综合选择。一般采用蒸汽加热的方式进行,容量有 30～100kg 不等,市场上应用最多的为 272kg(600 磅)左右的机型。一般而言,4.5kg(10 磅)、9.1kg(20 磅)、13.6kg(30 磅)、22.7kg(50 磅)、45kg(100 磅)、68kg(150 磅)、91kg(200 磅)的洗水机通常为做板的板机(打样)。在大生产中,控制牛仔成衣的容量和浴比显得尤为重要,一般,控制成衣的容量为洗涤机容量的三分之一比较合适(当然与成衣的厚薄有直接的关系),成衣过多,则打不开或相互缠绕,洗水效果不均匀,并有可能产生皱条、水痕等。成衣过少,则相互间的摩擦太少,骨位和起花效果会不理想。同时,增加了能耗和成本。浴比也是一个非常重要的因素。原则上,打样的浴比和大货的浴比应该相匹配,这样可复制性比较强。如果浴比过大,成衣运转时,从机顶掉到机底的距离相对较短,削弱了撞击力和摩擦力,很难洗出骨位和花度效果,同时能耗大。如果浴比过少,成衣抖不开,易产生水痕和折痕等病疵。同时牛仔洗涤过程中掉色,造成残液中染料浓度过大,返沾成衣或其他各种口袋、皮牌、唛头及其他附饰件而影响成品质量。由此应根据洗水机特性、经验技能、化工助剂知识、品牌质量要求、织物性能、洗水效果、洗水成本来综合考虑。另外还有多种进口立式洗涤机。

二、离心脱水机

离心脱水机是使各种洗涤后的牛仔脱去多余的水分。离心脱水机的多孔转笼由不锈钢制成，有不同的标准尺寸和标准规格。容量为 20～100kg 不等，转速为 600～1200r/min。牛仔行业所用的离心脱水机一般直径为 $D=1.2m$，转速为 750～1000r/min。离心脱水机如图 9-7 所示。离心脱水的干与湿（含水量）对成品质量有很重要的影响。不同的牛仔对干湿度的要求是不同的。脱水后含水少，烘干就快，但有的织物，如涤/棉，涤/黏就容易产生皱条，烘出来的手感就比较焦干、粗糙；脱水后含水多，烘的时间就很长，由于长时间的摩擦，成衣表面及骨位处就很容易"泛蓝"。同时，脱水的干湿度还会影响成衣的尺寸，含湿量不一样，烘干的速度、受热量不一样，织物缩水就不一样，故在大货前要做好板单脱水转速及脱水时间的记录，大货则根据这些记录来设定脱水转速和脱水时间，避免问题的发生。

图 9-7　离心式脱水机

三、转笼烘燥机

牛仔成衣脱水后，一般都需要进行干燥处理，大多数的开口型的转笼烘燥机是蒸汽加热的，有少部分则是电加热的。容量为 20～80kg。烘干机的内胆都钻有无数稍凸的小孔，目的是为了增加抛洒的摩擦力，便于将织物抛松和产生骨位。烘干机选用及使用时有如下注意事项：

1. 烘干机选择

应依送风和热循环方式的不同，选用不同的烘干机。其中封闭式高效节能烘干机更能节约能源和提高产品质量，如图 9-8 所示。不论选择何种烘干机，都必须做好设备的保修保养，及时清理底部存储部件的灰尘和纤维屑，有效提高烘干机的效率和效能。

2. 设定温度

首先要设定好烘干机的温度，这对成衣牛仔来说至关重要，一般洗涤温度会低于烘干温度，而温度是影响尺寸的关键因素，在做小样时就要根据成衣的尺寸要求设定好大货所需的烘干温度。一般牛仔烘干温度是 80～90℃，含有氨纶的牛仔和薄型牛仔烘干温度为 60～70℃。

3. 设定转向

要设定好正反转，不能为单一方向。只有当烘干的成衣正反转时，才能将成衣充分抛开，并受热均匀，摩擦均匀，防止成衣相互缠绕，预防烘干皱条的产生。

(a) 普通烘干机　　　　　　(b) 高效节能烘干机

图 9-8　烘干机

4. 设定烘干容量

烘干机的烘干容量要适宜,一般为内胆容积三分之一即可。这样就能保证烘干时,成衣有充分的活动空间,并受热均匀,而且保证相互之间有适当的摩擦力及与机壁的打击力,从而产生更好的骨位效果和蓬松感。

5. 打冷风

成衣烘干后,必须进行充分的打冷风,使织物充分消除内应力,并借助风的润透作用,使成衣更加蓬松和柔软,从而突出产品的效果和风格。而这一点往往在实际操作时没有被重视。

四、淋马骝机(淋漂机)

此类机器是在转笼洗水机的机门上或机门内安装一根 PVC 管或不锈钢管,管上钻有直径为 1.5～3mm、孔距为 1～1.5cm 的小孔。在机顶上装有一个盛高锰酸钾或漂水的容器,液面可以根据用量自动调节。在淋管和容器连接处装有自动控制开关,打开开关,设定淋漂的时间和正反转时间,开动机器,就可以淋炒各种风格效果的图案。淋漂机如图 9-9所示。

图 9-9　淋漂机

五、炒花机及相关材料

1. 炒花机

炒花机外形酷似洗水机,如图 9-10 所示,但在设计和性能上与洗水机相比还是有很大的区别,炒花机没有外壳,内胆设计更厚实,内胆上钻有较多圆孔,功率和转速更为强劲,随着炒花浮石的滚动,浮石灰就能从这些孔径中漏出,使炒出来的雪花更加清晰。如果将孔隙封堵,可用于炒魔术粉、雪花粉,炒出来的效果更加细腻均匀。

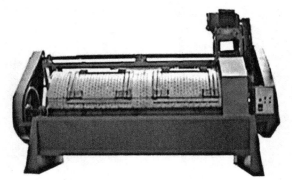

图 9-10 炒花机

2. 炒花有关材料

①天然浮石。天然浮石属火山石,能浮于水面,有 2~4cm,3~5cm 多种规格,主要用于酶石磨及炒雪花用。磨损率高,污染环境,增加污水处理难度,须逐步淘汰。

②人造浮石。人造浮石由各种混合泥烧结而成,有 1~2cm,2~4cm 多种规格,主要用于酶石磨等工艺,但也可以用于炒雪花,其耐磨性好,相应减少了浮石灰的产生。

③其他胶球。各种胶球、棉球、高尔夫球、蚂蚁布、塑料泡沫、木质材料均可用来炒高锰酸钾,淋漂水,从而得到各种风格效果图。

第三节 各种牛仔成衣件染设备

一、洗水机

与普通洗水机所不同的是此类洗水设备(图 9-11)装有变频装置(图 9-12),可用于牛仔成衣的件染,具有能根据不同的品种调节转速,自动控温控水等功能,便于染色工艺的控制,重现性好,适合染直接染料、活性染料、硫化染料、碧纹染料。

图 9-11 成衣件染机

图 9－12 成衣件染机控制系统（变频装置）

二、转叶机

转叶机(图 9－13)的特点是靠叶轮带动水运动,使磨损达到最低程度,容量大,得色饱满,不易缠绕;缺点是浴比大,耗用染料、助剂多,耗水耗能。一般用于轻薄型牛仔织物染色,规格有 50～200kg 不等,适合于染直接染料、活性染料。

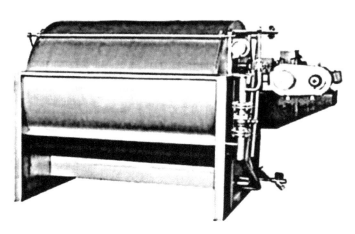

图 9－13 转叶机

三、全自动高速低浴比染色机

全自动高速低浴比染色机(图 9－14)特点是全过程编程控制,低浴比[1：(5～10)],织物贴壁高速运转,磨损率极低,得色饱满,染透性好,自带脱水装置,劳动强度低,可严格控制工艺,重现性好,几乎适用于所有染料的染色,但要严格控制各项动力参数。目前被我国广泛使用。例如意大利 Tonello 全自动染色机。

图 9-14　全自动高速低浴比染色机

四、吊染吊漂机

吊染吊漂机(图 9-15)构造简单,它的底槽为不锈钢槽,同时槽上装有移动滑轮或吊臂装置,可实现底槽的上下升降,并且底部装有加温管道,从而达到吊染吊漂的目的。

图 9-15　吊染吊漂机

五、吹板机

染色后都有一个对样板的过程,拿一条样板,脱水后在吹板机(图 9-16)上用蒸汽强力吹干然后对色。一般的吹板机上装有两个热风筒和一个冷风筒,热风吹板时,由于急剧升温,会引起染料色泽的改变,必须经强力吹冷风,使其冷却,还原染料本来的色泽。

图 9-16　吹板机

第四节　后整理加工类设备

一、马骝枪

喷马骝胶波分为立式和卧式两种,立式一般用于喷马骝,卧式一般用于扫马骝。

在不锈钢喷枪(图 9-17)上装上旋钮,开有 4～6 个小孔,调节孔径大小至喷出水雾状,主要视设定的马骝轻重而定,喷枪不得漏水,否则会出现马骝白点。马骝液在喷出前应该过滤,防止马骝渣堵塞枪口,导致喷马骝不匀。随着技术的进步,现在出现了机器自动喷马骝装置。另外,喷枪也可拿来喷树脂、染料或其他各类化学药剂。

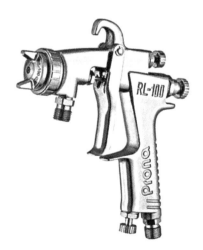

图 9-17　喷枪

二、树脂池

配好的树脂液,除树脂外还包括催化剂、硬挺剂、渗透剂、保护剂及其他助剂等,要放入一个没有铁锈,并有规定标尺的树脂池中(图 9-18),按照配比配制树脂液并充分搅拌后才能浸成衣,从而确保所浸树脂均匀。目前市场上也出现了多种喷浸树脂液的自动装置,但其中许多品种的适应性有待进一步改进。

图 9-18　树脂池

三、压皱台

浸树脂烘到8~9成干后,根据设计要求,需要压皱,压皱有两种形式。一种是不定位压皱,另一种是定位压皱,这就需要一个压皱台(图9-19),压皱台底铺有一层保温材料,台板上装有一个套成衣的套台,将成衣压皱位套入套台上,抓皱后用蒸汽熨斗(图9-20)压烫,便形成所需的猫须皱条。同时根据牛仔衣裤不同的尺码选用不同宽窄的压皱台。

图 9-19　压皱台及熨斗

四、焗炉机

浸树脂压皱后的牛仔必须要经过焗炉(烘焙)才能结膜定形。焗炉机的关键点是要控制焗炉机温度的均匀性,因此我们要定期检查焗炉机边缘以及中间的温度是否均匀一致。焗炉机又可分为厢式焗炉机[图9-20(a)]和履带式焗炉机[图9-20(b)]，其中履带式焗炉机的效能及效果要优于厢式，但相对造价较高。

 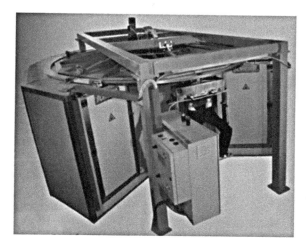

(a)厢式焗炉机　　　　　　　　　　(b)履带式焗炉机

图9-20 焗炉机

五、烫台

将经洗水或树脂整理后的牛仔裤，往往需要进行熨烫，达到规整尺寸、消除皱条、平整成衣的目的。烫台(图9-21)上装有一个能升温、保温的台板，台面上套有耐温布料。当台板上的温度达到规定的温度后，就可以用熨斗在烫台台面上进行熨烫。

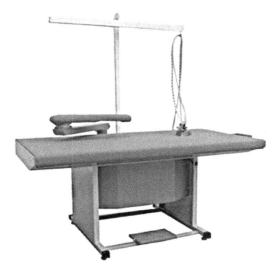

图9-21 烫台

六、夹机

为了让浸树脂的成衣、PU涂层、全银粉衣浆成衣更加有光泽，牢度更好，平整度更高，需使成衣通过夹机(图9-22)夹烫一次，夹机可分为头机、腿机、裤身机等。

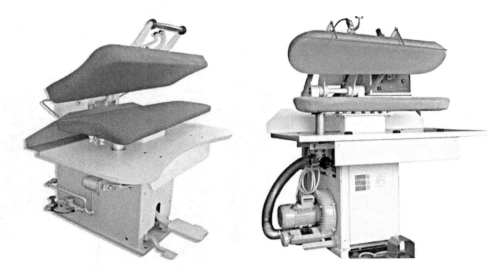

图 9 - 22　夹机

七、臭氧机

臭氧处理是近年来在国内才兴起的一种褪色、漂白工艺处理办法,臭氧处理减少了化工产品的用量,符合低碳环保的理念。臭氧处理的主要设备是臭氧机[图 9 - 23(a)],其主要由三部分组成,即臭氧发生器[图 9 - 23(b)]、织物处理装置、剩余臭氧吸收处理装置,主要部分是臭氧发生器,通过将 O_2 分子高压电击变为不稳定的 O_3 分子。O_3 分子通过织物,放出原子氧,从而达到去除颜色的目的。

(a)臭氧机　　　　　　　　　　(b)臭氧发生器

图 9 - 23　臭氧机及臭氧机发生器

八、镭射机

为了增加牛仔成衣的设计元素,实现非化学染料印花,增强图案立体感,通常使用镭射机对成衣进行处理,本机通过激光发生器发射激光,烧掉部分纤维和纤维上的染料,从而形成有立体感的图案,镭射机(图 9 - 24)主要由三部分组成,即镭射光束发生器、图案编程控制系统以及托台。国内外均有生产,但在产品性能上,国外产品暂时优于国内产品。对于镭射机的要求是在软件上要能做任意编程,在硬件上,激光头要经久耐用。在使用进口设备前要进行充分的研究和实践,以便了解设备的性能。

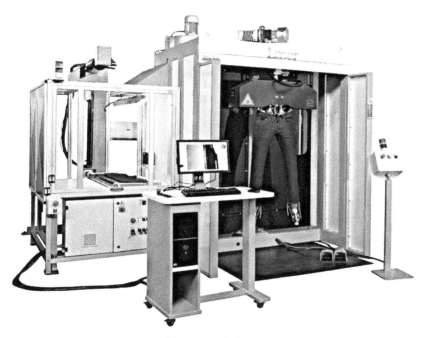

图 9 - 24　镭射机

第十章 ▷▷▷ ▶ ▶ ▶

牛仔成衣质量标准及
常用数据

第一节 牛仔布生产成衣洗水加工环保标准与生产实践

近年来,随着牛仔布和牛仔成衣市场的发展,向美洲、欧洲、亚洲的出口量不断增大,人们对牛仔布和牛仔成衣的环保要求越来越严格,环保已成牛仔成衣生产和内外销的必要条件之一。

以最常规的传统牛仔布为例,牛仔布和牛仔成衣的整个生产加工过程可以简单地用"染、织、整、洗"四个字来表示,即:经纱在浆机上染色→经轴在剑杆织机上织成胚布→退浆/洗水/丝光/预缩整理→制衣→洗水→成衣后处理加工。

牛仔成衣的环保标准,需要在以上四个生产过程中全方位控制才能达到,即通过整个产业链控制。

一、牛仔布生产的执行标准

牛仔布的生产,牛仔成衣的出口,从国内染整生产到成衣监控,再到商检出口,需要达到六个标准:

(1)纺织行业推荐性标准 FZ/T 13001—2013《色织牛仔布》。

(2)国家推荐性标准 GB/T 411—2008《棉印染布》。

(3)国家强制性标准 GB 18401—2010《国家纺织产品基本安全技术规范》。

(4)纺织行业标准 FZ/T 81006—2007《牛仔服装》。

(5)国际纺织环保研究与检测协会(简称:国际环保纺织协会)Oeko – Tex Standard 100 (2012 版)。

(6)欧洲议会和欧盟理事会第 2003/53/EC 号指令《关于统一各成员国限制销售》。

国内生产牛仔布一般执行两个产品标准,这都属于推荐标准。传统的牛仔布可以参照执行 GB/T 411—2008《棉印染布》;色织牛仔布可以参照执行 FZ/T 13001—2013《色织牛仔布》。

很多的牛仔布染整企业,对牛仔布成品一般只检测经纬缩率、纬斜和外观质量。

国家强制标准 GB 18401—2010《国家纺织产品基本安全技术规范》，在指标上比起国际环保纺织协会 Oeko-Tex Standard 100（2012 版）要少一些，Oeko-Tex Standard 100（2012 版）可以说是目前世界上影响范围最广的环保标准，国际上认可的公证行基本都按照此标准检测和评判。出口欧盟和日本的牛仔成衣，还要控制 APEO（烷基酚聚氧乙烯醚）的使用，即执行欧洲第 2003/53/EC 号指令，REACH 违禁物质标准等。

二、牛仔布及成衣的环保标准解析

1. 国家强制性标准 GB 18401—2010《国家纺织产品基本安全技术规范》

作为 GB 18401—2003 标准的修订版，GB 18401—2010 对纺织品的生产和销售提出了更加严格要求。

GB 18401—2010 于 2011 年 8 月 1 日正式实施，作为国家强制性标准，GB 18401—2010 适用于我国境内市场的服用和装饰用纺织产品，其目的在于控制纺织中含有的主要有毒、有害物质，以确保人民的基本安全健康。

该标准最常涉及牛仔有关环保的指标有两项：

（1）甲醛最低含量规定。六周岁以下儿童的牛仔不大于等于 20mg/kg，六周岁以上儿童及成年人牛仔不大于等于 75mg/kg。

（2）可分解致癌染料。禁止使用 24 种可分解致癌芳香胺染料（GB 18401—2010 标准新增的违禁化学品为 4−氨基偶氮苯），检测结果不大于等于 20mg/kg。

2. 国际环保纺织协会 Oeko-Tex Standard 100（2012 版）

国际环保纺织协会是欧洲和日本等 15 家知名纺织科研与检验机构组成的团体，Oeko-Tex Standard 100 标准是在 1992 年 4 月发布，后又几经更新和完善，以满足市场和社会新的要求。最新的 2012 版标准，已超越现有的我国强制性国家标准规定的范围。

Oeko−Tex Standard 100（2012 版）在我国国内不属于强制性标准，但在国际上受到大多数国家的认可。

随着社会的进步，时代的发展，牛仔布的整理经过了从简单的下水过软，到退浆防缩，丝光加软防缩，再到液氨丝光加软防缩等几个阶段后，现在正在向更加多样化，突出美观性和功能性整理方向发展，牛仔染整加工业的环保性也在内外销市场的因素影响下得以全面的重视。

该标准中最主要的牛仔环保指标有：

（1）甲醛最低含量规定。六周岁以下儿童牛仔不大于 16mg/kg，六周岁以上儿童及成人牛仔不大于等于 65mg/kg，此项比起国家强制性标准 GB 18401—2010 规定限量更加严格。

（2）可分解致癌芳香胺染料。禁止使用 24 种可分解致癌芳香胺染料。

（3）六价铬离子。在测定条件限制下六价铬离子不得检出。

（4）氯苯酚和邻苯二甲酸酯。氯苯酚和邻苯二甲酸酯含量不能超过 0.1mg/kg。

（5）生物活性物质。生物活性物质不得检出。

（6）各种牢度。洗水牢度 3 级，汗渍牢度 3−4 级，干摩擦牢度 4 级（涂层牛仔 3 级）。

（7）酸碱度。布面酸碱度 4.0～7.5。

（8）阻燃成分。违禁阻燃剂成分不得检出。

（9）气体。挥发性气体不得超标。

3. 欧洲 2003/53/EC 号指令（APEO 限量值）

欧洲 2003/53/EC 号指令在我国国内不属于强制性标准，但在国际上也受到大多数国家的认可。该指令规定：烷基酚聚氧乙烯醚（APEO）、壬基酚聚氧乙烯醚（NPEO）不得超过 0.1%。

三、环保染整的应对措施及生产实践

牛仔布的染整及牛仔成衣洗水如何做到环保，在生产实践过程中需要注意以下几点：

（1）除靛蓝染料外，使用硫化染料染色时，要注意其环保性；添加直接染料和无机颜料进行做旧处理时，也要注意其环保性，尤其是被禁止使用的非环保染料。

（2）需要固色时，应采用无甲醛的固色剂。

（3）硫化染色后处理不能使用常规的重铬酸钾、红矾等作为氧化剂。

（4）一些在牛仔布上所做的功能性整理加工，所用的化学药剂对其环保性的影响，例如：阻燃整理中的违禁阻燃剂成分及防蛀抗菌整理的药剂的环保性，涂层牛仔所加交联剂、黏合剂等的环保性。

（5）退浆工艺应采用生物酶退浆技术，防止各类洗涤剂中的 APEO 等违禁物质超标。

（6）经过强碱丝光处理后的牛仔成品布酸碱度较高，出厂时一般都在 9～10。在牛仔布制成成衣后，还要经过洗水加工处理，最后要调节布面酸碱度不得超过 7.5，严格按照 GB 18401—2010 标准执行。出口产品按出口目的地标准执行。

（7）传统牛仔的浆染和坯布匹染的染料主要是靛蓝染料和硫化黑染料，还有溴靛蓝。靛蓝染料和经选择的硫化黑染料是环保的，溴靛蓝由于含卤素溴，所以不属于环保染料范畴。靛蓝染料和直接染料应选择洗水牢度和干摩擦牢度较好的染料，同时注意直接染料的环保性。

（8）与靛蓝染料和硫化黑染料相配套的染色主要助剂有：烧碱、保险粉、硫化碱、渗透剂、乳化剂、扩散剂等，不能含 APEO 等欧盟标准明令禁止使用的物质，应充分考虑所用渗透剂、扩散剂、乳化剂等是否含有违禁物质。

（9）在预缩加工工序所使用的发泡剂和牛仔布丝光后所加的氨基硅乳液中所含的乳化剂不得使用含 APEO 等欧盟标准命令禁止使用的物质。APEO 可以使用异构醇聚氧乙烯醚或者脂肪醇聚氧乙烯醚（AEO）来替代。

（10）牛仔布印花要看是染料印花，还是涂料印花，染料印花要选择环保染料及增稠剂；涂料印花要选择环保涂料、黏合剂及增稠剂；若是做拔白或色拔印花，还要注意拔白剂的环保性。

（11）牛仔布涂层要选择环保涂料和黏合剂、交联剂。

（12）牛仔布除了染整加工之外，影响其环保因素还有织造这一环节。由于牛仔布在整理过程中的退浆工序，其退浆率不高，加之浆料中除了含有变性淀粉类以外，还有聚乙烯醇类、聚丙烯酸类和纺织蜡、柔软剂等多种组分的其中一种或几种。牛仔退浆对聚乙烯醇类、聚丙烯酸

类和纺织蜡的退浆有难度,即便是在强碱丝光时也只能是退除其中的一部分,所以也要考虑浆料可能存在对环保指标影响的因素。

(13)对牛仔洗水的退浆和加软(硅油、软油)均不能使用APEO含量超标的助剂。

四、环保项目的检测

一般牛仔染整厂对于需要环保检测的项目,除了染料之外,主要就是甲醛和APEO。洗水后的成衣一般检测pH、甲醛、APEO。甲醛含量检测比较简单,可以自检,而APEO检测有难度,只有专业检测机构和大型化工公司才有配套设备,所以通常的做法是委托外检。

公证行是指既不是生产企业又不是贸易企业的第三者。国家认可并指定政府事业部门的商检局或是挂靠在各省市纺织研究所(院)检测中心(检测站)。较为著名的公证行有天祥、通标(SGS)等,公证行的检测也被国内的纺织印染行业所认同。委托公证行进行环保检测的结果在国际上都具有较大的公认性。所以,到公证行做环保检测成了印染企业、成衣企业的首选。

由于牛仔已属于大众商品,并逐步向高端发展,对各项环保指标需要给予足够的重视。今后,我们走在行业的创新之路上,还须继续关注和进一步完善对牛仔加工的环保性研究和应用。

第二节 牛仔成衣有关质量标准

一、中华人民共和国纺织行业标准(FZ/T 81006—2007)

1.适用范围

本标准规定了牛仔成衣的要求、检验分类规则以及标志、包装、运输和储存等全部技术规范,本标准适用于以纯棉、棉纤维为主混纺交织的色织牛仔布为主要原料生产的普通及彩色牛仔成衣。

2.主要规定说明

(1)使用说明。成品使用说明按GB 5296.4—2012和GB 18401—2010的规定执行,且注明洗水产品或原色产品。

(2)号型规格。

①号型设置按GB/T 1335.1—2008、GB/T 1335.2—2008和GB/T 1335.3—2009的规定选用。

②成品主要部位规格按GB/T 1335.1—2008、GB/T 1335.2—2008和GB/T 1335.3—2009的有关规定自行设计。

(3)原材料。

①面料。按FZ/T 13001—2001或有关纺织面料标准选用适合牛仔成衣的面料。

②里料。采用与所用布料的性能和色泽相适宜的里料(特殊设计除外)。

③辅料。

a.衬、垫肩、袋布。采用与所用面料的性能和色泽相适宜的衬、垫肩和袋布。

b.缝线。采用适合所用面辅料、里料质量的缝线;绣花线的缩率应与面料相适应;钉扣线应与扣的色泽相适宜,钉商标线应与商标底色相适宜(装饰线除外)。

c.纽扣、拉链及金属附件。采用适合所用面料的纽扣（装饰扣除外）、拉链及金属附件，无残疵。纽扣、附件经洗涤和熨烫不变形、不变色、不生锈。

（4）经纬纱向。上衣前后身、袖子、领面的允斜程度不大于3％，裤（裙）子的允斜度不大于2％。

（5）拼接。

①领里可对称一拼，裤（裙）子的腰头允许在后缝拼接处各拼接一处（根据特殊款式设计要求除外）。

②装饰性拼接除外

（6）色差。

①洗水产品不考核。

②原色产品。袖缝、摆缝、裤侧缝色差不低于4级，其他表面部位高于4级；套装中的上装与下装的色差不低于3－4级；同批次、不同件成衣之间色差不低于3－4级。

（7）外观疵点。成品各部位疵点允许存在程度按表10－1规定，成品各部位划分图见图10－1，未列入标准的疵点按其形态，参照表10－1相似疵点执行。

表10－1　成品各部位疵点允许存在程度

疵点类别	疵点部位及允许存在程度		
	1号部位	2号部位	3号部位
经向疵点	不允许	轻微，总长度2.0cm或总面积1cm²以下，不得超过2处	轻微，总长度3.0cm或总面积1cm²以下，不得超过2处
纬向疵点	长度0.5cm以下，允许1处	轻微，总长度2.0cm或总面积1cm²以下，不得超过2处	轻微，总长度3.0cm或总面积1cm²以下，不得超过2处
散布性疵点	不允许	轻微	轻微
破损性疵点	不允许	不允许	不允许
斑渍疵点	不允许	总长度2.0cm或总面积1cm²以下允许一处	总长度3.0cm以下，不得超过2处

注　1. 各部位疵点每单件产品只允许1个部位1种类别存在，超出则计为缺陷，可累计。

　　2. 特殊磨损、洗烂工艺的产品不作破损性疵点考核。

（8）缝制。

①针距密度按表10－2规定。

表10－2　针距密度

项目		针距密度	备注
明暗线		3cm不少于8针	特殊设计除外
包缝线		3cm不少于8针	—
锁眼	细线	1cm不少于8针	—
	粗线	1cm不少于6针	—
钉扣	细线	每孔不少于8根线	金属扣除外
	粗线	每孔不少于6根线	

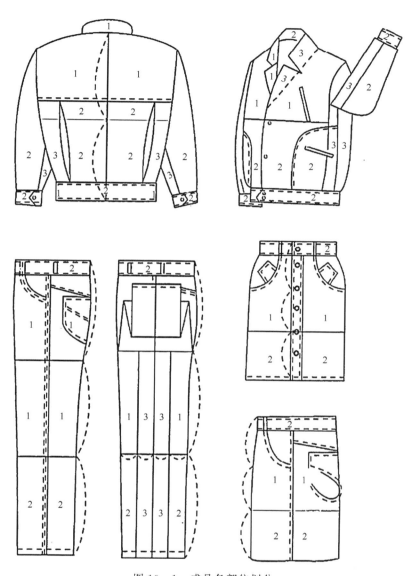

图 10 - 1　成品各部位划分

②缉缝口袋、串带襻缝份宽度不少于 0.6cm,其余部位缝份宽度不少于 0.8cm。

③所有外露的缝份都要折光边或包缝(特殊设计除外)。

④各部位缝制线路顺直、整齐、平整、牢固。

⑤明线 20cm 内不允许接线,20cm 以上允许接线一次,无跳针、断线。

⑥商标、号型标志的位置端正,内容清晰规范准确。

⑦锁眼定位准确,大小适宜,扣与眼对位,钉扣牢固,扣合力要足够,套结位置准确。

⑧装饰物(绣花、镶嵌等)应牢固、平服。

(9)规格允许偏差。成品主要部位规格允许偏差按表 10 - 3 的规定。

表 10 - 3   成品主要部位规格允许偏差   单位:cm

部位名称		规格允许偏差	
		洗水产品	原色产品
衣长		±1.5	±1.0
胸围		±2.5	±1.5
领大		±1.0	±0.6
总肩宽		±1.0	±0.8
袖长	装袖	±1.0	±0.8
	连肩袖	±1.2	±1.0
裤(裙)长		±2.0	±1.5
腰围		±2.0	±1.0

注   纬向弹性的产品不考核纬向规格偏差。

(10)洗水前扭曲度。成品裤(裙)子的洗水前扭曲度不超过2cm(前后片宽度差异较大的特殊设计不考核)。

(11)整烫外观。

①外观整洁、无线头。

②对称部位大小、前后、高低一致,相互差距不大于0.5cm。

③各部位熨烫平服、整洁,无烫黄、水渍、亮光及死痕。

(12)理化性能。

①洗水尺寸变化率。

a. 原色产品洗水后的尺寸变化率按表 10 - 4 规定。

表 10 - 4   原色产品洗水后的尺寸变化率

部位	优等品(%)	一等品(%)	合格品(%)
领大	-1.5～+1.0	-2.0～+1.0	-2.5～+1.0
胸围	-2.0～+1.0	-2.5～+1.0	-3.0～+1.5
衣长	-2.0～+1.0	-2.5～+1.0	-3.0～+1.5
腰围	-1.5～+1.0	-2.0～+1.0	-2.5～+1.5
裤(裙)长	-2.0～+1.0	-2.5～+1.0	-3.0～+1.5

注   1. 领宽只考核立领。

2. 有弹性的产品不考核弹力方向。

b. 洗水产品洗水后的尺寸变化率按表 10 - 5 规定。

表 10 - 5   洗水产品洗后的尺寸变化率

部位	优等品(%)	一等品、合格品(%)
领大	-1.5～+1.0	-2.5～+1.5
胸围	-1.5～+1.0	-2.5～+1.5
衣长	-1.5～+1.0	-2.5～+1.5

部位	优等品(%)	一等品、合格品(%)
腰围	-1.5~+1.0	-2.5~+1.5
裤(裙)长	-1.5~+1.0	-2.5~+1.5

注　1. 领大只考核立领。

2. 有弹性的产品不考核弹力方向。

②洗水后扭曲度与扭曲度移动。

a. 成品裤(裙)子的洗水后扭曲度允许程度按表10-6规定。

表 10-6　成品裤(裙)子的洗水后扭曲度允许程度　　　　单位:cm

等级	扭曲度允许程度
优等品	≤2.0
一等品、合格品	≤3.0

注　1. 短裤、短裙不考核。

2. 前后片宽度差异较大的特殊设计不考虑。

b. 成品裤(裙)子的扭曲度移动允许程度按表10-7规定。

表 10-7　成品裤(裙)子的扭曲度移动允许程度　　　　单位:cm

等级	扭曲度允许程度
优等品	≤1.5
一等品、合格品	≤2.5

注　短裤、短裙不考核。

③色牢度。

a. 原色产品的色牢度允许程度按表10-8规定。

表 10-8　原色产品的色牢度允许程度　　　　单位:级

项目		色牢度允许程度		
		优等品	一等品	合格品
耐洗	变色	≥4	≥3~4	≥3
	沾色	≥3	≥2-3	
耐光		≥4	≥3	
耐干摩擦	沾色	≥3~4（婴幼儿产品≥4）	≥3(婴幼儿产品≥4)	
耐水	变色	≥4	≥3~4	≥3(婴幼儿产品≥3~4)
	沾色	≥3~4	≥3(婴幼儿产品≥3~4)	
耐汗渍	变色	≥4	≥3~4	≥3(婴幼儿产品≥3~4)
	沾色	≥3~4	≥3(婴幼儿产品≥3~4)	
耐唾液(只考核婴幼儿产品)	变色	≥4~5	≥4	
	沾色	≥4		

b. 洗水产品的色牢度允许程度按表 10 - 9 规定。

表 10 - 9 洗水产品的色牢度允许程度

项目		色牢度允许程度	
		优等品	一等品、合格品
耐洗	变色	≥4	≥3~4
	沾色	≥3	≥2~3
耐光		≥4	≥3~4
耐干摩擦	沾色	≥3~4(婴幼儿产品≥4)	≥3(婴幼儿产品≥4)
耐水	变色	≥4	≥3~4
	沾色	≥3~4	≥3(婴幼儿产品≥3~4)
耐汗渍	变色	≥4	≥3~4
	沾色	≥3~4	≥3(婴幼儿产品≥3~4)
耐唾液(只考核婴幼儿产品)	变色	≥4~5	≥4
	沾色	≥4	

④耐磨性能。成品布料的耐磨性能允许程度按表 10 - 10 规定。

表 10 - 10 成品布料的耐磨性能允许程度   单位:次

项目	耐磨性能允许程度
339g/m² 以下的织物	≥15000
339g/m² 及以上的织物	≥25000

注 1. 以 2 根或 2 根以上非相邻纱线被磨断为止。

   2. 245g/m² 及以下的织物(除牛仔裤外)不考核。

⑤纰裂。成品主要部位缝份纰裂允许程度按表 10 - 11 规定。

表 10 - 11 成品主要部位缝份纰裂允许程度   单位:cm

等级	耐磨性能允许程度
优等品	≤0.5
一等品、合格品	≤0.6

⑥断裂强力。成品面料的断裂强力按表 10 - 12 规定。

表 10 - 12 成品面料的断裂强力   单位:N

项目		原色产品	洗水产品	备注
339g/m² 及以上的织物	经向	≥450	≥320	
	纬向	≥300	≥200	—
246~338g/m² 的织物	经向	≥300	≥300	
	纬向	≥250	≥150	
245g/m² 及以下的织物	经向	≥200	≥150	
	纬向	≥150	≥150	只适用于除牛仔裤以外的产品

⑦破强力。成品面料的撕破强力按表 10－13 规定。

表 10－13　成品面料的撕破强力

单位：N

项目		原色产品	洗水产品	备注
339g/m² 及以上的织物	经向	≥25	≥18	—
	纬向	≥18	≥16	
246～338g/m² 的织物	经向	≥23	≥16	
	纬向	≥18	≥14	
245g/m² 及以下的织物	经向	≥15	≥13	
	纬向	≥11	≥10	只适用于除牛仔裤以外的产品

⑧覆黏合衬部位剥离强力。覆黏合部位剥离强力不小于 6N/(2.5cm×10cm)，无纺黏合衬如在试验中无法剥离则判定该项指标合格。

⑨裤子后裆缝接缝强力。裤子后裆缝接缝能力按表 10－14 规定。

表 10－14　裤子后裆缝接缝能力

项目	裤子后裆缝接缝能力
339g/m² 以下的织物	≥140N/(5.0cm×10.0cm)
339g/m² 及以上的织物	≥180N/(5.0cm×10.0cm)

⑩基本安全性能。成品的基本安全性能按表 10－15 规定。

表 10－15　成品的基本安全性能

项目	婴幼儿产品	直接接触皮肤产品	非直接接触皮肤产品
甲醛含量(mg/kg)	≤20	≤75	≤300
pH	4.0～7.5	4.0～7.5	4.0～9.0
异味	无		
可分解芳香胺染料	禁用		

注　在还原条件下染料中不允许分解出的致癌芳香胺，清单见 GB 18401—2010。

⑪原料的成分和含量。成品所用原料的成分和含量应符合 FZ/T 01053—2007。

二、国际标准

迄今为止，国际上也未有统一的牛仔布质量标准。美国利惠·斯特劳斯(Levi Strauss)牛仔布验收标准是目前国际商业通用标准，属于国外较先进标准。大多数国家和地区，如西欧、美洲和东南亚等都以此标准作为贸易往来的验收标准。

1. 利惠·斯特劳斯牛仔布质量验收标准

(1)织物疵点的评分及评级。

①随机采样的数量。

a. 少于或等于 1000 码❶的 100％抽检。

b. 1000～10000 码以内的,抽检 1000 码。

c. 超过 10000 码抽检 10％。

②外观疵点按长度评分。应用"四分制"评定织物品级。

③疵点的扣分标准。

a. 3 英寸❷及以下扣 1 分。

b. 3～6 英寸扣 2 分。

c. 6～9 英寸扣 3 分。

d. 9 英寸以上扣 4 分。

e. 破洞(经纬纱共断两根以上)等破损性疵点,则不计长度,每个扣 4 分。

f. 结头在 9 英寸×9 英寸面积的不超过 5 次扣 1 分,不超过 10 次扣 2 分,不超过 15 次扣 3 分,15 次以上扣 4 分。

g. 布边 1 英寸内连续性的经向疵点扣 2 分,非连续性疵点不扣分,布身连续性疵点扣 4 分。

每码布的疵点扣分累积不超过 4 分。

④织物扣分的计算。

$$每 100 平方码❸累积扣分 = \frac{总扣分数 \times 36 \times 100}{抽检码数 \times 实用布幅}$$

⑤疵点的类型。经向疵点主要包括粗经、紧经、松经、经向条花、回丝及飞花附入等。纬向疵点主要包括错纬、双纬、横档、稀路、粗纬、纬缩、双纬、断纬、粗节、密路、纬纱条干不匀及断纬等。详细说明如下:

a. 原纱疵点。

・粗经。凡是由于某一根经纱的直径较其他经纱粗,以致在布面上呈现点状的浮面纬纱白星,只要检验看得出,无论粗度是原纱的多少倍,均要作为粗经疵点评分。

・粗纬。因布面上某一根纬纱的直径较粗(无论粗几倍),所造成此段纱线露于表面,呈现一条隐约可见的白色轨迹,即计为粗纬疵点。

・条干不匀。在布面上隐约可见,纬纱呈现粗细不匀的波纹状,即为条干不匀疵点。

・毛羽横档。由于纬纱毛羽程度不同,而使布面呈现的颜色不同,形成类似色档疵。

・布面白星。由于纬纱上的棉结或未梳理直的缠绕纤维织入布中,在布面上呈现不规则的白星,即为布面白星疵点。

・经纱结头。存在于布匹正面的一切结头,无论是形成黑点(染色前的经纱结头)还是白点(染色后结头),都要作为结头疵点评分。

b. 染色、织造疵点。

・色档。布面呈现全幅性的纬向直条,颜色深浅不同的痕迹。

---

❶　1 码＝0.9144m。

❷　1 英寸＝2.54cm。

❸　1 平方码＝0.8361m²

·头尾色差。布匹头和尾颜色差异,两头叠在一起时能明显看出的色差。

·两边或边中色差。布匹的两边与中间的颜色有差异,叠合比较时能明显看出的色差。

·条花。布面上呈现经向一直条的深色或浅色条纹。

·断经。在布面上某一位置缺少一根经纱,而呈现一条隐约可见的白色轨迹。

·紧经。布面上某根经纱的经向屈曲过小,而引起纬纱过多浮于表面,露出节状白点。

·松经。经纱屈曲过多而凸露于布面之上,呈现出一个个小圈状疵点。

·开车痕。织机开车时在布面上呈现纬向一直条的痕迹疵点。

·筘痕白条。部分经纱在布面上排列紧度不一,呈现经向一直条白色轨迹的疵点。

·浆斑。由浆皮引起的布面局部起皱异样。

c. 烧毛、防缩整理疵点。

·烧毛条花。烧毛不匀或不净,布面呈现经向毛羽条纹或出现色泽不一的经向条影。

·边轧皱。布边处规律性的连续轧皱。

·皱纹布。全幅性布面粗糙皱纹状。

·斑渍。后整理过程中染上的水渍、污渍、油渍、锈渍等。

·荷叶边。经过预缩整理后,布的边部伸长,形成波浪状布边。

⑥织物有以下任一种情况时,均不得评为 A 级品。

a. 码长短于 40 码(凡有假开剪的,其假开剪的一端布长度应不少于 40 码,而另一端应不少于 15 码)。

b. 每一匹(段)布如有两处开剪的。

c. 织物的头、尾、布边、中间有明显的色泽差异。

d. 织物的实用幅宽(不计边组织)低于合同规定的标准。

e. 幅宽 60 英寸的织物纬斜差异超过 1.5 英寸的,幅宽 60 英寸的提花织物纬斜差异超过 1 英寸的。

f. 布边一侧或两侧呈松紧或波浪形荷叶边,或者布面平摊时有局部凹凸不平,甚至呈现大面积波浪形。

g. 每匹(段)布的头一码有 3 分或 4 分疵点(包括假开剪的两端)。

h. 每百码内有 3 处通幅性疵点。

i. 疵点宽度在半幅或半幅以上的纬疵、剪割疵点、破洞、蛛网直径大于 3/8 英寸的均作严重疵点;每百码内有 4 个严重疵点。

j. 规定 A 级品 100 平方码累积扣分每段布不得超过 24 分。

(2)织物物理指标要求。

①预缩、重磅、全棉(斜纹或破斜纹)14.5 盎司/平方码牛仔布标准和测试方法见表 10-16。

表 10-16　预缩、重磅、全棉牛仔布标准及检测方法(基本标准编号 0217)

特性	标准	测试方法
染料织法	靛蓝　　$\dfrac{3}{1}\nearrow$	

续表

特性		标准		测试方法
布重(g/m²)		洗前	洗后	称重法
	平均重量	490	475	
	下限重量	475	460	
断裂强力(kg)		经向×纬向		美国 ASTM D5034-2009(2013)方法,抓样法(1英寸夹)
	平均值	85×65		
	下限值	75×60		
撕破强力(g)		经向×纬向		美国 ASTM D1424-2009(2013)方法,埃尔门道夫撕破强力仪(扇形摆锤法)
	平均值	5900×5000		
	下限值	5300×4500		
洗水缩率(%)		经向×纬向		美国 AATCC 135-2012 Ⅲ B方法,3次洗涤3次干燥(60℃洗、热风干燥)
	平均值	-2.0×-3.0		
	允许范围下限值	-4.0×-4.0		
	允许范围上限值	+1.0×-1.0		
耐曲磨牢度/次		经向×纬向		美国 ASTM D3885-207 方法,曲磨测试仪(1磅/4磅)
		2000×2000		
纬斜(%)		洗后7~8		利惠·斯特劳斯标准检验方法
硬挺度(kg)		5~10		利惠·斯特劳斯标准检验方法
色牢度	洗涤褪色	2~3级(无色光差别)		美国 AATCC 135-2012 Ⅲ B方法(3次)
	摩擦褪色	干摩沾色3级,湿摩沾色1.5级		美国 AATCC 8-2007
	日晒褪色	10h褪色4级		美国 AATCC 16-2004 方法
	臭氧褪色	褪色4级		美国 AATCC 109-2005 方法(2次)
	烟熏褪色	褪色4级		美国 AATCC 23-2005 方法(2次)
	漂白褪色	2级(无色光差别)		美国 AATCC 135-2012 Ⅲ B方法

②预缩、重磅、全棉(斜纹或破斜纹)13.75盎司/平方码牛仔布标准和测试方法见表10-17。

表10-17　预缩、重磅、全棉(斜纹或破斜纹)牛仔布标准及检测方法(基本标准编号0317)

特性		标准		测试方法
染料织法		靛蓝		
		$\dfrac{3}{1}$,斜纹或破斜纹		
布重(g/m²)		洗前	洗后	称重法
	平均重量	465	454	
	下限重量	450	430	
断裂强力(kg)		经向×纬向		美国 ASTM D5034-2009(2013)方法,抓样法(1英寸夹)
	平均值	84×55		
	下限值	76×50		
撕破强力(g)		经向×纬向		美国 ASTM D1424-2009(2013)方法,埃尔门道夫撕破强力仪(扇形摆锤法)
	平均值	5200×3600		
	下限值	4700×3200		
洗水缩率(%)		经向×纬向		美国 AATCC 135-2012 Ⅲ B方法,3次洗涤、3次干燥(60℃洗、热风干燥)
	平均值	-4.0×-4.0		
	允许范围下限值	-4.0×-4.0		
	允许范围上限值	+1.0×0		

续表

特性	标准	测试方法
耐曲磨牢度(次)	经向×纬向 2000×2000	美国 ASTM D3885－2007 方法,曲磨测试仪
纬斜(%)	洗后 7～8	利惠方法
硬挺度(kg)	5～10	利惠方法
色牢度　洗涤褪色	2～3 级(无色光差别)	美国 AATCC 135－2012 Ⅲ B 方法(3 次)
摩擦褪色	干摩沾色 3 级,湿摩沾色 1.5 级	美国 AATCC 8－2007
日晒褪色	10h 褪色 4 级	美国 AATCC 16－2004 方法
臭氧褪色	褪色 4 级	美国 AATCC 109－2005 方法(2 次)
烟熏褪色	褪色 4 级	美国 AATCC 23－2005 方法(2 次)
漂白褪色	2 级(无色光差别)	美国 AATCC 135－2012 Ⅲ B 方法

③预缩、重磅、全棉流行式 10～12 盎司/平方码牛仔布标准和测试方法见表 10－18。

表 10－18 预缩、重磅、全棉流行式牛仔布标准

特性		标准	测试方法
染料		靛蓝	
布重(g/m²)	平均重量 下限重量 上限重量	购买品 标定重量 －4.0% ＋6.0%	洗前重量
与购买标定重量相对应的洗后重量值	平均重量 下限重量	－4.0% －8.0%	3 次洗涤 3 次干燥后重量
断裂强力(kg)		经向:35 纬向:30	美国 ASTM D5034－2009(2013)方法,抓样法(1 英寸夹)
撕破强力(g)		经向:2200 纬向:1800	美国 ASTM D1424－2009(2013)方法,埃尔门道夫撕破强力仪(扇形摆锤法)
洗水缩率(%)	平均值 允许范围下限值 允许范围上限值	经向×纬向 －4.0×－4.0 －5.0×－5.0 ＋1.0×0	美国 AATCC 135－2012 Ⅲ B 方法,3 次洗涤、3 次干燥(60℃洗、热风干燥)
耐曲磨牢度(次)		经向:500 纬向:300	美国 ASTM D3885－2007 方法,曲磨测试仪
色牢度　洗涤褪色		2～3 级(无色光差别)	美国 AATCC 135－2012 Ⅲ B 方法(3 次)
摩擦褪色		干摩沾色 3 级,湿摩沾色 1.5 级	美国 AATCC 8－2007
日晒褪色		10h 褪色 4 级	美国 AATCC 16－2004 方法
臭氧褪色		褪色 4 级	美国 AATCC 109－2005 方法(2 次)
烟熏褪色		褪色 4 级	美国 AATCC 23－2005 方法(2 次)
脱缝实验[kg·6mm⁻¹]		15	3 次洗涤后测定,美国 ASTM D4970－2005(2007)方法
欧洲区域适用:抗起球性		60min,3 级	3 次洗涤后测定,英国帝国化学工业公司起球测试仪
脱缝实验[mm·12kg⁻¹]		3.0	3 次洗涤后测定,英国 BS－3320－1998 方法

(3)织物拒收。发生以下情况,布匹将被拒收:

①大卷捆装拼最短一段短于 20 码,各拼件平均长度低于 100 码,色泽不一致。

②连续性疵点超过 3 码。

③每匹(段)布的第一码和最后一码有 3 分或 4 分疵点(包括假开剪的两端)的次数和频率较多。

④沿长度方向通幅疵点宽度超过 6 英寸。

⑤每百码内发现平均 10 码内都有通幅性的疵点。

⑥抽样 20% 的布匹有下列疵点,将被整批拒收:

a. 布的两边或布边与中央有明显色泽差异。

b. 布头和布尾有明显色泽差异。

c. 色泽过深或过浅。

d. 窄幅。

e. 布匹的纬斜率差异超过允许范围。

f. 布边太松、太紧或有波浪纹。

g. 疵点分数过高。

h. 与标准相比手感太软或太硬。

i. 上述情况交叉重复出现。

⑦每 100 平方码疵点扣分超过下列标准:

	单个卷装	整批船货
重磅牛仔布	15	10
中、轻磅牛仔布	20	12
弹力牛仔布	25	15

⑧在一匹布中,标明的码数与实际码数差异超过 2% 以上。

⑨在整批布中抽查发现表明的码数与实际码数有 1% 差异。

⑩填写整批牛仔布的数量超过或少于 0.5%。

(4)织物包装和标志。

①包装要求。除非另有规定或经双方同意,一般大卷捆装的长度范围应在 450~550 码之间。各捆装长度应尽量一致。

卷装尺寸:牛仔裤公司所需的卷装直径要求不超过 34 英寸,运动服公司所需的卷装直径要求不超过 24 英寸。

大卷捆装拼件最短一段(包括假开剪)不得短于 20 码,各拼件平均长度不得低于 100 码,各拼件必须保持色泽一致。

大卷捆装和小卷箱装的布匹均应卷绕紧密,确保货物成形良好。布匹卷装在 1.5~2 英寸的硬质纸管或塑料管上。包装材料应能保护织物在运输途中和储存中不受任何伤害。纸管两端伸出的布卷不得超过 0.5 英寸。卷筒布的外套包装材料的头端应塞进筒内,以避免在运输或储藏过程中发生退绕现象。

大卷捆装绳子道数最多不得超过 4 道,绳子捆扎距布端不得超过 12 英寸。织物小样应用胶带纸固定在卷装上,胶带纸长度不得长于 4 英寸,每卷布至多可在 3 处用胶带纸固定。

小卷布应放入坚固的包装箱中,包装箱的宽度应比织物宽 2 英寸,应掌握每个包装箱装入货物后重量不超过 500 磅。装入同一箱中卷筒布的色泽必须一致,如有两种以上色泽拼箱时,将被拒收。

②标志。每大卷捆装或小卷箱装均应贴上标签,注明以下内容:

染色序号、件号、类别或品名、颜色号、色泽号、码长、净重、幅宽、纤维含量。

小卷包装箱内应具备一式两份装箱单,一份放入箱内,另一份贴在纸箱外面。装箱单内容应包括:箱号、品名或类别、颜色号、段长记录单、码长、净重、染色批号、成品幅宽、纤维含量、色泽号。

2. 日本等国牛仔成衣质量检验(指标)

(1)物理内在质量指标。

①棉织物产品(表 10 - 19)。

表 10 - 19 棉织物产品[靛蓝的牛仔布及卡其产品(包含成衣染色等)]质量检验标准

项目		试验方法	合格基准	参考
色牢度	耐光	JIS L 0842 - 2004 第 3 露光法 - 2005	4 级以上 (淡色)3 级以上	
	耐洗烫	JIS L 0844 - 2005 A - 2 号	变褪色 4 级以上 污染 3 级以上	
	耐洗涤	JIS L 0844 - 2005 A - 2 号准用	变褪色 4 级以上 污染 3 级以上	使用 0.2% 弱碱性合成洗涤剂
	耐汗	JIS L 0848 - 2004 A 法	变褪色 4 级以上 污染 3 级以上	
	耐摩擦	JIS L 0849 - 2004 Ⅱ 型	干摩 3～4 级以上 (沾色)3 级以上 湿摩 2 级以上 (沾色)1～2 级以上	
	耐水	JIS L 0846 - 2004 A 法	变褪色 4 级以上 污染 3 级以上	
	耐盐素处理水	JIS L 0884 - 1996	变褪色 3～4 级以上	
	耐干洗	JIS L 0860 - 2008 JIS L 0861 - 1996	变褪色 4 级以上 污染 4 级以上	适用不可洗水的商品
	掉色	上升法	渗色 4～5 级以上	
收缩率		洗水 JIS L 1042 - 1992 G 法	±3% 以内	适合所有产品,干燥方法按照洗涤说明进行
		干洗 J 法	±3% 以内	适用不可洗水的商品
引裂强度		JIS L 1096 - 2010 摆锤式强力试验法	厚面料(12 盎司/平方码以上) 15N 以上 薄面料(12 盎司/平方码以下) 10N 以上	加工后的面料强度在加工前强度的 50% 以下的情况下加工再进行商谈
滑脱抵抗力		JIS L 1096 - 2010 缝目滑脱 B 法	3mm 以内 12kg 重荷(下衣) 5kg 重荷(上衣)	
起球		JIS L 1076 - 2012 ICI 型(10h)	3 级以上	
耐洗性		JIS L 2017-103 JIS L 2017-104 JIS L 2017-105 JIS L 2017-106 商业干洗法	在外观上无异常 在缝制上无异常 变褪色 4 级以上 收缩率在 ±3% 以内 起皱 3 级以上 渗色 4～5 级以上	洗水或干洗涤的说明:有印花等的情况下,按上述试验反复进行 5 回,确认印花色牢度

续表

项目	试验方法	合格基准	参考
伸长率	JIS 1096B 法	18.0％以上	
伸长回复率	JIS 1096B - 1 法	75.5％以上	

②棉编织物产品(表 10 - 20)。

表 10 - 20　棉编织物产品[靛蓝的牛仔布及卡其产品(包含成衣染色等)]质量检验标准

项目		试验方法	合格基准	参考
色牢度	耐光	JIS L 0842 - 2004 第 3 露光法	4 级以上 (淡色)3 级以上	
	耐洗烫	JIS L 0844 - 2005 A - 2 号	变褪色 4 级以上 污染	3 级以上
	耐洗涤	JIS L 0844 - 2005 A - 2 号准用	变褪色 4 级以上 污染 3 级以上	使用 0.2％弱碱性合成洗涤剂
	耐汗	JIS L 0848 - 2004 A 法	变褪色 4 级以上 污染 3 级以上	
	耐摩擦	JIS L 0849 - 2004 Ⅱ型	干摩 3～4 级以上 (沾色)3 级以上 湿摩 2 级以上 (沾色)1～2 级以上	
	耐水	JIS L 0846 - 2004 A 法	变褪色 4 级以上 污染 3 级以上	
	耐盐素 处理水	JIS L 0884 - 1996	变褪色 3～4 级以上	
	耐干洗	JIS L 0860 - 2008 JIS L 0861 - 1996	变褪色 4 级以上 污染 4 级以上	适用不可洗水的商品
	掉色	上升法	渗色 4～5 级以上	
收缩率		洗水 JIS L 1042 - 1992 G 法	-3％～+6％	适合所有产品,干燥方法按照洗涤说明进行
		干洗 J 法	±3％以内	适用不可洗水的商品
破裂试验		JIS L 1018 - 1999	49.05N/cm² 以上	
起球		JIS L 1076 - 2012 ICI 型(5h)	3 级以上	
耐洗性		JIS L 0217-103 JIS L 0217-104 JIS L 0217-105 JIS L 0217-106 商业干洗法	在外观上无异常 在缝制上无异常 变褪色 4 级以上 收缩率在±3％以内 起皱 3 级以上 渗色 4～5 级以上	洗水或干洗涤的说明;有印花等的情况下,按上述试验反复进行 5 次,确认印花色牢度

(2)成衣规格质量标准(表 10 - 21)。

表 10－21 成衣规格质量标准

项目	尺寸名称	测量方式	成品尺寸允许范围(cm)
裤子	腰围	周长	－1.0～＋1.5
	臀围	周长	－1.0～＋1.5
	横裆	周长 1/2	±0.7
	膝围	周长 1/2	±0.5
	脚口	周长 1/2	±0.5
	裤长	总长	－1.0～＋2.0
			对于底边不窝边的产品,另外有容许范围
裙子	腰围	周长	－1.0～＋1.5
	臀围	周长	－1.0～＋1.5
	底摆宽	周长 1/2	±0.5
	裙长	总长	－1.0～＋2.0
上衣	领围	周长	－1.0～＋1.0
	胸围	周长	－1.0～＋1.5
	腰围	周长	－1.0～＋1.5
	袖长	总长	－1.0～＋1.0
	袖口围	周长 1/2	－0.5～＋0.5
	衣长	总长	－1.0～＋2.0
	肩宽	总长	－1.0～＋1.0
	总袖长	总长	－1.5～＋1.5

（3）成衣整烫标准（表 10－22）。

表 10－22 成衣整烫标准

项目	不良内容	基准
风格	风格与样本及同一商品明显不一样	不明显 （除特殊加工以外）
皱	不规则的折皱、叠加在一起的压痕	不明显 （除特殊加工以外）
亮光	整烫后出现明显亮光	不明显
蒸汽痕	因整烫而出现蒸汽痕/线明显	不明显
起扭	牛仔成品(叠法)中超过 2cm 起扭的 中心成品(叠法)中超过 2cm 起扭的	2cm 以内
错开	牛仔成品(叠法)中超过 2cm 错开(一前一后) 中心成品(叠法)中超过 2cm 错开(一前一后)	2cm 以内
叠法	叠法错误(与样本及同一商品不一样)	无
吊牌	所挂位置是否错误(与样品及同一商品不一样) 所挂吊牌错误(与样品及同一商品不一样) 忘记挂吊牌	无

（4）成品附料质量标准（表 10 - 23）。

表 10 - 23　成品附料质量标准

项目	不良内容	基准
其他金属类	有裂纹 变形 大小、厚薄、形状不等 生锈 掉色	没有 （特殊洗水加工商品除外）
皮牌	有裂纹 变形 大小、厚薄、形状不等 掉色 不清晰	没有 （特殊洗水加工商品除外）
商标	变形 大小、厚薄、形状不等 掉色 不清晰 脱落	没有 （特殊洗水加工商品除外）
品质表示（洗标）	内容不贴切 混纺比例不正确 记入有漏 印字不清晰	没有

（5）后整附属品质量标准（表 10 - 24）。

表 10 - 24　后整附属品质量标准

项目	不良内容	基准
价格牌	无条形码 由于环境（温湿度、光等）造成变形掉色、移染 标识不良	没有
说明牌	由于环境（温湿度、光等）造成变形掉色、移染 标识不良	没有
别针（夹子）	夹产品时无复原力 对人体有危害	去掉，恢复原样 没有
其他金属类	对人体有危害 由于环境（温湿度、光等）造成变形、生锈、移染	没有

（6）辅料质量标准（表 10 - 25）。

表 10 - 25　辅料质量标准

项目	不良内容	基准
共同项目	对人体有危害 损坏 不具有同一物理性质	没有

项目	不良内容	基准
拉链	缺齿 缺固定齿 拉头损坏 生锈 掉色	没有(有特殊加工的商品除外)
四合扣	有裂纹 变形 大小、厚薄、形状不等 生锈 掉色	没有(有特殊加工的商品除外)
线缝扣	挂线 有裂纹 变形 大小、厚薄、形状不等 掉色	没有
铆钉垫圈	有裂纹 变形 大小、厚薄、形状不等 生锈 掉色	没有

（7）成衣缝制质量标准（表 10 - 26）。

表 10 - 26　成衣缝制质量标准

项目	不良内容	基准
脱线	脱缝(缝线脱线) 开线	没有
跳针	没有形成缝迹	平缝一处不超过一针，没有环缝
断(脱)线	缝线断开	没有(除特殊洗水加工商品外)
缝皱、缝牵扯	部分牵扯(小皱)部分起皱	不明显
脏污	外观有明显污迹	不明显(除特殊洗水加工商品外)
断纱	外观明显 穿着时脱开	不明显(除特殊洗水加工商品外)
扭裆(裆下起扭)	牛仔经后整后有 2cm 以上起扭 中心经后整后有 2cm 以上起扭走步(以中心对叠下垂状态在左右腿一前一后的错开)	不明显(关于商品构思的例外)
尺寸不对(成衣规格书指定外)	外观明显 穿着有影响	不明显
未装附属品	附属品(纽扣、商标、襻等)未装	没有
附属品位置错位	穿着有影响 外观明显	不明显
缝制试样错误	穿着有影响 与设计有差别	不明显

项目	不良内容	基准
混入危险物	用探针器测出有反应却查不出原因	没有
外观不良	外观明显 作为产品明显太次	不明显
其他	明显与缝制基准偏差	在缝制标准内

(8)成衣洗水质量标准(表10-27)。

表10-27 成衣洗水质量标准

项目	不良内容	基准
颜色	色差与样本及同一商品明显不一样 仿旧加工(猫须/机擦/喷砂/染色色差/起皱加工等)与样本及同一商品明显不一样	不明显(特殊加工除外)
色差	脱色差/染色色差等明显	不明显(特殊加工除外)
斑点	脱色/石磨/染色/过程等出现斑点明显	不明显(特殊加工除外)
脏污	油污/锈污/水印/附料品金属反应污迹等明显	不明显(特殊加工除外)
加工破洞、面疵	因面料断线及加工的磨损而造成破洞疵点	不允许(特殊加工除外)
加工筋(线)	加工时折线/痕明显	不明显(特殊加工除外)
日照	日照变黄/变白等	不明显

注 国内牛仔成衣物理指标检验方法都采用国家标准中规定方法,现将相应的国家标准号引出,见表10-28。

表10-28 牛仔成衣物理指标检验方法国家标准索引

检测项目	采用标准	检测项目	采用标准
甲醛测定	GB/T 2912.1—2009	pH 测定	GB/T 7573—2009
撕破强力	GB/T 3917.1—2009	缩水率试验	GB/T 8630—2002 GB/T 8629—2001
耐洗色牢度	GB/T 3921—2008	禁用偶氮染料测定	GB/T 17592—2011
耐汗渍色牢度	GB/T 3922—1995	耐唾液色牢度测定	GB/T 18886—2002
断裂强度	GB/T 3923.1—2013	纤维含量测验	FZ/T 01053—2007
耐人造光色牢度(氙弧)	GB/T 8427—2008		

第三节 欧洲化学管理局高度关注的物质

欧洲化学品管理局于2013年12月16日起高度关注物质(SVHC)总数已增加至151种,各种违禁物质将不断地被推出。这151种高度关注物质是分别于以下时期开始实施的:

(1)2008年10月28日——15种物质。

(2)2010年1月13日——13种物质。

(3)2010年6月18日——8种物质。

(4)2010 年 12 月 15 日——8 种物质。

(5)2011 年 6 月 20 日——7 种物质。

(6)2011 年 12 月 19 日——20 种物质。

(7)2012 年 6 月 18 日——13 种物质。

(8)2012 年 12 月 19 日——54 种物质。

(9)2013 年 6 月 20 日——6 种物质。

(10)2013 年 12 月 16 日——7 种物质。

一、欧洲化学品管理局发布的 151 种 SVHC 物质(表 10－29)

表 10－29 欧洲化学品管理局发布的 151 种 SVHC 物质

SVHC 第一批清单(15 项)于 2008 年 10 月 28 日公布生效,清单如下:

物质	EC NO.	CAS No.	主要用途
蒽 Anthracene	204－371－1	120－12－7	染料、制纸浆的助剂
4,4'-二氨基二苯基甲烷 4,4'－Diaminodiphenylmethane	202－294－4	101－77－9	偶氮染料、橡胶和环氧树脂助剂
邻苯二甲酸二丁酯 Dibutyl phthalate (DBP)	201－557－4	84－74－2	增塑剂
氯化钴 Cobalt dichloride	231－589－4	7646－79－9	干燥剂、电镀、橡胶助剂
五氧化二砷 Diarsenic pentaoxide	215－116－9	1303－28－2	防腐剂、部分染料的制备、特种玻璃添加剂、杀虫剂等
三氧化二砷 Diarsenic trioxide	215－481－4	1327－53－3	脱色剂、氧化剂、防腐剂、半导体
二水(合)重铬酸钠 Sodium dichromate	234－190－3	7789－12－0 10588－01－9	染料、防腐剂、金属表面处理
二甲苯麝香 5－tert－butyl－2,4,6－trinitro－m－xylene(musk xylene)	201－329－4	81－15－2	香料中定香剂
邻苯二甲酸二(2-乙基乙醇)酯 Bis (2－ethylhexyl) phthalate(DEHP)	204－211－0	117－81－7	增塑剂
六溴环十二烷及其对映异构体 Hexabromocyclododecane(HBCDD) and all major diastereoisomers identified(α－HBCDD,β－HBCDD,γ－HBCDD)	247－148－4 221－695－9	25637－99－4 and 3194－55－6 (134237－51－7, 134237－50－6, 134237－52－8)	阻燃剂
(C$_{10\sim13}$短链氯化石蜡 Alkanes,C$_{10\sim13}$,chloro(Short chain chlorinated paraffin)	287－476－5	85535－84－8	塑料增塑剂、阻燃剂、涂料、涂层
三丁基氧化锡 Bis (tributyltin) oxide	200－268－0	56－35－9	纺织品、皮革添加剂
砷酸氢铅 Lead hydrogen arsenate	232－064－2	7784－40－9	防腐剂、杀虫剂

物质	EC NO.	CAS No.	主要用途
邻苯二甲酸丁苄酯 Benzyl butyl phthalate（BBP）	201－622－7	85－68－7	防腐剂、杀虫剂
三乙基砷酸酯 Triethyl arsenate	427－700－2	15606－95－8	增塑剂

SVHC 第二批清单（13 项）于 2010 年 1 月 13 日公布，2010 年 3 月 30 日修订，清单如下：

物质	EC NO.	CAS No.	主要用途
蒽油 Anthracene oil	292－602－7	90640－80－5	主要用于制造其他物质，如提炼蒽、炭黑，也用于炸药的还原促进剂，以及海洋捕捞、防腐
蒽油，蒽糊，轻油 Anthracene oil, anthracene, paste, distn. Lights	295－278－5	91995－17－4	
蒽油，蒽糊，蒽馏分 Anthracene oil, anthracene, paste, anthracene fraction	295－275－5	91995－15－2	
蒽油，含蒽量少 Anthracene oil, anthracene－low	292－604－8	90640－82－7	
蒽油，蒽糊 Anthracene oil, anthracene paste	292－603－2	90640－81－6	
邻苯二甲酸二异丁酯 Diisobutyl phthalate（DIBP）	201－553－2	84－69－5	增塑剂
2,4－二硝基甲苯 2,4－Dinitrotoluene99999	204－450－0	121－14－2	用于制作甲苯二异氰酸盐（酯）（TDI），进而制造聚亚安酯泡沫；也用于透明塑料
高温煤沥青 Coal tar pitch, high temperature	266－028－2	65996－93－2	主要用于工业电极，少量用于重度防腐、铺路、黏土制作
磷酸三（2－氯乙基）酯 Tris（2－chloroethyl）phosphate（TCEP）	204－118－5	115－96－8	阻燃剂，阻燃性增塑剂
C. I. 颜料黄 34 Lead sulfochromate yellow（C. I. pigment yellow 34）	215－693－7	1344－37－2	色素，用于塑料、油漆着色
硫酸铅铬钼红（C. I. 颜料红 104） Lead chromate molybdate sulfate red（C. I. pigment red 104）	235－759－9	12656－85－8	
铬酸铅 Lead chromate	231－846－0	7758－97－6	
丙烯酰胺 Acrylamide	201－172－7	79－06－1	生产聚丙烯酰胺的原料（2010 年 3 月 30 日生效）

SVHC 第三批清单（8 项）于 2010 年 6 月 18 日公布生效，清单如下：

物质	EC NO.	CAS No.	可能用途
三氯乙烯 Trichloroethylene	201－167－4	79－01－6	金属部件的清洁和除油、黏合剂溶剂、用于氟氯有机化合物生产的中间体

续表

物质	EC NO.	CAS No.	可能用途
硼酸 Boric acid	233 − 139 − 2 234 − 343 − 4	10043 − 35 − 3 1113 − 50 − 1	包括多种用途,如用于多种杀虫剂和防腐剂、个人护理产品、食品添加剂、玻璃、陶瓷、橡胶、化肥、阻燃剂、油漆、工业油、制动液、焊接产品、冲印剂
无水四硼酸钠 Disodium tetraborate,anhydrous	215 − 540 − 4	1330 − 43 − 4 12179 − 04 − 3 1303 − 96 − 4	包括多种用途,如用于玻璃和玻璃纤维、陶瓷、清洁剂、个人护理产品、工业液体、冶金、黏合剂、阻燃剂、农药、化肥
水合硼酸钠 Tetraboron disodium heptaoxide,hydrate	12267 − 73 − 1	12267 − 73 − 1	包括多种用途,如用于玻璃和玻璃纤维、陶瓷、清洁剂、个人护理产品、工业液体、冶金、黏合剂、阻燃剂、农药、化肥
铬酸钠 Sodium chromate	231 − 889 − 5	7775 − 11 − 3	实验室(分析试剂),用于墨水、油漆、颜料、有机合成氧化剂等
铬酸钾 Potassium choromate	232 − 140 − 5	7789 − 00 − 6	金属处理和涂层、化学品和试剂制造、印染的氧化剂、媒染剂陶瓷着色剂、皮革鞣剂、颜料/油墨制造、实验室分析试剂、烟火制造
重铬酸铵 Ammonium dichromate	232 − 143 − 1	7789 − 09 − 5	氧化剂、实验室分析试剂、皮革鞣剂、纺织品制造、制造光敏屏幕(阴极射线管)、金属处理
重铬酸钾 Potassium dichromate	231 − 906 − 6	7778 − 50 − 9	铬金属制造、金属处理和涂层、化学品和试剂制造、实验室分析试剂、玻璃仪器清洗、皮革鞣剂、印染业媒染剂、光刻、木材处理、缓蚀剂冷却系统

SVHC 第四批清单(8 项)于 2010 年 12 月 15 日公布生效,清单如下:

物质	EC NO.	CAS No.	可能用途
硫酸钴 Cobalt(Ⅱ) sulphate	233 − 334 − 2	10124 − 43 − 3	催化和烘干,表面处理(如电镀)、防腐、颜料生产、脱色(在玻璃、陶瓷中)、电池、生产动物饲料、化肥等
硝酸钴 Cobalt(Ⅱ) dinitrate	233 − 402 − 1	10141 − 05 − 6	主要用于制造其他化学品和催化剂。此外,还用于表面处理和电池
碳酸钴 Cobalt(Ⅱ) carbonate	208 − 169 − 4	513 − 79 − 1	主要用于制造催化剂,也有少量用于饲料添加剂、制造其他化学品,制造颜料和胶黏剂
醋酸钴 Cobalt(Ⅱ) diacetate	200 − 755 − 8	71 − 48 − 7	主要用于催化剂,也有少量用于制造其他化学品,表面处理,合金,制造颜料,干燥,橡胶胶黏剂和饲料添加剂
2−甲氧基乙醇 2 − Methoxyethanol	203 − 713 − 7	109 − 86 − 4	主要用作溶剂、化学中间体和燃料添加剂,印染工业用作渗透剂和匀染剂,燃料工业用作添加剂,纺织工业用作染色助剂

续表

物质	EC NO.	CAS No.	可能用途
2-乙氧基乙醇 2 - Ethoxyethanol	203 - 804 - 1	110 - 80 - 5	主要用作溶剂、化学中间体,还可用做清漆的涂膜剂,净化液,水溶性颜料和染料溶液,精练皮革的溶剂
三氧化铬 Chromium trioxide	215 - 607 - 8	1333 - 82 - 0	主要用于金属表面处理和防腐剂生产、印染工业氧化剂
三氧化二铬及其低聚物产生酸:铬酸、二铬酸、铬酸及二铬酸的低聚物 Acids generated from chromiumtrioxide and their oligomers:Chromic acid(铬酸)Dichromic acid(重铬酸)Oligomers of chromic acid and dichromic acid(低聚铬酸)	231 - 801 - 5 236 - 881 - 5	7738 - 94 - 5 13530 - 68 - 2	三氧化二铬主要是以水溶液的形式存在,因此这些物质与三氧化二铬的使用相同

SVHC第五批清单(7项)于2011年6月20日公布生效,清单如下:

物质	EC NO.	CAS No.	可能用途
1,2-苯二酸-二($C_{6\sim8}$支链)烷基酯(富C_7) 1,2 - Benzenedicarboxylic, acid, di - $C_{6\sim8}$ - branched alkyl esters,C_7 - rich	276 - 158 - 1	71888 - 89 - 6	塑料、印刷油墨、密封剂和胶黏剂中的增塑剂
1,2-苯二酸-二($C_{7\sim11}$支链与直链)烷基(醇)酯 1,2 - Benzenedicarboxylic cid,di - C_7 - 11 - branched and linear alkyl esters	271 - 084 - 6	68515 - 42 - 4	塑料、密封剂和胶黏剂中的增塑剂
1,2,3-三氯丙烷 1,2,3 - trichloropropane	202 - 486 - 1	96 - 18 - 4	生产有机氯溶剂的中间体;聚合物和橡胶生产中的交联剂等
1-甲基-2-吡咯烷酮 1 - methyl - 2 - pyrrolidone	212 - 828 - 1	872 - 50 - 4	PVC纺纱剂,金属和木材涂层,电子原件清洗剂等
乙二醇乙醚醋酸酯 2 - ethoxyethyl acetate	203 - 839 - 2	111 - 15 - 9	涂料、油漆中的溶剂,化工中间体,塑料和橡胶涂料
联氨 Hydrazine	206 - 114 - 9	7803 - 57 - 8; 302 - 01 - 2	合成化学发泡剂、油漆、油墨、染料的肼类衍生物,聚合涂料和胶黏剂的单体,在玻璃和塑料上沉积金属过程中的还原剂
铬酸锶 Strontium chromate	232 - 142 - 6	7789 - 06 - 2	电镀铬,颜料和金属缓蚀剂,PVC着色剂

SVHC第六批清单(20项)于2011年12月19日公布生效,清单如下:

物质	EC NO.	CAS No.	可能用途
1,2-二氯乙烷 1,2 - Dichloroethane	203 - 458 - 1	107 - 06 - 2	橡胶、胶状物质和树脂的溶剂;油漆,涂料,胶黏剂,清漆,肥皂和清洗剂原料;皮革和金属清洗剂
4,4'-亚甲基-双-2-氯苯胺 2,2' - dichloro - 4,4' - methylenedianiline(MOCA)	202 - 918 - 9	101 - 14 - 4	聚氨酯合成橡胶的助剂和原料;胶水、胶黏剂和木制品的密封剂
2-甲氧基苯胺 2 - Methoxyaniline	201 - 963 - 1	90 - 04 - 0	偶氮染料、颜料和香水中间体;墨水、蜡笔、纸、聚合物和制造铝箔原料

续表

物质	EC NO.	CAS No.	可能用途
对特辛基苯酚 4 - tert - Octylphenol	205 - 426 - 2	140 - 66 - 9	表面活性剂、硫化剂和油漆中间体；胶黏剂、聚合物单体；印染助剂
二乙二醇二甲醚 Bis(2 - methoxyethyl)ether	203 - 924 - 4	111 - 96 - 6	电池,塑料和橡胶分散剂,密封剂、胶黏剂、油漆等
甲醛与苯胺的低聚物 Formaldehyde, oligomeric reaction products with aniline(technical MDA)	500 - 036 - 1	25214 - 70 - 4	化工原料,环氧树脂固化剂,高性能聚合物材料
酚酞 Phenolphthalein	201 - 004 - 7	77 - 09 - 8	酸碱指示剂,墨水、染料等
邻苯二甲酸二甲氧基乙酯 Bis(2 - methoxyethyl)phthalate	204 - 212 - 6	117 - 82 - 8	聚合物的塑化剂,胶黏剂、油漆、印刷油墨和清漆
N,N-二甲基乙酰胺 N,N - dimethylacetamide(DMAC)	204 - 826 - 4	127 - 19 - 5	聚合物溶剂、脱漆剂、油墨去除剂、涂料和胶黏剂原料
砷酸 Arsenic acid	231 - 901 - 9	7778 - 39 - 4	生产电路板的铜箔,玻璃制造,木材防腐,棉织品的干燥剂等
砷酸钙 Calcium arsenate	231 - 904 - 5	7778 - 44 - 1	冶金精炼
砷酸铅 Trilead diarsenate	222 - 979 - 5	3687 - 31 - 8	杀虫剂,有色金属冶炼
叠氮化铅 Lead diazide	236 - 542 - 1	13424 - 46 - 9	雷管引爆剂；烟火装置引爆剂
史蒂芬酸铅 Lead styphnate	239 - 290 - 0	15245 - 44 - 0	烟火弹药等
苦味酸铅 Lead dipicrate	229 - 335 - 2	6477 - 64 - 1	炸药
铬酸铬 Dichromium tris(chromate)	246 - 356 - 2	24613 - 89 - 6	防腐漆,酸性媒染染料染色过程催化剂
氢氧化铬酸锌 Pentazinc chromate octahydroxide	256 - 418 - 0	49663 - 84 - 5	底漆防腐蚀剂；底漆清洗
氢氧化铬酸锌钾 Potassium hydroxyoctaoxodizincatedichromate	234 - 329 - 8	11103 - 86 - 9	防腐颜料,涂料和密封剂原理
硅酸铝耐火陶瓷纤维 Aluminosilicate Refractory Ceramic Fibres（AI - RCF）	—	—	—
氧化锆硅酸铝耐火陶瓷纤维 Zirconia Aluminosilicate Refractory Ceramic Fibres(ZrAI - RCF)	—	—	工业熔炉、管线、管道和线缆的隔热纤维,金属的强化

SVHC第七批清单(13项)于2012年6月18日公布生效,清单如下：

物质	EC NO.	CAS No.	可能用途
三乙二醇二甲醚(TEGDME) 1,2 - bis(2 - methoxyethoxy)ethane	203 - 977 - 3	112 - 49 - 2	溶剂、制程化学品
乙二醇二甲醚(EGDME) 1,2 - dimethoxyethane;ethyleneglycol dimethyl ether	203 - 794 - 9	110 - 71 - 4	电池、溶剂、制程化学品

物质	EC NO.	CAS No.	可能用途
4,4'-二(二甲氨基)-4"-甲氨基三苯甲醇 4,4'-bis(dimethylamino)-4"-(methylamino)trityl alcohol	209-218-2	561-41-1	染料、油漆、颜料、墨水
4,4'-二(二甲氨基)二苯甲酮(米氏酮) 4,4'-bis(dimethylamino)benzophenone (Michler'sketone)	202-027-5	90-94-8	染料、颜料、PCB板、聚合物
C.I.碱性紫3 C.I.Basic Violet 3	208-953-6	548-62-9	纺织品、塑胶、油漆、油墨
C.I.碱性蓝26 C.I.Basic Blue 26	219-943-6	2580-56-5	油墨、染料、油漆、颜料、墨水
三氧化二硼 Diboron trioxide	215-125-8	1303-86-2	玻璃及玻璃纤维、电子产品阻燃剂、胶黏剂、油墨、油漆、涂料、杀菌剂、杀虫剂等
甲酰胺 Formamide	200-842-0	75-12-7	中间体、增塑剂、合成皮革、油墨、溶剂等
甲基磺酸铅 Lead(Ⅱ)bis(methanesulfonate)	401-750-5	17570-76-2	电镀
N,N,N',N'-四甲基-4,4'-二氨基二苯甲烷(米氏碱) N,N,N',N'-tetramethyl-4,4'-methylenedianiline (Michler's base)	202-959-2	101-61-1	染料、颜料
1,3,5-三(环氧乙基甲基)-1,3,5-三嗪-2,4,6(1H,3H,5H)-三酮(TGIC) 1,3,5-tris(oxiranylmethyl)-1,3,5-triazine-2,4,6(1H,3H,5H)-trione	219-514-3	2451-62-9	塑料稳定剂、PCB油墨、电子产品涂层、电绝缘材料、树脂固化剂等
C.I.溶剂蓝4 C.I.Solvent Blue 4	229-851-8	6786-83-0	染料、油漆、颜料、墨水
1,3,5-三-[(2S和2R)-2,3-环氧丙基]-1,3,5-三嗪-2,4,6-(1H,3H,5H)-三酮 β-TGIC(1,3,5-tris[(2Sand2R)-2,3-epoxypropyl]-1,3,5-triazine-2,4,6-(1H,3H,5H)-trione)	423-400-0	59653-74-6	塑料稳定剂、PCB油墨、电子产品涂层、电绝缘材料、树脂固化剂等

SVHC第八批清单(54项)于2012年12月19日正式公布,清单如下:

物质	EC NO.	CAS No.	可能用途
二盐基邻苯二甲酸铅 [Phthalato(2-)]dioxotrilead	273-688-5	69011-06-9	塑胶制品
1,2-苯二酸-二(支链与直链)戊基酯 1,2-Benzenedicarboxylic acid, dipentylester, branched and linear	284-032-2	84777-06-0	增塑剂
乙二醇二乙醚 1,2-Diethoxyethane	211-076-1	629-14-1	油漆、油墨、中间体

续表

物质	EC NO.	CAS No.	可能用途
1-溴丙烷 1-bromopropane	203-445-0	106-94-5	药物、染料、香料、中间体
3-乙基-2-甲基-2-(3-甲基丁基)噁唑烷 3-ethyl-2-methyl-2-(3-methylbutyl)-1,3-oxazolidine	421-150-7	143860-04-2	橡胶制
对特辛基苯酚乙氧基醚 4-(1,1,3,3-tetramethylbutyl)phenol, ethoxylated	—	—	油漆、油墨、纸张、胶水、纺织品
4,4'-二氨基-3,3'-二甲基二苯甲烷 4,4'-methylenedi-o-toluidine	212-658-8	838-88-0	绝缘材料、聚氨酯黏合剂、环氧树脂固化剂
4,4'-二氨基二苯醚 4,4'-oxydianiline	202-977-0	101-80-4	染料中间体、树脂合成
4-氨基偶氮苯 4-Aminoazobenzene	200-453-6	60-09-3	染料中间体
2,4-二氨基甲苯 4-methyl-m-phenylenediamine	202-453-1	95-80-7	染料、医药中间体及其他有机合成
4-壬基(支链与直链)苯酚 4-Nonylphenol, branched and linear	—	—	油漆、油墨、纸张、胶水、橡胶制品
2-甲氧基-5-甲基苯胺 6-methoxy-m-toluidine	204-419-1	120-71-8	中间体、燃料合成
碱式乙酸铅 Acetic acid, lead salt, basic	257-175-3	51404-69-4	油漆、涂层、脱漆剂、稀释剂
4-氨基联苯 Biphenyl-4-ylamine	202-177-1	92-67-1	染料和农药中间体
十溴联苯醚 Bis(pentabromophenyl) ether (DecaBDE)	214-604-9	1163-19-5	阻燃剂
偶氮二甲酰胺 C,C'-azodi(formamide)	204-650-8	123-77-3	聚合物、胶水、墨水
二丁基二氯化锡 Dibutyltin dichloride	211-670-0	683-18-1	纺织品和塑料、橡胶制品
硫酸二乙酯 Diethyl sulphate	200-589-6	64-67-5	生产染料、聚合物
邻苯二甲酸二异戊酯 Diisopentylphthalate(DIPP)	210-088-4	605-50-5	增塑剂
硫酸二甲酯 Dimethyl sulphate	201-058-1	77-78-1	生产染料、聚合物
地乐酚 Dinoseb	201-861-7	88-85-7	塑胶制品
双(十八酸基)二氧代三铅 Dioxobis(stearato)trilead	235-702-8	12578-12-0	塑胶制品
$C_{16\sim18}$-脂肪酸铅 Fatty acids, $C_{16\sim18}$, leadsalts	292-966-7	91031-62-8	塑胶制品

续表

SVHC 第八批清单(54 项)于 2012 年 12 月 19 日正式公布,清单如下:

物质	EC NO.	CAS No.	可能用途
呋喃 Furan	203 - 727 - 3	110 - 00 - 9	溶剂、有机合成
全氟十一烷酸 Henicosafluoroundecanoic acid	218 - 165 - 4	2058 - 94 - 8	油漆、纸张、纺织品、皮革等
全氟十四烷酸 Heptacosafluorotetradecanoic acid	206 - 803 - 4	376 - 06 - 7	油漆、纸张、纺织品、皮革等
环己烷-1,2-二羧酸酐 Hexahydro - 2 - benzofuran - 1,3 - dione	201 - 604 - 9	85 - 42 - 7	
顺式-环己烷-1,2-二羧酸酐 cis - cyclohexane - 1,2 - dicarboxylic anhydride	236 - 086 - 3	13149 - 00 - 3	中间体、树脂改性剂和环氧树脂固化剂
反式-环己烷-1,2-二羧酸酐 trans - cyclohexane - 1,2 - dicarboxylic anhydride	238 - 009 - 9	14166 - 21 - 3	
甲基六氢邻苯二甲酯酐 Hexahydromethylpthalic anhydride	247 - 094 - 1	25550 - 51 - 0	
4-甲基六氢邻苯二甲酯酐 Hexahydro - 4 - methylpthalic anhydride	243 - 072 - 0	19438 - 60 - 9	生产树脂、橡胶、聚合物
1-甲基六氢邻苯二甲酯酐 Hexahydro - 1 - methylpthalic anhydride	256 - 356 - 4	48122 - 14 - 1	
3-甲基六氢邻苯二甲酯酐 Hexahydro - 3 - methylpthalic anhydride	260 - 566 - 1	57110 - 29 - 9	
四氟硼酸铅 Lead bis(tetrafluoroborate)	237 - 486 - 0	13814 - 96 - 5	电镀、焊接、分析试剂
氨基氰铅盐 Lead cynamidate	244 - 073 - 9	20837 - 86 - 9	防锈
硝酸铅 Lead dinitrate	233 - 245 - 9	10099 - 74 - 8	染料、皮革、颜料
一氧化铅 Lead oxide (lead monoxide)	215 - 267 - 0	1317 - 36 - 8	玻璃制品、陶瓷、颜料、橡胶
碱式硫酸铅 lead oxide sulphate	234 - 853 - 7	12036 - 76 - 9	塑胶制品
四氧化三铅 Lead tetroxide	215 - 235 - 6	1314 - 41 - 6	玻璃制品、陶瓷、颜料、橡胶
钛酸铅 Lead titanium trioxide	235 - 038 - 9	12060 - 00 - 3	半导体、涂料、电子陶瓷滤波器
钛酸铅锆 Lead Titanium Zirconium Oxide	235 - 727 - 4	12626 - 81 - 2	光学产品、电子产品、电子陶瓷零件
甲氧基乙酸 Methoxyacetic acid	210 - 894 - 6	625 - 45 - 6	中间体
N,N-二甲基甲酰胺 N,N - dimethylformamide; dimethyl formamide	200 - 679 - 5	68 - 12 - 2	皮革、印刷电路板

物质	EC NO.	CAS No.	可能用途
N-甲基乙酰胺 N-methylacetamide	201-182-6	79-16-3	中间体
邻苯二甲酸正戊基异戊基酯 N-pentyl-isopentylphtalate	—	776297-69-9	增塑剂
邻-氨基偶氮甲苯 O-aminoazotoluene	202-591-2	97-56-3	染料中间体
2-氨基甲苯 O-Toluidine	202-429-0	95-53-4	染料中间体
全氟十三烷酸 Pentacosafluorotridecanoic acid	276-745-2	72629-94-8	油漆、纸张、纺织品、皮革等
硫酸四氧化五铅 Pentalead tetraoxide sulphate	235-067-7	12065-90-6	塑胶制品、电池
1,2-环氧丙烷 Propylene oxide	200-879-2	75-56-9	中间体
铅锑黄 Pyrochlore，antimony lead yellow	232-382-1	8012-00-8	油漆、涂层、玻璃陶瓷制品
掺杂铅的硅酸钡 Silicic acid，barium salt,lead-doped	272-271-5	68574-75-8	玻璃制品
硅酸铅 Silicic acid，lead salt	234-363-3	11120-22-2	玻璃陶瓷制品
二碱式亚硫酸铅 Sulfurous acid，lead salt,dibasic	263-467-1	62229-08-7	玻璃陶瓷制品
四乙基铅 Tetraethyllead	201-075-4	78-00-2	燃油增加剂
硫酸三氧化四铅 Tetralead trioxide sulphate	235-380-9	12202-17-4	颜料、塑胶制品、电池
全氟十二烷酸 Tricosafluorododecanoic acid	206-203-2	307-55-1	油漆、纸张、纺织品、皮革等
碱式碳酸铅 trilead bis(carbonate)dihydroxide	215-290-6	1319-46-6	油漆、涂料、油墨、塑胶制品
二碱式亚磷酸铅 Trilead dioxide phosphonate	235-252-2	12141-20-7	塑料的稳定剂

SVHC 第九批清单(6 项)于 2013 年 6 月 20 日公布生效,清单如下:

物质	EC NO.	CAS No.	可能用途
镉 Cadmium	231-152-8	7440-43-9	电池电极,防腐蚀涂层,催化剂、合金和太阳能电池,颜料,塑料和聚合物的稳定剂
氧化镉 Cadmium oxide	215-146-2	1306-19-0	电池电极,生产防腐蚀涂层,催化剂、颜料和陶瓷釉料,玻璃、合金和光电子器件,增强聚合物的抗热性

SVHC 第九批清单(6 项)于 2013 年 6 月 20 日公布生效,清单如下:

物质	EC NO.	CAS No.	可能用途
邻苯二甲酸二正戊酯 Dipentyl phthalate (DPP)	205 - 017 - 9	131 - 18 - 0	增塑剂
壬基苯酚 4 - Nonylphenol	—	—	表面活性剂,洗涤剂,油漆、涂料和清漆,皮革和纺织品加工
十五代氟辛酸铵盐 Ammonium pentadecafluorooctanoate (APFO)	223 - 320 - 4	3825 - 26 - 1	含氟聚合物和氟橡胶的生产,不粘厨具生产中的乳化剂
全氟辛酸 Pentadecafluorooctanoic acid (PFOA)	206 - 397 - 9	335 - 67 - 1	含氟聚合物和氟橡胶的生产,不粘厨具生产中的乳化剂

SVHC 第十批清单(7 项)于 2013 年 12 月 16 日公布生效,清单如下

物质	EC NO.	CAS No.	可能用途
硫化镉 Cadmium sulfide	215 - 147 - 8	1306 - 23 - 6	用作半导体材料、发光材料,以及玻璃、陶瓷、塑料、油漆着色
邻苯二甲酸二己酯 Dihexyl phthalate	201 - 559 - 5	84 - 75 - 3	用于树脂合成,用作韧化剂
直接红 28 Direct red 28	209 - 358 - 4	573 - 58 - 0	曾广泛用于棉、黏胶纤维的染色,用作吸附指示剂,用于测定卤化物、硫氰酸盐和锌等,用作硫代磷酸盐除草剂的显色剂,还用作生物染色剂
直接黑 38 Direct black 38	217 - 710 - 3	1937 - 37 - 7	用于棉、麻、黏胶等纤维素纤维织物的染色,也可用于蚕丝、锦纶及其混纺织物的染色,还可用于皮革、生物和木材的染色、塑料的着色及作为赤色墨水的原料等
亚乙基硫脲 2 - imidazol idnethine	202 - 506 - 9	96 - 45 - 7	用作橡胶促进剂、镀铜光亮剂
醋酸铅(Ⅱ) Lead(Ⅱ)acetate	206 - 104 - 4	301 - 04 - 2	主要用于生产硼酸铅、硬脂酸铅等铅盐的原料。在颜料工业醋酸铅同红矾钠反应,是制取铬黄的基本原料。在纺织工业中,用作篷帆布配制铅皂防水的原料。在电镀工业中,是氰化镀铜的发光剂,也是皮毛行业染色助剂
磷酸三(二甲苯)酯 Trixylenyl phosphate	246 - 677 - 8	25155 - 23 - 1	用作增塑剂

二、物品供应商的责任

在复杂的供应链中,产品会在很多途径中会被高度关注物质所污染,因而,REACH 法规为物品供应商带来了重大挑战。法规对其供应商强制实行以下责任:

如果产品中含有候选清单中所列出的高度关注物质,且其含量超过 0.1%(按重量比),供应商必须即时向买家或在收到消费者要求后的 45 天内提供以下资讯:

1. 该物质的名称。

2. 供应商所拥有对任何使用物品的安全使用指示,要注意:当一项新的高度关注物质被列入候选清单时,供应商对其相关资讯的义务就会即时生效。

由 2011 年 6 月 1 日起,如被列入候选清单的高度关注物质含量超过 0.1%(按重量比),且此物质全年检测总量超出 1 吨,(欧盟)制造商或进口商需向欧洲化学管理局(ECHA)作出通报。

第四节 水质要求

影响染色质量的水质因素——色度、pH、铁离子含量、锰离子含量、硬度(钙离子、镁离子含量)一般建议采用符合下表水质要求的水(表 10 - 30)。

表 10 - 30 印染用水水质要求

项目	单位	一般指标要求
色度	铂钴度	≤10
透明度	cm	>30
pH	—	6.5~8.5
铁离子含量	mg/L	≤0.1
锰离子含量	mg/L	≤0.1
悬浮物	mg/L	<10
硬度	mmol/L	1. 原水硬度小于 3mol/L,可直接用于生产 2. 原水硬度大于 3mmol/L,大部分可用于生产,但溶解染料应使用小于或等于 0.35mmol/L 的软化水,皂洗和碱液用水硬度最高为 3mmol/L

印染用水的水质对染色的影响与所加工产品的品质和加工产品的种类有关系,当用活性染料染中、深色品种时,水硬度的影响不大。而用酸性染料染锦纶时,水质的影响较为突出,过硬的水不仅使所染产品的色泽鲜艳度差,而且水中的 Cl⁻ 对染色也有较大影响。

染整的水质影响因素及具体影响情况评析:色度、悬浮物能影响漂白织物的白度,特别是造成筒子纱的内外层差,鲜艳亮丽颜色的鲜艳度会降低;水质 pH 高,会影响浅色织物的匀染性,因为碱性条件下,加入的染料会固着,导致匀染性不好,出现色花。另外,pH 过高在皂洗工序,会使染料水解,重现性差,在过软工序会造成布面 pH 超标;铁离子超标会导致色点、色花、色光萎暗;锰离子超标是漂白织物泛黄的罪魁祸首;硬度高,影响鲜艳度,会导致换热器结垢,能源损耗大,还会造成"碱斑"现象(实际是钙镁离子与纯碱生成的不溶性沉淀物)。水质的检测项目有:

一、色度分析

色度通常以铂钴标准色度表示。每升水样中含有相当于 1mg 铂(以氯铂酸离子状态存在)所形成的色度为 1 色度单位。测试时采用铂钴比色法。

(1)铂钴标准溶液的配制。称取 1.2456g 氯铂酸钾(K_2PtCl_6)(内含 0.5g 铂)及 1.000g 氯化钴($CoCl_2 \cdot 6H_2O$)(内含 0.248g 钴)溶于 100mL 蒸馏水中,加 100mL 浓盐酸,用蒸馏水稀释至 1L,则此标准溶液的色度为 500 度。

(2)取此标准溶液 0.4mL、0.8mL、1.2mL、1.6mL、2.0mL、2.4mL、2.8mL、3.2mL、3.4mL、4.0mL,分别用蒸馏水稀释至比色管的刻度(100mL),则各管的色度分别为 2 度、4 度、6 度、8 度、10 度、12 度、14 度、16 度、18 度、20 度。可密封长期保存。

(3)取待测水样置于比色管中,与标准比色管并排放于白瓷板或纯白纸上观察比较,与水样色度相同的标准溶液的色度即为待测液色度。

二、pH 的测定

测定水质的 pH 一般采用广泛试纸测试和电位测定法。

1. 广泛试纸测试(或精密试纸测试)

广泛试纸测试(或精密试纸测试)是最简单的方法,精确度很低(即使是精密试纸测试,其精确度也不高),但由于其操作简便、成本低,实际使用中经常被用于较粗略的评估,以作参考,但不适宜用于水质分析。

2. pH 电位测定法

电位测定法采用酸度计(pH 电位计)进行测量,其精确度较高,可精确至 0.01 测量单位,读数简便,因而在水质分析中得到广泛应用。

三、铁离子含量的测定

铁离子的含量采用比色法测定。其原理是利用邻菲绕啉盐酸盐($Cl_2H_8N_2 \cdot HCl \cdot H_2O$)与亚铁离子反应(在 pH=3~9 的水溶液中进行),生成稳定的橙红色溶液(因含有 $[Fe(Cl_2H_8N_2)_3]^{2+}$),色泽在较长时间内保持不变。在水中加入盐酸羟胺,将三价铁还原为二价铁,从而测定水中的总铁量。

$$4FeCl_3 + 2NH_2OH \cdot HCl \longrightarrow 4FeCl_2 + 6HCl + N_2O + H_2O$$

1. 绘制标准曲线

(1)配制测试用标准溶液。硫酸亚铁铵标准溶液:称取 0.7020g 硫酸亚铁铵[$FeSO_4(NH_4)_2SO_4 \cdot 6H_2O$],用 50mL 蒸馏水溶解,再加入 20mL 浓硫酸,稀释至 1000mL,得到浓度为 10mg/L 的 Fe^{2+} 溶液。盐酸羟胺溶液:称取 10g 盐酸羟胺,溶于 100mL 蒸馏水中。邻菲绕啉溶液:称取 0.1g 邻菲绕啉,溶于 100mL 蒸馏水中。

(2)绘制标准曲线。取 0.00mL、0.25mL、0.50mL、1.00mL、1.50mL、2.00mL 硫酸亚铁铵标准溶液分别置于 50mL 比色管中,以蒸馏水稀释至 50mL,并分别加入 1:9 的盐酸、盐酸羟胺溶液、邻菲绕啉溶液各 1mL,然后加入 0.2mL 氨水溶液,摇匀,以分光光度计在 510nm 波长下测其吸光度,绘制标准曲线。

2. 水中铁离子含量的测定

(1)总铁量。取 50mL 水样置于比色管中,按照绘制标准曲线的方法加入试剂,测其吸光度,根据绘制的标准曲线求得铁离子含量。

$$总铁量(\mu g/mL,mg/L)=\frac{m}{V}$$

式中:m——由标准曲线查得的铁量,μg;

　　　V—水样体积,mL。

(2)亚铁量。方法同总铁量测定,但不加盐酸羟胺溶液。

(3)三价铁含量=总铁量(mg/L)-亚铁量(mg/L)。

四、锰离子含量的测定

(1)原理。过硫酸铵以硝酸银作催化剂,将可溶性亚锰化合物氧化为高锰酸盐,再通过比色法测定。

(2)试剂的配制。硫酸锰标准溶液:取 0.1438g 分析纯高锰酸钾溶于 50mL 蒸馏水中,加入 2mL 浓硫酸,边搅拌边滴加 10% 亚硫酸氢钠溶液至溶液红色褪尽。然后沸煮 10min 后冷却稀释至 1000mL。取此溶液 100mL 稀释至 500mL,则该溶液 1mL 中含 0.01mg 的锰。

(3)绘制标准曲线。在 8 个 150mL 锥形瓶中分别加入 0.0mL、0.5mL、2.5mL、5.0mL、7.5mL、10mL、15.0mL、20.0mL 硫酸锰标准溶液,加蒸馏水至 50mL,各加入 1.5mL 1∶1 硝酸,加热蒸发至 40mL,加入 1mL 5% 硝酸银溶液及 0.5g 过硫酸铵,沸水浴加热 10min,冷却后置于 50mL 比色管中,加蒸馏水至刻度。以分光光度计在 525nm 波长段下测其吸光度,以硫酸锰溶液体积(mL)和吸光度绘制标准效果曲线。

(4)测定。取 50mL 水样置于比色管中,按绘制标准曲线的方法操作,测其吸光度,根据曲线或比色求锰离子含量:

$$c(Mn^{2+})(mg/L)=硫酸锰标准溶液体积(mL)\times 0.01\times 1000/水样体积(mL)。$$

五、水硬度的测定

在含有钙、镁离子且 pH 维持在 10.0 的水溶液中,加入少量指示剂(如铬黑 T 后),水溶液即呈酒红色。若以乙二胺四乙酸(EDTA)的二钠盐溶液滴定水溶液,至所有的钙、镁离子都被螯合时,溶液由酒红色转为蓝色,即为滴定终点。

若水样中重金属的浓度过高,则会影响测试结果。为避免使用过高浓度的 EDTA 溶液滴定而引起测定数值误差大,高硬度水样应稀释后测定。

当 pH 超过某一值时,可能造成碳酸钙或氢氧化镁沉淀使滴定终点漂移,致所得结果偏低。应将 pH 控制在 10.0,加入缓冲溶液后 5min 内完成滴定,以减少碳酸钙沉淀生成。

1. 试剂

(1)缓冲溶液。溶解 20g 分析纯氯化铵于 100mL 25% 分析纯氨水中,以蒸馏水稀释至 1000mL。

(2)指示剂。取 0.1g 铬黑 T 溶于 2mL 缓冲溶液中,用无水乙醇稀释至 20mL。指示剂以使用少量即可得到明显的滴定结果。

(3)滴定。浓度为 0.01mol/L 的 EDTA 标准溶液:取 3.723g 含 2 个结晶水的 EDTA(分析纯)溶于适量蒸馏水中,再以蒸馏水稀释至 1000mL,以标准钙溶液标定。EDTA 标准溶液的标定:取 0.6537g 锌粒(分析纯)溶于 1∶1 盐酸中,用蒸馏水稀释至 1000mL,得到 0.01mol/L 锌基准溶液。吸取此溶液 25mL 于 250mL 锥形瓶中,加 25mL 蒸馏水,以氨水中和至微碱性,加 5mL 缓冲溶液及 5~8 滴铬黑 T 指示剂,用配制好的 EDTA 标准溶液滴定至溶液由紫红色变成蓝色为终点。则 EDTA 标准溶液的浓度为:

$$c(\text{EDTA}) = \frac{c_1 V_1}{V}$$

式中:$c(\text{EDTA})$——EDTA 标准溶液的浓度,mol/L;

　　　c_1——锌基标准溶液的浓度,mol/L;

　　　V——滴定时耗用的 EDTA 体积,mL;

　　　V_1——使用锌基标准溶液的体积,mL。

(4)氢氧化钠溶液:1mol/L(或其他适当浓度)。

2. 水样测定

取 25mL 或适当体积水样置于 250mL 三角瓶内,以蒸馏水稀释至 50mL;

水样若为酸性时,应加入缓冲溶液或适当浓度的氢氧化钠溶液,将水样调整至约 pH=7.0;

加入 1~2mL 缓冲溶液,使溶液 pH 为 10.0,并于 5min 内完成滴定;

加入 1~2 滴指示剂溶液;

慢慢滴入 EDTA 标准溶液,并同时搅拌,直至淡红色消失。当加入最后几滴时,每滴的时间间隔为 3~5s,直至溶液呈蓝色为终点;

滴定时如发现无明显滴定终点颜色变化,即溶液中可能有干扰物质或指示剂已变质,此时需加入适当抑制剂或重新配制指示剂。

对低硬度水样可取 100mL 或较大的样品,依比例加入较大量缓冲溶液、抑制剂及指示剂,使用更低浓度如低 10 倍浓度梯度的 EDTA 标准溶液滴定,并同时以同体积的蒸馏水,进行空白试验。

水样硬度(以 $CaCO_3$ 表示,mg/L)=$(A \times B \times 1000)/V$ 式中:

A——水样滴定时所用 EDTA 溶液体积扣除空白分析所用 EDTA 溶液体积,mL;

B——100mLEDTA 滴定溶液所对应的碳酸钙毫克数,mg;

V——水样体积,mL。

第十一章
成衣的保养与收藏

　　随着社会经济的飞速发展，人类的进步，成衣的占有量不断增加，档次水平也有很大的提高。对高档次、高品位的现代成衣应当如何保养，对换季后的成衣将如何收藏，就显得格外重要了。只有采用科学合理的保养及收藏方法，才能防止成衣发霉变质，虫蛀破损，褶皱变形，才能延长成衣的使用寿命，保持成衣原有的特性和功能。

　　保养与收藏服装是人们日常生活中既普遍又重要的事情，应做到合理安排科学管理。在收藏存放成衣时要做到保持清洁、保持干度、防止虫蛀、保护成衣形状等要点。对不同质料的成衣要分类存放。对内衣内裤、外衣外裤、防寒服、工作服等用途不同的服装要分类存放。对不同颜色的服装也要分类存放。尤其牛仔类成衣，因为是"环染"织物，更应单独存放。这样不仅能防止相互污染及串色，同时也便于使用和管理。

第一节　成衣保管与收藏要点

一、保持清洁

　　收藏存放成衣的房间和箱柜要保持干净，要求没有异物及灰尘，防止异物及灰尘污染服装，同时也要定期进行消毒灭菌。

　　成衣在收藏存放之前要清洗干净并保持干燥，经穿用后的成衣都会受到外界及人体分泌物的污染。对这些污染物如不及时清洗，长时间黏附在成衣上，随着时间的推移就会慢慢渗透到织物纤维的内部并发酵、发霉，最终难以清除。另外，这些成衣上的污染物也会污染其他的成衣。

　　成衣上的污垢成分是极其复杂的，其中有一些化学活动性较强的物质，在适当的温度和湿度下，缓慢地与织物纤维及染料进行化学反应，会使成衣污染处变质、发硬、发脆或改变颜色，这不仅影响其外观，同时也降低了织物的色牢度，从而丧失了成衣的穿用价值。

　　总之，为了避免上述各种不良后果的产生，要将成衣清洗干净，干燥之后再收藏存放。

二、保持干度

　　保持干度就是要提高成衣在收藏存放当中的相对干度。污垢中的有机物质，在适当的温度和湿度下会发生酸败和霉变。而成衣的自身就是有机物质，除化纤是由高分子化合物组成外,棉、毛、丝、麻的化学成分是由葡萄糖聚合物或蛋白质类所组成。再由于成衣都带有霉菌,当天然纤维织物在长期受潮下,也会发生酸败和霉变现象,而使织物发霉、发味、变色或出现色斑。在有污垢存在的情况下,上述现象就更为突出。为防止此类现象的发生,在收藏存放成衣时要保持一定的相对干度。为此可采取如下措施:

(1)选择合适的地点或位置。收藏存放成衣应选择通风干燥处,避开多潮湿和有挥发性气体的地方,设法降低空气湿度,防止异味气体污染成衣。

(2)成衣在收藏存放前要晾干,不可把没干透的成衣进行收藏存放,这不仅会影响成衣自身的收藏效果,同时也会影响整个成衣收藏存放空间的干度。

(3)成衣在收藏存放期间,要适时地进行通风和晾晒。尤其是在夏天和多雨的潮湿季节,更要经常通风和晾晒。晾晒不仅能使成衣干燥,同时还能起到杀菌作用,防止成衣受潮发霉。

(4)在湿度较大的空间存放高档成衣时,为了确保成衣不受潮发霉,可用防潮剂防潮。用干净的白纱布制成小袋,装入块状的氯化钙($CaCl_2$)封口。把制成的氯化钙防潮袋放在衣柜里,勿将防潮袋与成衣接触,这样就可以降低衣柜中的湿度,从而达到保持干燥的目的。当防潮袋中的氯化钙已经失效,要及时进行更换。并要经常对防潮袋进行检查。当然也可以放入一些竹炭。

三、防止虫蛀

在各类纤维织物成衣中,化纤服装不易招虫蛀,天然纤维织物成衣易招虫蛀,而牛仔成衣大部分属于天然纤维织物。

棉、麻纤维是由葡萄糖的聚合物所构成,具有一定的营养性,能使自身保持一定的湿度,但也为蛀虫的滋生创造了较好的条件,因此常招虫蛀。成衣上的一些有机污垢也能为蛀虫增加营养,会使虫蛀更为严重。为了防止成衣被虫蛀,除了保持清洁和干度外,还要用一些防蛀剂或杀虫剂来加以防范。虽然一些农用杀虫剂可以驱杀蛀虫,但对成衣和人体有害,故不能使用,一般使用樟脑丸作为防蛀剂。

樟脑丸是由樟树的根、干、枝、叶的蒸馏产物分离制成的,卫生樟脑丸具有很强的挥发性,挥发出的气味能驱杀蛀虫。在购买时一定要注意成分,在合成的樟脑丸中含有萘及对二氯苯,这些都属于违禁物质,不要购买。

樟脑丸之类的防蛀剂有一定的增塑性,用量过多,集中或直接与织物接触,时间久了,会渐渐地加快织物的老化程度,影响成衣的使用寿命。这些防蛀剂,特别是樟脑丸含有一定量的杂质,如直接与织物接触就会造成污斑,尤其是白色、浅色牛仔织物接触樟脑丸会发生泛黄,影响外观。因此在使用时,应把樟脑丸用白纸或浅色纱布包好,散放在箱柜的四周,或装入小布袋中悬挂在衣柜内。还要注意到,经日晒和熨烫后的成衣,要在晾透后再放入衣柜,以免因成衣温度较高而加快防蛀剂的挥发。在使用防蛀剂时要注意其用量。防蛀剂的用量一般只要在存放成衣的箱柜中能嗅到樟脑丸的气味就可以了。衣物穿着之前,一定要晾晒一段时间,使气味完全消失。

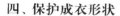

四、保护成衣形状

平整、挺括的成衣(有意弄皱的成衣除外)能给人以很强的立体感、舒适感,可以体现出成衣的风格和韵律。因此在收藏存放成衣时,一定要将成衣形状保护好,不能使其变形走样或出现褶皱。牛仔衬衣及针织牛仔成衣可以平整叠起来存放,对于牛仔外衣、外裤要用大小合适的衣架、裤架将其挂起(这一点可结合纤维的材料来考虑)。悬挂时要把成衣摆正,防止变形,衣架之间应保持一定的距离,切不可乱堆乱放。

第二节　成衣的洗涤

洗涤是成衣保养的最重要内容,具有去除服装污渍和使成衣恢复疲劳两方面的作用。第一是去污,衣服沾污会造成成衣外观变差,在视觉上产生不适感及厌恶感,沾污后手感发硬,透气性下降,热传递性增强,穿着舒适性下降,微生物繁殖生长,破坏布料,并对人体的卫生和健康构成一定的危害。第二是使成衣的疲劳得到恢复,成衣在使用过程中会受到外力的反复作用,布料中的纤维和纱线会逐渐伸长变形,弹性丧失,降低成衣使用的寿命;影响成衣的外观,如起拱、压痕、起毛、起球、极光等。通过洗涤,纤维和纱线会释放逐渐积累的应变能,使变形得以恢复。

洗涤通常是指洗水,即在水和洗涤剂中通过机械力或者摩擦力的作用下,清除成衣上的各种污迹。在不适宜湿洗的情况下,可采取干洗的方法去污。

一、成衣上的污垢

污垢是指吸附于衣裤表面或内部的各种综合的污染物,可改变布料外观及质感特性的物质。

1. 污垢的类型和性质

根据污垢的来源,可将污染物分为以下几类:

(1)人体分泌物。主要是皮肤的汗腺、皮脂腺等向外排出的汗水及油脂,以及脱落的皮屑,此类污染物还包括血液、乳汁等。汗液和皮脂屑是造成内衣和领口等部位污染的主要根源。污垢中的皮脂和蛋白质长时间接触氧气会被氧化,而后会产生异味或者酸臭味并难以去除。

(2)空气中的尘埃。尘埃即悬浮于空气中的固体颗粒。当尘埃直径小于 $0.2\mu m$ 时,一旦附着于布料之上就很难去除。静电现象是造成附着的重要原因,含化纤的牛仔织物更加明显。一般可通过振动或洗水去除,但如果深入到布料的内部缝隙或与油脂类物质结合,则会增加去除难度。

(3)生活用品和工作接触物。此类污垢涉及范围很广,类型和成分十分复杂,与所处的环境有很大关系。如食品、饮料、化妆品、墨水、涂料、机油、颜料、油漆等。此类污染多属于意外沾污,去除难度很大。

(4)洗涤液中的污物。洗涤液中含有污物较多时,会因摩擦、沉淀作用及化学结合作用沾染洗涤中的成衣。此外,洗涤用水中的钙离子、镁离子等会与洗涤剂发生反应,形成不溶性物沉积于织物之上,如毛巾的变硬。被洗涤布料因耐洗牢度差,而脱色形成的染料和中间体也是此类污物的主要来源。

2. 污垢在布料上的分布位置

布料是纤维组合的多级构造体,污垢可以在织物、纱线、纤维的表面,也可以进入织物、纱线和纤维的内部。

(1)表面污垢。吸附或附着在纤维表面的污垢,一般较易清除。

(2)内部污垢。内部污垢是指渗入到布料纤维之间或纤维内部的污垢,颗粒较小,吸附性强,一般极难清除。虽有时不会影响外观,但会影响纤维及其制品的性质,有时会导致牛仔衣裤的黄变、变硬、老化甚至脆损。

3. 污垢与布料的结合形态

(1)机械结合。污垢与布料的机械结合主要表现为固体污垢在织物、纱线或纤维表面及纤维内部孔隙部位的存留。机械结合的污垢清除的难易程度与织物的厚度、组织、紧密度、纱线结构以及纤维的特性有关。机械结合是一种较弱的结合,分布在布料表面的细小污垢可通过搅动或振动的方法去除,但当污垢的粒子小于 $0.1\mu m$ 时,或当污垢进入纤维间和纤维内部孔穴后,并固化成大块时,就很难以振动的方式去除了。

(2)化学性结合。极性固体污垢、脂肪、蛋白质等污垢与纤维素的羟基之间通过离子键而附着在布料上。此类方式结合的污垢极难清除。

(3)油性结合。油性污垢形成一种油溶体而渗透到非极性纤维内部,使污垢不易洗涤。液体油性污垢能够存在于纱线表面或纱线内纤维表面以及纤维的空隙处。对于棉织物,液体油性污垢可通过棉纤维细胞壁裂缝迅速渗透到纤维胞腔内,去污难度相对较大。

二、成衣洗涤方式

成衣沾污后应及时清除,这是因为:污垢与污垢之间通过引力相互作用,使得污垢逐渐变大、变硬,与织物之间形成一定的化学结合,变成复合物,增大了溶解和去除的难度;污垢会使织物上发生如变质、变色等的物理和化学转变,导致微生物繁殖,危及人体健康;污垢会从织物表面逐渐渗透到织物内部,导致去污处理的困难。

织物的洗涤过程实际上是通过溶剂、洗涤剂和机械力三者的作用,降低、削弱和破坏污垢与织物间所形成的结合,软化、溶解污垢,最终使污垢脱离成衣,达到洗净的目的。实际洗涤时,必须根据污垢的种类,纤维的特性,织物的结构、色彩,成衣的构成形式,有针对性地选择适当的洗涤方法。

1. 洗水

洗水是传统的洗涤方法,随着洗涤技术的发展,主要采用洗衣机洗涤方式。洗水简便、快捷、经济,对水溶性和不溶性污物清除效果好。同时,使成衣疲劳能够得到必要的恢复。但洗水可能会导致成衣变形、缩水、褪色或渗色问题,尤其是牛仔成衣的褪色、变色问题。与洗水有关的参数主要有水的硬度、温度、洗涤剂的种类和浓度、洗涤强度。

(1)水的硬度。用硬度较高的水洗涤成衣时,洗涤剂中的有效成分有时会和硬水中的钙离子、镁离子化合而被消耗，从而增加了洗涤剂的消耗量。化合生成的不溶于水的物质，称为皂垢，很容易沾污成衣，并且很难清除。若残留在成衣上就会使成衣泛白、变黄、发脆。因此洗涤应选择硬度较低的水（一般硬度应低于 150mg/L），硬度较高的水需使用添加软水成分的洗涤剂。

（2）水的温度。水温对洗涤去污效果有很大的影响，常把升高洗涤温度作为提高洗涤效果的一种手段。温度的提高能对洗涤液产生以下作用：

①提高洗涤剂溶解度，从而获得浓度较高的洗涤液，增强去污能力。

②增强洗涤液的增溶能力，从而增强对污垢的溶解能力。

③增强洗涤液的乳化作用，使一般性污垢能很快被乳化而脱离织物表面。

④使固体脂肪类污垢容易溶解成液体脂肪而除去。

⑤降低污垢与布料之间的黏结程度，使污垢很容易从布料上脱离下来。

实际使用水温应根据成衣纤维的类别、洗涤剂及污垢种类确定。在洗涤被蛋白质类污垢污染的成衣时，绝对不可以在高温下操作，这是因为此类污垢遇到高温时就会使其与织物的临界面迅速扩大，甚至会渗透到织物纤维内部，从而增强污垢与成衣纤维的黏结牢度，造成难以去除的严重后果。化学纤维类牛仔成衣耐热性较差，水温最好控制在 40℃ 以下，以避免引起折皱或收缩；防止毡缩现象发生。纯棉类牛仔成衣属于"环染"织物，各项牢度相对较差，使用冷水比较合适。

（3）洗涤剂的种类和浓度。用于洗水的洗涤剂主要是以各种表面活性剂为基本成分，加上各种助剂配制而成的合成洗涤剂。它具备双重作用：一是通过润湿和渗透作用降低污垢与纤维表面的结合力，使污垢脱离纤维表面；二是通过离子性作用防止污垢再沉积。

表面活性剂的分子由极性不同的两部分结构组成，即两亲化合物。极性弱而非极性强的部分呈现疏水性，称为疏水基或亲油基；极性强而非极性弱的部分呈现亲水性，称为亲水基。

根据表面活性剂在水中离解出离子所带电荷的不同，可分为阴离子型、阳离子型、两性型和非离子型等几种。在洗涤剂中主要使用阴离子型和非离子型两种。

①常用的阴离子型表面活性剂有以下几种：

a. 肥皂。其水溶液呈碱性，具有良好的泡沫、乳化、润湿、去污作用。但是，硬水中会产生不溶于水的钙皂、镁皂，不适宜在硬水中使用。

b. 烷基苯磺酸钠。它在水中的去污力、乳化力、泡沫性都很好，在酸性、碱性的硬水中都很稳定，但防止污垢再沉淀的能力较差。

c. 脂肪醇硫酸钠。在水中的去污力、乳化性能都比较好，泡沫稳定，对皮肤刺激性小，广泛应用于牛仔衬衫洗水。

②常用的非离子型表面活性剂有以下几种：

a. 烷基酚聚氧乙烯醇。在水中具有良好的去污力、乳化、润湿、分散等作用，具有较好的耐酸、耐碱、耐硬水能力。

b. 脂肪醇聚氧乙烯醚。在水中具有较好的去污力、乳化、润湿等作用，并具有较好的耐酸、耐碱、耐硬水能力。

　　c. 聚醚。近年来常用于生产低泡沫洗涤剂,去垢力强,乳化性好。

　　助洗剂可以使表面活性剂的洗涤性能得到明显改善,是洗涤剂中不可缺少的重要成分。其成分为碱性盐、碱性氢氧化物或亲水性聚合物。在洗涤过程中,能够使硬水软化,或保持一定碱性,或使污垢能在溶液中悬浮而分散,能防止污垢被成衣的再吸附。

　　此外,有的洗涤剂还添加有生物酶制剂,利用其催化作用,提高洗涤能力。

　　在洗涤时应按指定的用量添加洗涤剂。当其用量超标时,多余的洗涤剂不仅不能增加去污力,反而容易残留在成衣上,增加漂洗的负担,布料上的残余物还会刺激皮肤,并且较高浓度洗涤剂的污水排放后会破坏生态环境。

　　(4)洗涤强度。洗涤强度主要包括洗涤时的机械力大小和洗涤时间。洗涤时的机械力主要包括揉搓、挤压、振动等作用,以加速污垢的分离与脱落。洗涤时间反映上述作用的持续程度。机械力越大,时间越长,越有利于污垢的去除。但由于各种布料的纤维材料和织物组织结构不同,加上成衣的构成形式也有差别,应选择适当的洗涤强度。对于伸长易发生变化、湿强度下降明显、织物结构较疏松的麻类牛仔成衣,应尽量降低洗涤强度,防止因受力过大或时间过长,使衣物产生损伤或产生过度形变,影响成衣外观。在洗涤不同材质的布料拼制的牛仔成衣时,要以耐洗性较差的布料为基准确定洗涤强度或者干洗等其他洗涤方式。

　　2. 干洗

　　干洗选用高分子有机溶剂为干洗剂,对于各种油溶性污垢去除效果好,绝大部分织物在溶剂中不会膨胀,避免了因为水的膨润作用而造成的织物变形,成衣的保形性好,不会影响布料的颜色和光泽。另外,由于熨烫技术的因素,有的材料和成衣通过洗水后,熨烫不到洗前成衣的状态,也会用干洗。但干洗的成本较高,目前主要用于一些新材料混纺的牛仔成衣,或要求保持定形效果且又不易整理的牛仔成衣。但干洗对一些水溶性污垢去除能力较差。

　　干洗剂一般选用四氯乙烯、三氯乙烷以及高标汽油。目前,全球85％以上的成衣干洗使用四氯乙烯作干洗剂,它具有适中的溶解力,可使油类、脂肪类污垢很好地溶解,对绝大多数的天然纤维和合成纤维都适用,但对不耐溶剂的染料具有溶解作用。据有关研究指出,长期与大量四氯乙烯接触可能引发癌症,但至今无良好的代用品。另外,正由于干洗是以溶解的原理达到洗涤的目的,是一种简单的溶解洗涤方式,干洗溶剂没有防止再沉淀的功能。所以,被洗涤下来的污垢随时还会沾污成衣,而且可能是一种往复状态,会产生第二次污染。

　　必须注意的是,干洗一般只在专业洗衣店进行,大多采用成衣集中处理方式,可能会造成病菌传播。洗后的织物会残留一些干洗剂,先通过干洗店的过滤器过滤悬浮物,进行充分晾晒后再穿用或密闭储藏,避免对人体造成不良影响。

　　三、成衣的洗涤方法

　　在织物洗涤前,应根据成衣的纤维原料、组织结构、颜色等进行预分类,以便分别对待。一般(涤纶)织物仿牛仔经高温高压染色,洗水牢度较好,不易掉色。其他纤维颜色较深及彩色牛仔成衣应单独洗涤,防止洗涤过程中的掉色和沾色。对于轻薄牛仔成衣和棉/人造丝混纺牛仔成衣,最好手洗,避免损伤织物。此外,还要根据织物的污垢形式选用不同的洗涤方式,例如直接与人体接触的成衣,容易黏附人体排出的汗液、油脂和皮屑等,为避免污垢转化,应勤洗勤换,应加强灰尘等外来污垢的清除,适当增加洗涤的强度,同时注意保持成衣的形态稳定。

成衣在洗涤过程中,温度、洗涤剂、洗涤强度等都会对成衣的外观性能产生影响。不同成衣的原料、组织结构、色彩、光泽、弹性、丰满度、挺度等都有不同的要求。

1. 棉类牛仔成衣的洗涤

棉类成衣的湿强约比干强高 25%,纤维具有较强的耐碱性,适用各类洗涤剂洗涤,对于浅色、白色牛仔宜用碱性稍强的肥皂洗衣粉,有色成衣用碱性较小的洗涤剂或中性洗涤剂。轻薄织物宜手洗。对于有色撞色牛仔产品,如色布、花边和色织布,洗涤时温度不宜过高,最好用冷水或温水浸洗,并且注意避免较长时间浸泡,避免产品掉色、沾色。由于牛仔成衣的"环染"特点,各项牢度指标,如干(湿)摩擦牢度、耐洗牢度、耐汗渍牢度、耐皂洗牢度相对较低,一般均不能与别的成衣混合洗涤。在洗涤时可稍加一点食盐,可以减少掉色的程度。棉牛仔成衣可以在日光下晾晒,要尽量晾晒反面,避免某些染料因日晒牢度造成成衣褪色。不可以使用任何添加含漂白剂或荧光剂的产品。也有人认为,通过洗涤后牛仔成衣泛白、怀旧,形成牛仔成衣特有的特点。

2. 麻类牛仔成衣洗涤

麻纤维因性能与棉纤维基本相同,故其洗涤方法也大致一样。但麻纤维较硬脆,纤维之间的摩擦抱合力较小,布料易受剧烈外力产生起毛现象,因此在洗涤时应避免剧烈操作,适当揉搓,洗后不要用力拧绞。

3. 涤/棉牛仔成衣洗涤

涤/棉牛仔成衣虽然耐穿、耐洗,但是为了避免成衣变形,洗涤时也应适当注意。手工洗涤可以采用轻洗的方式,应避免剧烈的揉搓或捶打,防止损伤成衣和使成衣起毛起球。如果采用机洗方式,洗涤时间不宜过长,5~8min 即可;将牛仔裤翻面放入洗衣机,避免不必要的清洗而造成的褪色;洗涤水温保持 30℃ 以下;采用温和的洗涤剂,不可使用任何添加含漂白或荧光剂的产品。

4. 黏纤/棉类牛仔成衣的洗涤

在此类牛仔中,应遵循纯棉牛仔的洗涤方式外,应重点关注黏胶纤维的性能。黏胶纤维的湿强较差,洗涤动作要轻柔,不可搓刷。在水中浸泡的时间要短,随浸随洗。白色或色牢度好的织物可用温水洗涤,洗净后,将衣服叠起或用毛巾卷好,利用挤压方法将水压出,切勿拧绞。洗后宜阴干。

第三节　成衣的去渍

成衣在穿着过程中,除了沾染普通污物外,难免会沾染一些特殊污渍,这些污渍的特点是面积有大有小,难以洗涤。经常需要一些特殊的方法去除。其总的原则如下:

1. 及时清除

避免污渍渗透到织物或纤维内部,与纤维产生紧密结合,并且污渍还可能在空气中发生化学变化生成难溶物,两者都会增加污渍的去除难度。

2. 辨别污物类型

要正确地识别污渍的种类和性质,不同的污渍其物理和化学性能是不同的,应选择合理的去渍方法。

3. 勿损布料

对布料损伤包含两方面的含义:一方面不能因去渍造成面料局部脱色或变色,造成成衣色花或者花斑;另一方面,不能损伤布料中的纤维,造成服用性能下降。去渍的目的是为了提高成衣的穿着外观,不能因去渍影响织物的布料和色泽。判断不清时,可在不显眼处进行预试验。即使去渍不干净,也不能损伤成衣。

4. 谨慎操作

可用小刷由污渍边缘向中心刷,避免留下色圈。切忌用力过猛,引起成衣起毛;也可用软布沾渍剂轻揩,尽量不作揩擦,以免发生"极光"。硬性污渍须软化后再刷。

5. 注意去渍条件

采用酸碱去渍时,应注意酸和碱的使用浓度和温度。对棉、麻等纤维类牛仔织物,采用草酸、冰醋酸等酸类物质去渍时,因纤维素易氧化降解,且极易引起颜色的变化,应控制浓度和温度都不宜过高。去渍后,一定要漂洗干净,并用小苏打等淡碱溶液进行中和处理。碱对直接染料染色的织物有褪色作用,应防止变色。

6. 注意安全

化学药剂去渍时,有些化学药剂具有腐蚀性,必须充分了解各种化学药剂的性能。如较浓的酸、碱、漂白剂溶液等,应采用适当的防护措施;有些溶剂类化学药剂易燃,应注意防火,并且一般过量吸入后,会对人体造成不适感。各类污渍的去污要点见表 11-1。

表 11-1　各类污渍去污要点

污渍分类	污渍	去除方法
脂类污渍	动植物油污渍	用溶剂汽油、四氯乙烯等有机溶液擦拭或刷洗去除,也可以用洗洁精、香蕉水洗涤或刷洗
	机器油渍	对较浅的机器油渍,可用汽油刷洗,然后在油污的上下各垫一张吸墨纸或布用熨斗熨烫,使油进一步蒸发,反复换纸,多次熨烫,直到除尽污渍为止;对较深的机器油污,须先用优质汽油漂洗,再按上述熨烫方法熨烫除尽
	桐油渍	先用汽油或煤油刷洗,然后用酒精去除痕迹,再清洗
	黄油渍	用甲苯或四氯化碳溶剂擦洗,再用酒精与氨水混合液去除痕迹
	咖喱油渍	用清水润湿污渍处,再在 50℃下用温甘油刷洗,用清水洗净
	松节油渍	用酒精或酒精与松节油混合液刷涂在污渍处使其去除,如果还有痕迹,可再用汽油擦拭
	蜡烛油渍	先用手搓除表层蜡质,再在污渍处的上下方各垫一层吸墨纸,用熨斗熨烫,重复换纸,多次熨烫,直至蜡烛油被完全吸收

续表

污渍分类	污渍	去除方法
脂类污渍	烟筒油渍	先在污渍处加晶体草酸粉末,搓洗,直至基本除尽,再用洗涤剂洗涤
	烟熏黑斑	用碱水喷一遍即可
	鞋油渍	用易挥发性油擦拭,然后用温洗涤剂去除痕迹。若是白色,则须用溶剂汽油润湿后揉搓,再用10%的氨水刷洗,然后用温水冲洗干净
	沥青渍	若沥青油尚未干涸,可在松节油或苯液中揉搓,再用皂液搓洗,清水漂净即可;若已干涸,可把沾污沥青的成衣放在1∶1的松节油和乙醚混合液中泡10min,然后经揉搓后取出挤干,再用汽油擦拭,肥皂搓洗,最后清水漂净
	煤油渍	用白垩粉或氧化镁粉撒在污渍上,几天后再将粉末去除即可把油渍去除
	香烟油渍	用1%～2%的高锰酸钾水溶液反复搓洗,然后用3%双氧水反复揉搓,最后用清水漂净
	蜡纸改正液渍	在污渍处滴加酒精,反复擦拭,用清水洗净即可
有色污渍	染料渍	可先用稀醋酸擦洗,再用双氧水漂洗。也可以用松节油刷洗后,再用汽油擦洗,最后用清水洗净
	碘酒渍	可用酒精或碘化钾去除
	酒渍	新染上的直接用清水洗涤即可。时间较长的酒渍,可先用水洗,再用2%的氨水和硼砂水混合液搓洗去除,清水洗净
	药膏渍	用溶剂汽油或酒精刷洗后,再用四氯化碳或苯刷洗,最后再用优质洗涤剂清洗干净
	紫药水渍	把成衣用水浸泡后,稍加拧干,再用棉签蘸上20%的草酸水溶液由里向外涂抹污渍。然后另取一支棉签蘸上0.5%的高锰酸钾水溶液,涂抹污渍。片刻后用清水反复清洗、揉搓,即可去除污渍
	黄药水渍	首先用醋酸滴在污渍处,若效果不好,可放在酒精中洗涤。如仍不能去除,就要根据纤维的材质选取适合的氧化剂去渍或漂白
	红药水渍	用温热的洗涤剂溶液洗后,接着依次用草酸和高锰酸钾溶液浸泡,搓洗,最后再用草酸溶液脱色,洗干净即可
	蓝墨水渍	新染上的蓝墨水渍可用肥皂,洗衣粉等洗涤剂搓洗去除。染上时间长的,则用草酸溶液浸泡后搓洗,再用洗涤剂清洗去除
	红墨水渍	新染上的红墨水渍,用水润湿,放入温热的皂液中浸泡,待色渍去掉后,用清水洗干净即可。若污染时间长,则水洗后,用10%的酒精水溶液擦拭去除
	铁锈渍	可用1%温热的草酸水溶液浸泡后,再用水清洗干净,也可用15%的醋酸水溶液擦拭或浸泡,次日再用水清洗干净。用10%的柠檬酸水溶液或者10%的草酸水溶液润湿,再浸泡在浓盐水中,次日清水洗净也可。
	硝酸银渍	用氯化铵和氯化汞各2份,溶解在15份水中制成混合溶液。用棉团蘸上这种混合液擦拭油污处,污渍即可去除
	铜绿锈	用20%～30%的碘化钾水溶液或10%的醋酸水溶液热焖,并立刻用温热的食盐水擦拭,最后用清水洗干净
	高锰酸钾渍	可用维生素C药片蘸上水,涂在污渍处轻轻擦拭,边蘸水边擦,即可去除污渍。也可用柠檬酸或2%的草酸水溶液洗涤,水清洗干净。还可用大苏打溶液浸泡去除污渍
	茶水渍	刚染上的茶水渍可用70～80℃的热水揉洗去除,若是旧渍,就要用浓盐水浸洗,或者用布或棉签蘸上浓氨水擦拭茶渍处
	黄泥渍	待黄泥渍晾干后,用手搓或用刷子刷去浮土,然后用生姜涂擦污渍处,最后用清水洗净即可

污渍分类	污渍	去除方法
有色污渍	尿渍	儿童的新尿渍可用清水洗净,干透的旧尿渍可用洗涤剂清洗。若还有痕迹可用氨水和醋酸1∶1的混合液洗涤,最后用清水洗净
	汗渍	用25%浓度的氨水溶液洗涤,也可将成衣放在3%浓度的盐水里浸泡几分钟,用清水漂洗净,再用洗涤剂洗涤
	酱油渍	先用冷水搓洗,再用洗涤剂洗涤,如果污染的时间较长,则要在洗涤液中加适量氨水进行洗涤
	白裤黑斑渍	取干净生姜100g,捣碎,放入盆中加水500g上火煮沸10min,然后将白裤投入盆中浸泡15min,再进行反复揉搓,即可去除污渍
	牛仔成衣泛黄	局部的黄色汗渍,可用鲜冬瓜片抹拭污处,冬瓜汁液可将黄渍除去,然后用清水漂净。大面积泛黄的成衣,可浸在淘洗过大米的淘米水中,每天换一次淘米水,大概三天后即可去除黄渍,洗净即可
酸性色素渍	酸渍	用海绵蘸上淡氨水往衣物上擦拭,然后用另一块海绵蘸上氯仿再将成衣擦拭一遍,清水洗净即可
	糖汁渍	用温肥皂水洗涤,如不净,可用3%的氨水溶液洗,然后再用1%的酒精溶液擦拭,最后用清水冲洗干净
	巧克力糖渍	用溶剂汽油或四氯化碳润湿后,用肥皂液刷洗
	泡泡糖渍	用溶剂汽油或酒精擦拭
	水果汁	及时用食盐水揉洗,程度严重有痕迹的,可再用5%的氨水溶液揉搓,最后用清水洗干净
	冰淇淋渍	刚沾上的,用温水和加酶洗衣粉即可洗脱,如面积过大,可将成衣放入洗涤液中浸泡30min再揉搓,最后用清水洗净
	咖啡渍	先用洗涤液洗涤,再加几滴氨水再洗,最后用清水洗净
	菜汁渍	先用溶剂汽油涂在油污处,用手轻轻揉搓去掉油污,再用20%的氨水溶液涂在污染处,用手轻轻揉搓,待污染处干净后,再用洗涤液刷洗,最后用清水洗净
	瓜汁渍	刚染上的瓜汁,用浓盐水擦拭即可。对日久的陈渍、重渍,可先用5%的氨水溶液来中和瓜汁内的有机酸,然后再用洗涤液洗涤,最后用清水洗干净
	青草渍	可用食盐和少量氨水的混合水溶液洗涤,然后再用热肥皂水洗涤,最后用清水洗净
	柿子渍	用葡萄酒和少许浓盐溶液轻轻揉搓,然后用温洗涤液洗涤,最后再用清水洗净
	番茄酱渍	晾干后用手搓掉,再用温洗涤液冲洗
	竹、木渍	新渍可用洗涤液洗脱,陈渍可用洗涤液加上淡氨水或硼砂洗脱
	呕吐液渍	先用毛刷将污染处的附着物刷去,再用10%浓度的氨水浸泡润湿,用手揉搓污渍处,最后用清水洗干净
脂类色素渍	圆珠笔油渍	将污染部分浸到温水中,用苯揉搓或用棉花团沾苯擦拭,然后再用洗涤液洗涤,最后用温水冲净也可用冷水浸湿污染处,用四氯化碳或丙酮擦拭,然后用洗涤液洗涤,最后用温水冲净
	印油及印泥渍	选用高标号溶剂汽油、苯、二甲苯、酒精或二甲苯酒精皂,用手轻轻搓洗,待色渍中的油脂去掉后,再用低温皂液洗涤,最后用清水洗净
	蜡笔、复写纸色渍	先用温洗涤液搓洗,然后用溶剂汽油冲洗,最后用酒精擦拭,污渍即可去除
	油漆渍	对新染上的油渍漆,要及时用小毛刷蘸上香蕉水、四氯化碳、苯、汽油等有机溶剂,轻轻刷洗,并用干毛巾将刷下来的污液吸附,然后用低温肥皂水洗涤,最后用清水洗净。对沾污较久的陈渍,须先用溶剂汽油把污处浸透,使污渍与织物结合力减弱,再用香蕉水或苯去除

续表

污渍分类	污渍	去除方法
蛋白质类污渍	奶渍	新奶渍可放入少许食盐,用冷水搓洗,再用清水洗净即可。陈奶渍须先用洗涤液刷洗,最后用淡氨水清洗即可除去
	血渍	把衣物放入冷水中浸泡半个小时,然后在冷水中稍加一些盐或氨水,再用肥皂反复搓洗,血渍就可以去掉了
	精液渍	放在盐和氨水的冷水中浸泡半个小时,然后用肥皂搓洗即可洗去
	白带渍	可用洗涤杀菌用的硫黄皂洗涤,也可用含硫黄的洗发膏洗涤,都能除去污渍,不留痕迹
	霉斑渍	先在阳光下暴晒,然后用刷子刷去霉毛,再用酒精洗除
	肉汁渍	用温洗涤液洗涤,小面积或轻度污染的,也可用海绵蘸上洗涤液擦洗。对陈渍、重渍,将衣物先浸在冷盐水并含有少量氨水的混合液中,当起变化时,取出并放入冷肥皂水中洗,最后用清水洗净
	蛋液渍	一般面料只需用稍热的甘油进行擦拭,再用温水、酒精洗刷,最后用清水洗净
	蟹黄渍	用煮熟的蟹上白腮搓擦,然后再放入冷肥皂水中洗涤即可除尽
化妆品类污渍	眉笔色渍	用溶剂汽油将成衣上的污渍润湿,再用含有氨水的皂液洗除,最后用清水洗净
	指甲油渍	用天那水擦洗,当污渍基本去除后,再用四氯乙烯擦洗,然后用温洗涤液洗涤
	唇膏渍	用四氯乙烯或用热水把唇膏的油质擦去,然后用洗涤剂清洗,最后用清水洗净
	发膏渍	可用溶剂汽油或四氯化碳洗除,日久陈旧发膏渍可放在水蒸气上加热,使其变软后再用上述方法洗除。
	焗头油及染发水渍	根据织物纤维的性质,分别选用次氯酸钠或双氧水对污渍进行氧化处理,即可除去污渍
	凡士林油渍	可用10%的苯胺溶液,再加上洗衣粉少许,擦洗污渍处,最后用清水洗净
胶类及胶性色素渍	万能胶渍	用丙酮或香蕉水滴在胶渍处,用刷子反复地刷,待胶渍变软从织物上脱下后,再用清水漂洗。一次不行,可重复多次
	白乳胶渍	可用60度白酒或8∶2酒精(95%)与水的混合液,浸泡成衣上的白乳胶渍,大约浸泡半小时后,就可以用水搓洗,直至洗净
	口香糖胶渍	先用生鸡蛋清去除衣物表面上的胶,然后再将松散残余的粒点逐一擦去,最后放入肥皂液中洗涤,最后用清水洗净
	胶水渍	将污染处浸泡在温水中,当污渍被水溶解后,再用手揉搓,直至污渍全部搓掉为止,然后再用温洗涤液洗一遍,清水洗净
	水彩渍	首先用热水把污渍中的胶质溶解去除,再用洗涤剂或淡氨水脱色,最后用清水洗净
	墨汁渍	用水淀粉浆去渍,方法是:先把淀粉用开水冲熟后冷却,把被污染的织物浸泡在熟浆液中,准备适量的江米和白米饭,把米饭涂在织物的污染处,反复轻轻揉搓,让米饭中的淀粉黏性物把渗透到植物纤维中的炭黑带出来。再用清水洗净
特殊污渍	白色棉、麻、涤织物色渍	用氧化剂进行剥色,方法有热漂法和冷漂法两种,另外也可用高温皂碱液剥色
	有色织物色渍	若织物本身色牢度强,可采用低温低浓度的氧化剂进行剥色,或者选不含氯的氧化剂、双氧水、过硼酸钠等进行剥色;若织物本身色牢度差,则要采用乳化剥色法,选用皂碱液拎洗法,温度控制在50~60℃之间

第四节 成衣的熨烫

成衣在穿着过程中,在某些部位会经常发生弯曲折叠或摩擦,会使成衣的不同部位产生不同的形变或褶皱,经洗涤后的成衣受到机械外力的揉搓作用,使成衣的外形发生变化,影响成衣穿着效果。大多数的成衣经过熨烫能恢复原形,使成衣平整、挺括、折线分明,恢复成衣尺寸,熨烫出挺括度。而且还可根据需要重新塑造形状,弥补成衣剪裁和缝纫中的缺陷和不足,以及提高其成衣的理化性能,使成衣更合身,更富有立体感。

一、熨烫定形的原理

熨烫,实际上是一种热定形加工,即利用成衣材料在热或热湿条件下,拆散大分子间已有的联系,使可塑性增加,具有较大的变形能力,经过压烫后冷却,在新的位置达到平衡,建立新的联系而将形状固定下来。

1. 熨烫定形的过程

(1)加热给湿阶段。使面料的温度及湿度提高,纤维中大分子链的活动性增加,水分子进入纤维后,纤维分子间微结构单元间的距离拉开,大分子间的相互作用力减弱,分子易于构象的变化和滑移,布料具有良好的塑性,致使纤维发生一系列物理形态变化。

(2)施加外力阶段。使处于"塑性"状态的布料中纤维的大分子链,按所施加的外力方向发生形变,并在新的位置上形成新的物理、化学结合。

(3)冷却稳定阶段。让经过熨烫的布料得以迅速冷却,保证其纤维大分子链排序在新位置下很快稳定下来。

2. 不同成衣的熨烫定形基础

(1)含涤纶牛仔成衣。一般采用高于玻璃化温度,低于晶体熔融温度的热处理。主要是针对无定形区的大分子作用,使其分子链段产生内旋转运动,调整分子构象,消除纤维局部的内应力,产生或增加少量的结晶。当冷却后,这种结构被保留下来,并在温度不超过玻璃化温度时,仍保持这种定形状态。热定形效果的稳定,在很大程度上依赖于玻璃化温度的高低,玻璃化温度越高,热定形的效果及稳定性越好。如含涤纶牛仔成衣的熨烫定形效果比含锦纶的好。含涤纶牛仔成衣的熨烫定形效果一般比较持久。

(2)棉、麻、黏胶纤维类牛仔成衣。利用这些纤维在湿、热状态下,使分子链间作用力降低,在外力作用下,进行无序区分子构象的调整,但作用甚微。这类布料的熨烫热定形效果在遇到低热、湿或轻微的机械作用下就可能消失。故此布料如要达到长久效果,需采用交联或其他方法定形。

3. 定形的影响因素

熨烫是一种物理运动,要达到预定的质量要求,就必须通过温度、湿度、压力和时间参数的密切配合。

(1)温度。温度是熨烫作用实现的必要条件。纤维大分子随着温度的提高,运动能力也随之提高,大分子之间的联系也易于打破,有利于成衣布料宏观上发生形变。一般来说,温度越高,定形条件就越好。

温度的选择首先与纤维类型有关,因为不同的纤维耐热性能不同,熨烫温度应低于其危险温度(分解温度和熔化点),以免损伤成衣的外观及性能,过高的温度可能造成衣料变色、硬化,产生极光甚至炭化、熔洞,氨纶弹力牛仔失弹等;其次与布料的松紧、厚薄等结构因素有关,对同一种纤维制成的牛仔成衣,较厚的熨烫温度可适当高一些,而较薄的则温度要适当低一些。总之,温度是熨烫条件的核心,温度高低是相对的,温度达不到一定要求,就失去熨烫的意义。温度过高,就会出现熨烫事故。

熨烫时的工艺温度,习惯上是指直接接触布料的熨斗工作面温度。它一般略高于布料的耐热极限,这主要是考虑到热量在向布料传递的过程中有一定的损失,并且熨烫时熨斗是来回运动的,牛仔布料不会持续受热。

(2)湿度。湿度在整烫时发挥十分重要的作用。这是因为纤维吸湿后,会润湿、膨胀,纤维大分子因相互之间的作用力减小而易于发生相对位移,更加容易定形。并且,含水的纤维传热迅速而均匀,并且通过汽化可以消耗一部分热量,避免将牛仔烫坏。湿度在一定范围内,熨烫定形效果最好,湿度太小或太大都不利于成衣的定形。

熨烫的方式分干烫和湿烫。干烫是用熨斗直接熨烫,主要用于遇湿易出水印或遇湿热会发生高收缩的服装(氨纶布)的熨烫,以及棉布、化纤、麻等薄型牛仔的熨烫。对维纶、氨纶类织物,应避免给湿,防止织物热缩变形。

(3)压力。一定的整烫压力有助于克服分子间、纤维纱线间的阻力,使布按照人们的要求进行变形或定形,使织物熨烫不可缺少的因素。水受热后会急速蒸发,产生具有一定压力的水蒸气。定向运动的水蒸气具有很强的穿透性和扩散性,使织物润湿和加热,提高纤维分子和大分子动能;同时,在熨斗压力的作用下,使纤维分子链段定向运动,整齐排列起来。当牛仔布料快速冷却时,纤维大分子就在新的位置固定下来,达到熨烫定形的目的。

整烫通过压力来控制机械作用的强弱。随着压力的增大,成衣的平整度、褶裥保持性均有增加;由于压力增大,纱线与织物被压扁,布料的厚度变薄,对比光泽度增大。压力过大还会造成牛仔成衣的极光。成衣的整烫压力应随成衣的材料及造型、褶裥等要求而定。对于裤线、百褶裙的折痕应加大压力,以提高褶皱的稳定性。对上浆布料,压力也应大些。如果以烫平牛仔成衣为目的,压力应适当减轻,防止产生极光。对于容易变形或质地蓬松的织物(如针织物牛仔、绒类牛仔织物等),严禁使用重压,对于灯芯绒起绒类仿牛仔,压力要小或熨反面,对有绒类牛仔则应用气蒸而不宜熨烫,以免使绒毛倒伏或产生极光而影响质量。

(4)时间。熨烫时间与温度、压力和给湿量都与纤维性质有密切的关系。通常为了传热均匀或出于安全可靠性的考虑,可以适当降低温度而延长压烫时间;而在压力大、给湿量小的情况下,就需要缩短时间;对于合成纤维牛仔织物,定形后应快速冷却。使纤维分子的位置尽快固定下来,形成较多的非晶区,织物因此而手感柔软、富有弹性。采用吸风式熨烫台可以有效地达到快速冷却和除湿的目的。

4. 牛仔的熨烫程序及说明（适用大部分纯棉织物）

使用全蒸汽熨斗，可不用喷水，就可以进行熨烫。

熨烫程序：左裤前面→左裤后面→右裤后面→右裤前面→右腿内侧→左腿内侧→右腿外侧→左腿外侧→叠起。

主要部位熨烫说明：

(1)左腿反面两条裤缝要烫开(裤骨)，裤腿前后大片要烫平，要尽量向上烫。

(2)右腿同左腿一样的烫法。

(3)一般操作与烫西裤的原理一样，先熨裤骨，再熨裤身，后熨裤脚，烫裤脚时要把裤脚折脚熨得整齐，熨完内侧，再熨外侧。

二、各种熨烫的方法

在熨烫中要根据实际成衣面料的特点，采用适宜的熨烫技术。只有掌握了各类纤维的熨烫参数(表11-2)，才能熨烫好各类牛仔及混纺或交织牛仔成衣。

表 11-2　各类面料的推荐熨烫参数

衣料种类	熨烫温度(℃)	总压力(N)	衣料熨烫含水用量(%)	压烫时间(S)
精纺毛呢	200～230	约 39.2	垫烫布 65～80	6～8
粗纺毛呢	200～260	42.14	垫烫布约 100	8～10
混纺毛呢	200～210	约 39.2	垫烫布 65～80	6～8
蚕丝绸	165～185	约 34.3	喷水 25～30	3～5
柞丝绸	180～220	约 34.2	垫烫布 40～50	5～6
纯棉、涤/棉	170～210	39.2	垫烫布 15～20	3～5
麻类	190～210	42.14	垫烫布约 25	4～5
黏胶类	170～210	39.2	垫烫布 3～5	3～5
涤纶类	150～160	39.2	喷水 15～20	3～4
	180～220		垫烫布约 70	6～8
锦纶类	120～150	39.2	喷水 15～20	5
腈纶类	120～150	39.2	喷水 15～20	5
丙纶类	80～100	39.2	喷水 15～20	3～4
氯纶类	70 以下	39.2	喷水 15～20	3～4

注　1. 熨烫总功率 500W。

　　2. 熨烫总压力指熨斗自重加手的压力。

　　3. 柞丝不能喷水熨烫。

　　4. 垫烫布熨烫，温度提高 30～50℃。

具体来讲，各类与牛仔有关面料其熨烫要点如下：

1. 棉、麻牛仔织物

一般应少量给湿，以正常温度在反面直接熨烫，对于厚型织物应适当升温增湿；白色织物不会出现极光现象，可用较低温度直接烫正面。麻织物最好在成衣半干的时候熨烫。棉织物烫黄时,可立即撒些食盐,然后用手轻轻揉搓,在阳光下晒一会,再用清水洗净,焦痕即能减轻,乃至完全消失。

2. 含涤纶类牛仔织物

采用干热或湿热均可,可加大给湿量或直接喷水。

3. 针织类牛仔织物

原则上应避免重压烫,可采用蒸汽冲烫;可在织物快干时熨烫反面,切勿推拉或重压;厚度大的织物,可在织物上、下两面垫上毛巾,轻轻压烫。

4. 起绒类牛仔织物

不能直接压烫,只能蒸汽冲烫,同时用软毛刷将绒毛轻轻刷去;为尽快除掉水分,可在反面将成衣烫干。

第五节　成衣的洗涤和熨烫标志

洗涤标志主要是针对保护纤维、织物原定形效果、染色效果而设立的控制条件,或称洗涤指导。根据国家标准,应在成衣标签上标注成衣的洗涤标志,对成衣的去污方式进行导引。

我国规定的纺织品和成衣的使用说明符号(表11-3)总共分为五类:洗水、干洗、氯漂、洗水后干燥和熨烫。洗水符号用洗涤槽表示,洗涤槽中的数字表示温度;干洗符号用圆形表示,氯漂符号用等边三角形表示,洗水后干燥符号用正方形或悬挂的成衣表示,熨烫符号用熨斗表示。若在图形符号上面加符号"×",即表示不可进行此图形符号所表示的动作。在洗水和干洗符号下面加符号"—",表示动作要和缓。当图形符号不能满足需要时,可使用补充说明性术语,如单独洗涤、反面洗涤、反面熨烫等。

表 11 - 3　我国国家标准规定的纺织品和成衣使用说明符号

符号类型	图案符号	文字说明	符号类型	图案说明	文字说明
洗水		最高水温:40℃ 机械运转:常规 甩干或拧干:常规	干洗		常规干洗
		最高水温:40℃ 机械运转:缓和 甩干或拧干:小心			缓和干洗
		手洗,不可机洗 最高温度:40℃ 洗涤时间:短			不可干洗
		不可拧干	氯漂		可以氯漂
		不可洗水			不可氯漂

续表

符号类型	图案符号	文字说明	符号类型	图案说明	文字说明
熨烫	熨斗·高	熨斗底板温度最高：200℃	洗水后干燥	椭圆	转笼翻转干燥
	熨斗·中	熨斗底板温度最高：150℃		叉	不可转笼翻转干燥
	熨斗·低	熨斗底板温度最高：110℃		悬挂	悬挂晾干
	垫布熨斗	垫布熨斗		滴干	滴干
	蒸汽熨斗	蒸汽熨斗		平摊	平摊干燥
	不可熨烫	不可熨烫		阴干	阴干

国际上使用的说明符号很多，常见的如图 11-1 所示。

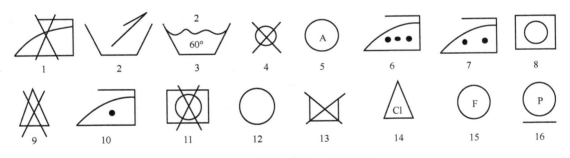

图 11-1 国际上使用的说明符号

1—切勿用熨斗烫 2—只可搓洗 3—可用洗衣机洗涤 4—不可干洗 5—可以干洗 6—熨斗温度可为高温（200℃）

7—熨斗温度可为中温（150℃） 8—可用滚筒式干衣机 9—不可用含氯的洗涤剂 10—熨斗温度可为低温（100℃）

11—不可用干洗 12—可以干洗 13—不可用水洗 14—小心使用含氯洗涤剂 15—可以用白色酒精和强力

无磷洗衣粉、洗涤剂；16—干洗时需小心，不得加水。

参考文献

[1]汪青.成衣染整[M].北京:化学工业出版社,2009.

[2]田阶新.2012年全国牛仔服装水洗工艺技术培训大纲[C].广州:印染在线网络培训中心.2010.

[3]刘德宇,田阶新.德科纳米材料在纺织后整理中的应用[J].印染在线,2011(10):27-30.

[4]陈克宁,董瑛.织物抗皱整理[M].北京:中国纺织出版社,2005年.

[5]李群,赵昔慧.酶在纺织印染工业中的应用[M].北京:化学工业出版社,2006年.

[6]李毅.牛仔生产与质量控制[M].北京:中国纺织出版社,2002.

[7]梅自强.牛仔布和牛仔服饰实用手册[M].北京:中国纺织出版社,2009.

[8]全国服装标准化技术委员会.FZ/T 81006-2007牛仔服装[S].北京:中国标准出版社,2007.

[9]中国纺织工业联合会 GB 18401-2010国家纺织产品基本安全技术规范[S].北京:中国标准出版补,2012.

[10]王建坤,新型服用纺织纤维及产品开发[M].北京:中国纺织出版社,2006.

[11]唐人成,赵建平,梅士英.Lyocell纺织品染整加工技术[M].北京:中国纺织出版社,2001.

[12]杜秀章.洗衣师读本[M].北京:化学工业出版社,2006.

[13]吴瑞章.洗衣知识200个为什么[M].北京:化学工业出版社,2010.

[14]李德琮.服装洗熨染补实用技巧[M].北京:中国轻工业出版社,2000.

[15]刘正超.染化药剂[M].北京:中国纺织出版社,2005.

[16]崔浩然.机织物浸染实用技术[M].北京:中国纺织出版社,2010.

[17]广东省纺织协会,牛仔布染整加工环保标准与生产实践[C].第二届印染在线网年会论文集,广州,2012.

[18]Majid Montazer,不同处理酶的处理方式对牛仔服装的影响(下)[J].服装水洗,2010(8):76-79.

[19]联胜,高化纤含量服装(裤)水洗工艺探索[J].服装水洗,2010(12):48-50.

[20]田阶新.走进牛仔布的功能世界[C].//中国纺织工程学会.全国水洗行业新技术新工艺研讨会会刊.广州.2010(18):18-20.

[21]邢凤兰,徐群,贾丽华.印染助剂[M].北京:化学工业出版社,2005.